迎战珠江流域
罕见水旱灾害纪实

—— 下册·抗旱篇

水利部珠江水利委员会 编著

中国水利水电出版社
www.waterpub.com.cn
·北京·

内 容 提 要

本书全面回顾总结了 2021—2022 年珠江特大干旱防御工作,从珠江旱情概述、珠江遭遇 60 年来最严重旱情、抗旱工作部署、抗旱保供水调度、受旱地区抗旱工作、技术支撑、新闻宣传与舆论引导、抗旱保供水成效、启示与思考等 9 个方面系统总结珠江抗旱保供水工作经验,为今后水旱灾害防御工作开展,提供理论、思路、技术参考与借鉴,并向社会公众普及珠江旱灾、咸潮防御知识。

本书既可供从事防灾减灾、水工程统一调度等领域工作的行政管理人员、水利相关专业专家学者参考,也可供高等院校作为教辅材料参阅。

图书在版编目(CIP)数据

迎战珠江流域罕见水旱灾害纪实. 下册,抗旱篇 /
水利部珠江水利委员会编著. -- 北京:中国水利水电出版社,2022.9
ISBN 978-7-5226-1070-2

Ⅰ. ①迎… Ⅱ. ①水… Ⅲ. ①珠江-防洪工程-概况
Ⅳ. ①TV882.4

中国版本图书馆CIP数据核字(2022)第204220号

书 名	迎战珠江流域罕见水旱灾害纪实——下册 抗旱篇 YINGZHAN ZHU JIANG LIUYU HANJIAN SHUIHAN ZAIHAI JISHI——XIA CE KANGHAN PIAN
作 者	水利部珠江水利委员会 编著
出版发行	中国水利水电出版社 (北京市海淀区玉渊潭南路 1 号 D 座 100038) 网址:www.waterpub.com.cn E - mail:sales@mwr.gov.cn 电话:(010)68545888(营销中心)
经 售	北京科水图书销售有限公司 电话:(010)68545874、63202643 全国各地新华书店和相关出版物销售网点
排 版	中国水利水电出版社微机排版中心
印 刷	北京天工印刷有限公司
规 格	184mm×260mm 16 开本 15.5 印张 304 千字
版 次	2022 年 9 月第 1 版 2022 年 9 月第 1 次印刷
定 价	**158.00 元**

领导重视 周密部署

国家水工程调度指挥中心

▲ 2021年10月29日，国家防总副总指挥、水利部部长李国英主持专题会商，安排部署冬季水旱灾害防御工作

要求构建梯次供水保障三道防线，强化流域水资源统一调度。

领导重视 周密部署

🔽 2021年12月31日，国家防总副总指挥、水利部部长李国英专题会商部署元旦春节期间抗旱保供水工作

要求完善优化当地、近地、远地"三道防线"，精细化联合调控水库群，强化水资源储备调度。

🔼 2022年农历大年初一，国家防总副总指挥、水利部部长李国英视频连线检查指导珠江流域抗旱保供水工作

要求密切监视水情、工情、咸情，筑牢当地、近地、远地"三道防线"，细化避咸、挡咸、压咸三项措施，做好储备、调度、协调三方面工作。

▲ 2022年2月9日-12日，水利部副部长刘伟平检查指导广东、福建抗旱保供水工作

▲ 2022年3月28日，水利部召开珠江流域抗旱工作情况新闻发布会

领导重视 周密部署

🔼 2022年1月25日，珠江防总副总指挥、广东省副省长孙志洋检查指导新丰江水库抗旱保供水工作

▶ 2021年12月31日，珠江防总副总指挥、福建省副省长康涛参加水利部抗旱保供水专题会商会

△ 2021年9月17日，水利部防御司司长姚文广会商部署珠江抗旱保供水工作

△ 2021年12月2日，水利部防御司督查专员顾斌杰在福建检查指导抗旱保供水工作

领导重视 周密部署

2022年1月30日，珠江防总常务副总指挥、珠江委主任王宝恩检查指导东江抗旱保供水工作

2021年12月14日，广东省水利厅厅长王立新检查指导东莞抗旱保供水工作

❯❯ 2021年11月8日，福建省水利厅厅长刘琳在九龙江北溪水资源调配中心调研指导工作

⌃ 2021年8月26日，广西水利厅厅长杨焱在梧州检查指导工作

旱上加咸 形势严峻

▲ 新丰江水库一度在死水位（93.0米）以下连续运行25天，库水位最低时低于死水位0.4米

▲ 白盆珠水库有效蓄水量最低时仅0.4亿立方米，有效蓄水率仅9%

▲ 枫树坝水库有效蓄水量最低时仅1.28亿立方米，有效蓄水率仅10%

棉花滩水库有效蓄水量最低时仅
1.57亿立方米，有效蓄水率仅14%

韩江干流三河坝站来水显著偏枯

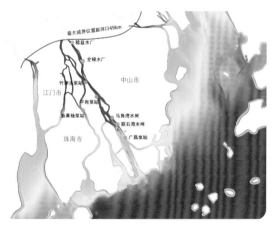

咸潮上溯（西北江三角洲）

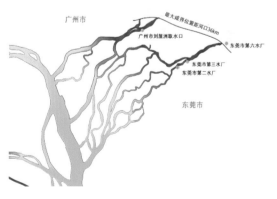

咸潮上溯（东江三角洲）

"三道防线"统一调度

▽ 龙滩水库

▽ 大藤峡水利枢纽

第三道防线
天生桥一级、光照、龙滩、百色等水库持续向下游补水

第二道防线
大藤峡水利枢纽适时压咸补淡应急补水

光照水库

龙滩水库 ⋯⋯> 持续补水

天生桥一级

百色水库

大藤峡水利枢纽 ⋯⋯> 应急补水和压制咸潮

蓄水抢淡保障供水

珠海、中山等市本地水库

西江流域"三道防线"示意图

第一道防线
珠海、中山等市本地水库"灌满门前水缸"

△ 珠海竹仙洞水库

△ 珠海竹银水库

东江流域"三道防线"
示意图

第三道防线
枫树坝、白盆珠、新丰江等水库持续向下游补水

⌄ 剑潭水利枢纽

枫树坝

新丰江

剑潭水利枢纽　白盆珠

∧ 新丰江水库

第二道防线
剑潭水利枢纽
适时压咸补淡应急补水

第一道防线
深圳等市本地水库"灌满门前水缸"

深圳等市
本地水库

∧ 深圳水库

韩江流域"三道防线"
示意图

第三道防线
双溪、青溪、棉花滩、长潭、合水、益塘等
水库持续向下游补水

⌄ 高陂水利枢纽

棉花滩
长潭　青溪
合水　双溪
　　高陂
益塘　　潮州供水枢纽

∧ 韩江棉花滩水库

第二道防线
高陂水利枢纽
适时应急补水

第一道防线
潮州供水枢纽增加蓄水

迎战珠江流域罕见水旱灾害纪实

下册 抗旱篇 ————

协调督导 抓实抓细

🔼 2022年1月13日，珠江防总常务副总指挥、珠江委主任王宝恩
主持抗旱保供水会商会

🔼 2021年12月15日，珠江委副主任苏训在一线调研指导抗旱保供水工作

◀ 2021年11月23日，珠江防总秘书长、
珠江委副主任胥加仕在一线调研指导
抗旱保供水工作

🔺 2021年10月20日，珠江委副主任李春贤在一线调研指导抗旱保供水工作

🔺 2021年9月7日，珠江副主任易越涛在一线调研指导抗旱保供水工作

🔻 2022年3月8日，珠江委纪检组组长杨丽萍在一线调研指导抗旱保供水工作

联合作战 形成合力

🔺 2021年7月26日，珠江委赴珠江流域气象中心调研

🔺 2021年10月26日，珠江防总、珠江委向澳门通报枯水期水量调度方案

🔺 现场检测水样

🔺 实时监测珠江河口咸情

▲ 修建应急储水池

▲ 修建应急供水管道

▲ 应急取水

▲ 拉水送水

科技引领 技术支撑

珠江委抗旱保供水团队日夜坚守，密切监测流域雨情、水情、旱情、咸情动态，强化预测预报，滚动优化调度方案，为流域水量统一调度提供了坚实的技术支撑。

⌃ 珠江委通宵达旦研究开发抗旱"四预"平台

⌃ 抗旱"四预"平台

▲ 珠江委昼夜值班值守

▲ 滚动预测预报

▲ 实时动态监测

▲ 持续优化完善调度方案

△ 2022年农历大年初一，珠江委抗旱团队坚守岗位集体合影

共飲一江水
同懷中國心

珠江水利委員會《迎戰珠江流域罕見水旱災害紀实——下册抗旱篇》專著發行誌慶

澳門特別行政區行政長官　賀一誠

二零二二年九月

肖尧轩　郑斌　吴建兴　李燕珊　李泽华　余加贝　牟舵　高晨晨　周庆欣　王建国　熊佳　王玉虎　万东辉　田丹　赖杭　倪才胜

侯贵兵　李媛媛　刘喜燕　刘永琦　薛娇　卢健涛　高唯珊　张剑　邓伟铸　廖小龙　周小清　吴昱驹　李争和　凌智城　罗朝林　吴晓辉

吴海金　赵光辉　黄光胆　陈黄鹭　黄颖　李燕平　谢燕旭　王翌宙　蔡宝欣　周雪锋　黄跃　杨镇　丁光　曾志光　刘悦轩　林长荣

杜勇　王丽　尹珍　苏明远　傅致栖　蓝羽铭　黄宇　卢　陈兰玲　林若莉　杨学秋　陈乐平　吴乐豪　陈乐文　何秋银　毕青云

王汉康　高行均　王球　曾春　李均　齐森　王莎　谌莎　卢明　杨辉　范伟　付鹏　姜彤　雷勇　周凌芸

序

水是生存之本，文明之源。习近平总书记指出，"河川之危、水源之危是生存环境之危、民族存续之危"。当前，我国新老水问题越来越突出，错综复杂的因素加剧水安全风险，缺水现象依然存在，水资源的季节性、区域性分布极不均衡，水资源刚性约束进一步加大，治水兴水面临着严峻挑战。

近年来，全球气候变化导致极端天气频发，全球水循环面临着全新的挑战。珠江位于我国南部丰水地区，由珠江润生的粤港澳大湾区是世界四大湾区之一，也是我国开放程度最高、经济活力最强的区域之一。建设粤港澳大湾区，是习近平总书记亲自谋划、亲自部署、亲自推动的重大国家战略。然而，大湾区特有的地形、地势、位置及"三江汇流、八口出海"河口格局，导致海水极易倒灌形成咸潮，在流域干旱的背景下，极易形成干旱叠加咸潮的不利局面，严重威胁着大湾区近亿人的饮用水安全。在流域抗旱的同时保障粤港澳大湾区的供水安全，给珠江的抗旱保供水工作提出了更高的要求。

中华人民共和国成立以来，珠江流域兴建了龙滩、百色等流域骨干水库，流域水旱灾害的防御能力大大提高。2005年以来，珠江流域开创性实施了压咸补淡调度，为广东群众以及香港、澳门市民的饮水安全上了又一道保险。党的十八大以来，立足流域整体安全，当地水利部门加大水资源空间配置，加强重大水资源工程建设，创新采用"三道防线""四预"平台等理念工具，通过大藤峡等控制性工程和珠三角配置工程等系列建设，逐步完善了保供水工程体系，逐渐改变了抗旱保供水局面，珠江流域抗旱保供水成效日益显著。

由于特殊的自然地理和气候条件，珠江流域干旱灾害仍然多发、频发。近 30 年来，珠江流域曾多次遭遇大旱。1991 年干旱受灾面积达 223.8 万 hm²；2004 年干旱造成近 660 万人饮水困难；2010 年更是有 1880 万人饮水困难，8000 多万亩农作物受灾。2020—2021 年，珠江流域降雨连年偏少，东江、韩江来水偏少 7 成，流域中东部遭遇 60 年一遇大旱，而东江、韩江的骨干水库蓄水量不到 20%。此外，受河道径流量减小、天文大潮叠加不利气象因素的综合影响，咸潮影响范围不断扩大，珠海、中山等地主要取水口一度出现连续多日无法取淡；东江三角洲遭遇有咸情监测记录以来最严重咸潮，主要取水口咸度连续突破历史极值。此次的珠江流域旱情风险如果应对不当，不仅会影响着人民群众的基本用水安全，还会对电力、航运、生态等水利社会价值造成重大的不利影响，给平稳健康的经济环境、国泰民安的社会环境造成冲击。

面对旱情、咸情的严峻考验，各地水利部门始终坚持人民至上、生命至上，积极践行"两个坚持、三个转变"防灾减灾救灾理念，统筹推进节约用水、水系连通、远程调水、压咸补淡等各项措施，成功防范化解了"秋冬春连旱、旱上加咸"的重大风险，确保了区域供水安全。

从这次旱情的应对中，我们可以看到水利部门和广大水利科研、建设和管理工作者开展了很多有益探索，总结起来主要包括：一是当地水利单位辩证处理抗旱保供水"储备、调度、协调"关系，积极构筑西江、东江、韩江抗旱保供水"三道防线"，打造全流域、大空间、长尺度、多层次供水保障格局；二是紧抓数字孪生流域建设的机遇、迅速搭建抗旱"四预"平台以实现"措施跑赢旱情、咸情发展速度"的主动作为；三是统筹供水、发电、航运等需求，气象、航运、电力及相关省区通力合作，以流域为单元实施水量统一调度的抗旱合力；四是各单位、各部门人员"担当作为、牢记天职"的精神品格，以及满足人民日益增长的美好生活需要、保障流域经济社会高质量发展的崇高追求；五是对干旱、咸潮、智慧水利等方面取得的成就、存在的不足以及未来发展的需求和思考。

水利部珠江水利委员会组织专家对以上研究和探索进行了汇集成册。全方位总结了珠江 2021—2022 年抗旱保供水这场重大战役，特别是在流域水量统一调度、"四预"平台建设及措施落实、供水保障"三道防线"构筑等方面的尝试和探索，并梳理出当前实践中有待进一步深入研究的问题与方向。这些成果汇聚了各地水利部门和广大水利工作者的智慧，为流域或地区的干旱灾害应对、咸潮上溯防御实践提供借鉴，为气象、水利等学科发展提供了很好的参考。

（中国工程院院士　唐洪武）

2022 年 9 月

前　言

　　珠江流域（片）地处我国南方多雨区，年均水资源总量位居全国第二位。在人们印象中，珠江流域属于丰水地区，为什么也会出现干旱灾害，甚至严重威胁居民生活、生产用水安全？其实，丰水地区发生干旱并不鲜见。中华人民共和国成立以来，珠江流域（片）就发生过 1963 年、1988 年、2010 年、2021 年严重干旱。1963 年，珠江流域遭遇了时间长、范围广、旱情重的历史罕见大旱，广东约有 100 万人发生饮水困难。与此同时，香港遭遇水荒，"月光光，照香港，山塘无水地无粮"，这首歌谣唱的就是这场百年不遇的严重干旱，让全港市民生活陷入了无水可用的困境。

　　旱灾是众多自然灾害的一种。自然灾害，是指给人类生存带来危害或损害人类生活环境的自然现象，具有自然和社会两重属性。因此，分析珠江流域旱灾成因，也要从自然规律、社会发展两个方面理解。从自然规律上看，珠江流域（片）水资源相对丰沛，但时空分布极其不均，降雨主要集中在汛期（4—9 月），汛期降雨量占全年的 80%。如果汛期降雨明显偏少、"当汛不汛"，就会对枯水期（10 月至次年 3 月）江河来水、水库蓄水造成极大影响。同时，每年枯水期珠江河口咸潮上溯，也会对珠江三角洲城市群供水产生影响。从社会发展来看，珠江流域（片）下游地区人口密度大，珠江三角洲更是中国人口集聚最多的地区之一，粤港澳大湾区常住人口 8600余万人。因此，珠江流域抗旱保供水不同于应对气象、农业干旱，更易受到极端气候影响，直接威胁城乡群众的供水安全，面对的挑战更大、风险更高。

　　受近年极端气候频发影响，2021 年珠江流域（片）东江、韩江发生 1961 年以来最严重旱情，部分地区降雨和江河来水较 1963 年同期更为偏少。旱情形成的主要原因，正是由于 2019—2021 年连续

3年汛期降雨偏少，主要江河来水偏枯，骨干水库蓄水持续消耗难以回蓄，加之珠江河口咸潮活跃，呈现"秋冬春连旱、旱上加咸"的极端不利形势。这是珠江流域（片）1961年以来最为严重的特大干旱，严重威胁粤港澳大湾区、粤东等地居民生活及工业、农业等各行业的生产用水安全。2021年后汛期是电网保供保电的关键时期，也正是水库蓄水保水的关键时期，供水、保电、通航等用水矛盾突出。2022年春节、元宵节期间，正值北京冬奥会、冬残奥会召开，为营造平稳健康的经济环境、国泰民安的社会环境做出贡献，提供坚实的水安全保障意义重大。

面对严峻的旱情和咸情，在党中央、国务院的坚强领导下，水利部统一指挥珠江防总、珠江委和流域各省（自治区），坚定维护"一国两制"方针政策，心怀"国之大者"，始终坚持人民至上，以高度的责任感和使命感，切实担负起保障人民群众用水安全的责任。迎战珠江2021年特大干旱，必须坚持以习近平总书记"两个坚持、三个转变"防灾减灾救灾理念为根本遵循，立足于抗大旱、抗久旱，系统、准确、全面落实"预"字当先。国家防总副总指挥、水利部部长李国英在2021年3月1日水旱灾害防御工作视频会议上就强调，要密切监视旱情发展变化，强化旱情预测预报和分析研判抗旱形势，及早落实各项抗旱措施；进入主汛期后，正值"七下八上"应对北方严重汛情的关键期，水利部敏锐地预判出南方地区可能遭遇持续干旱，并提前部署抗旱应对举措。按照水利部部署，珠江流域各省（自治区）水利、气象、电网等部门提前研判出汛期"当汛不汛"的不利形势，及时向政府、行业通报可能发生的旱情，督促制定抗旱保供水应急预案，克服各方用水矛盾提前开展水库蓄水保水工作，为抗旱保供水下好先手棋、赢得主动权。

迎战珠江2021年特大干旱，水利部加强统筹、靠前指挥、系统部署，以坚决打赢抗旱保供水这场"硬仗"的必胜信念，立足于"确保香港、澳门、金门供水安全，确保珠江三角洲及粤东闽南等地城乡居民用水安全"，提出了抗旱保供水"三道防线"的战略举措。

抗旱保供水关键时期，李国英部长4次主持珠江抗旱专题会商，与广东、广西、福建等省（自治区）政府及相关部门研判部署各项工作，亲自指挥"千里调水压咸潮"特别行动；水利部副部长刘伟平多次组织视频连线会商，深入广东、福建一线了解群众生活、生产情况，督促各级各部门压实责任，指挥、指导基层科学、高效开展抗旱保供水工作。

迎战珠江2021年特大干旱，广东、广西、福建等省（自治区）党委、政府坚持以人为本，主要领导亲自部署抗旱保供水策略，深入一线了解旱情、慰问群众。基层各地扭住直接面对群众的"最后一公里"关键环节，坚持预防为主、防抗结合和因地制宜、统筹兼顾、局部利益服从全局利益的原则，统筹开源和节流。加强干旱监测和预报预警，及时开展中小水库蓄水保水，加快抗旱应急水源工程建设，落实引水、送水措施，确保基层群众饮用水；按照优先保障城乡居民生活用水、合理安排生产和生态用水的原则，因地制宜调整农业种植结构，开展供水压减、限制措施；加大抗旱救灾资金投入，集中力量解决人民群众急难愁盼的民生大事、关键小事。香港、澳门、广州、东莞、珠海、中山等粤港澳大湾区城市群，全力做好蓄水、节水和供水调度工作。

迎战珠江2021年特大干旱，珠江防总、珠江委会同流域各省（自治区）水利、电网电力及航运部门，按照水利部的统一部署，树牢底线思维、增强忧患意识，坚决履职担当，首次启动珠江防总抗旱应急响应，立足于从全流域解决区域供水安全的系统思维，逐流域、逐区域开展供需平衡分析，按需求水量和可供给水量算清水账，统筹上下游、左右岸、干支流一切可调度水源，全面落实"四预"措施，科学构建调度当地、近地、远地"三道防线"，果断采取动用新丰江死库容等非常措施，精准压制珠江三角洲咸潮，精准确保大江大河沿线城市有源源不断的淡水补充，全力确保香港、澳门、广州等粤港澳大湾区城乡居民用水，兼顾工业、农业和生态用水，最大限度减少灾害损失，实现了供水、发电、航运等多方共赢。正如诗中所云"问渠那得清如许？为有源头活水来"，这一仗，"阅卷人"脸上洋溢的笑容是对"答卷人"的最大肯定，流域百姓对旱情和咸情的"无感"正是水利人无愧于人民的时代答卷。

为全面真实记录 2021—2022 年珠江特大干旱及应对过程，系统研究旱情、咸情的发展过程与危害，深入总结珠江抗旱保供水工作经验，为今后水旱灾害防御工作提供参考与借鉴，珠江委特别组织奋战在抗旱保供水一线的有关专家、学者、工程技术及行政管理人员编著了此书。本书的编写，得到了水利部办公厅、防御司等司局和相关部属单位的悉心指导，得到了流域广东、广西、福建 3 省（自治区）水利厅等部门的大力支持，得到了珠江流域气象中心、南方电网、珠航局等有关行业部门及受旱地区地市的鼎力相助，在此表示诚挚的感谢！

由于编写时间仓促，书中难免存在不足之处，敬请广大读者批评指正。

编者

2022 年 9 月

目　录

第一章

珠 江 旱 情 概 述

珠江流域（片）降雨时空分布不均，年内、年际之间差异显著，中上游石灰岩地区分布广泛，岩溶发育，地表保水能力相对较弱，为流域干旱易发区；下游三角洲地区地势平坦，不宜建设大型水库，蓄水能力相对不足，加之枯水期珠江河口咸潮上溯进一步影响下游粤港澳大湾区供水安全。珠江流域（片）旱涝交替、旱涝急转、旱涝并存、旱上加咸，连季旱、连年旱等情况频发，旱情呈分布范围广、持续时间长等特点。中华人民共和国成立以来，1963 年、2010 年等均发生了流域性严重旱灾，广大人民群众在抗旱实践过程中积累了丰富经验。

第一节　流域概况

一、自然概况

珠江流域（片）包括珠江流域、韩江流域、澜沧江以东国际河流（不含澜沧江）、粤桂沿海诸河等，涉及云南、贵州、广西、广东、湖南、江西、福建、海南等 8 省（自治区）和香港、澳门特别行政区，总面积 65.43 万 km^2。

（一）河流水系

珠江流域（片）河流众多，集水面积大于 1000km^2 的河流约有 180 条，其中珠江流域集水面积最大，韩江流域次之。

珠江流域由西江、北江、东江、珠江三角洲诸河组成。珠江流域的主流为西江，发源于云南省曲靖市乌蒙山余脉的马雄山东麓，自西向东流经云南、贵州、广西和广东 4 省（自治区），至广东省佛山市三水区的思贤滘与北江汇合后流入珠江三角洲网河区，全长 2075km，流域集水面积 35.31 万 km^2，占珠江流域面积的77.8%，主要支流有北盘江、柳江、郁江、桂江及贺江等；北江发源于江西省信丰县石碣大茅山，涉及湖南、江西和广东 3 省，至广东省佛山市三水区思贤滘与西江汇合后流入珠江三角洲网河区，全长 468km，流域集水面积 4.67 万 km^2，占珠江流域面积的 10.3%，主要支流有武水、连江、绥江等；东江发源于江西省寻乌县的桠髻钵山，由北向南流入广东，至东莞市石龙镇汇入珠江三角洲网河区，全长 520km，流域集水面积 2.70 万 km^2，占珠江流域面积的 6%，主要支流有新丰江、西枝江等；珠江三角洲水网密布，水道纵横交错，水系集水面积2.68 万 km^2，占珠江流域面积的 5.9%，主要河道近 100 条，其中注入珠江三角洲的中小河流有流溪河、潭江、增江和深圳河等，网河区西江、北江、东江主干河道长 294km。

韩江流域主要位于粤东、闽西南，跨越广东、福建和江西 3 省，主流梅江发源于广东省紫金县和陆河县交界的七星崆，自西向东流至广东梅州市三河镇与最大支流汀江汇合后称韩江，干流全长 470km，集水面积 3.01 万 km^2，主要支流有五华河、宁江、石窟河（中山河）、汀江、梅潭河等。

　　粤东、粤西和桂南沿海地区有众多的独流入海河流，各河流均为源短坡陡的中小河流。粤东沿海流域集水面积在 $1000km^2$ 以上的河流有黄冈河、榕江、练江、龙江、螺河、黄江等；粤西沿海流域集水面积在 $1000km^2$ 以上的河流有漠阳江、鉴江、九洲江、南渡河、遂溪河等；桂南沿海流域面积在 $1000km^2$ 以上的河流有南流江、钦江、茅岭江和北仑河等。珠江流域、韩江流域水系如图1-1 所示。

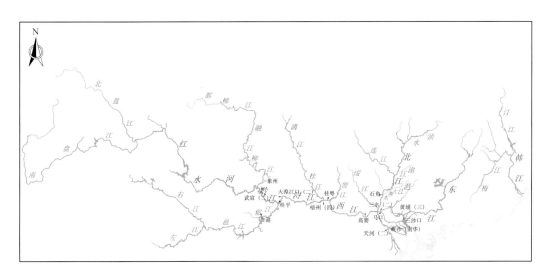

图 1-1　珠江流域、韩江流域水系图

（二）自然地理

　　珠江流域地势北高南低，西高东低，总趋势由西北向东南倾斜。西北部为峰峦起伏、高山深谷相间的云贵高原，高程在 1800.00～2500.00m 之间，是流域内大型骨干水库工程主要分布区域；东部和中部为丘陵盆地；东南和南部为冲积平原地带，山地、丘陵分布广泛。在山地、丘陵分布中，以岩溶地貌分布较广，主要分布在珠江流域的中上游滇黔桂地区，为流域干旱易发区。珠江三角洲是长江以南沿海地区最大的冲积平原，河海交汇，河网交错，枯水期易受咸潮影响。

　　韩江流域是以多字型构造为特点，其构造线走向以东北—西南为主，次为西北—东南走向，流域地势是自西北和东北向东南倾斜，地势海拔高程自 20.00～1500.00m 不等。流域以多山地丘陵为其特点，山地占总流域面积的 70%，多分布在流域北部和中部；丘陵占总流域面积 25%，多分布在梅江流域和其他干支流谷地；平原占总流域面积的 5%，主要分布在韩江下游及三角洲。

（三）气象水文

珠江流域地处热带、亚热带季风气候区，气候温和。总气候特点是春雨连绵，夏季湿热，秋季少雨，冬无严寒。其中，珠江流域年平均气温为 14～22℃，多年平均降水量在 1200～2000mm 之间，地表水资源量为 3381 亿 m^3，相当于长江的 1/3，人均水资源量为全国平均水平的 1.25 倍；但径流年内分配严重不均，汛期（4—9 月）径流量占全年 78%，枯水期（10 月至翌年 3 月）径流量占全年 22%。

韩江流域及粤东沿海诸河属亚热带季风气候，年平均气温较高，日照充足，无霜期长。多年平均气温为 21.4℃，最高气温为 39.6℃，最低气温为 -0.5℃。多年平均降水量在 1450～2100mm 之间。地区水资源总量为 459.6 亿 m^3，人均水资源量略高于全国平均水平。径流年内分配严重不均，汛期（4—9 月）径流量占全年 74%，枯水期（10 月至翌年 3 月）径流量占全年 26%。

二、社会经济情况

2020 年，珠江流域（片）常住人口约 2.39 亿人（不含香港、澳门，下同），占全国总人口的 16.9%；平均人口密度为 365 人/km^2，高于全国平均水平，但分布极不平衡，西部欠发达地区人口密度小，东部经济发达地区人口密度大。耕地面积 4833 万亩，地区生产总值（GDP）16.73 万亿元，人均 GDP 约为 7.0 万元，略低于全国人均水平。

其中，珠江流域常住人口约 1.69 亿人，平均人口密度为 372 人/km^2，耕地面积 2042 万亩。地区生产总值（GDP）13.32 万亿元，占全国国内生产总值的 13.1%。人均 GDP 为 7.9 万元，略高于全国人均水平。流域国民经济发展极不平衡，上游云南、贵州及广西等省（自治区）属于我国西部地区，经济欠发达；下游粤港澳大湾区常住人口 8614 万人，地区生产总值（GDP）达到 11.5 万亿元，人均 GDP 约为 13.4 万元，是全国平均水平的 1.84 倍，是我国开放程度最高、经济活力最强的区域之一，在国家发展大局中具有重要战略地位。

韩江流域常住人口 969 万人，平均人口密度为 322 人/km^2，耕地面积 477 万亩。地区生产总值（GDP）5436.9 亿元，人均 GDP 为 5.6 万元，低于全国人均水平。韩江流域人口分布极不平衡，中上游地区人口密度较疏，下游及三角洲人口稠密，以汕头市密度为最大。流域国民经济发展分布与人口分布相似，中上游地区经济欠发达，下游及三角洲地区经济发达，潮州、汕头两市 GDP 占比超过全流域的 50% 以上。

粤东沿海诸河涉及广东省的揭阳、汕尾等 7 个地级市，2020 年常住人口 1309 万人，平均人口密度为 845 人/km^2，耕地面积 361 万亩。地区生产总值（GDP）5550 亿元，人均 GDP 为 4.2 万元。

三、水资源概况●

（一）降水时空分布特点

珠江流域（片）濒临南海，受西南季风与太平洋暖湿气流的影响，降水总体较为丰富，多年平均降水量为1558mm。但降水时空分布极不均匀，且受全球气候变化和人类活动影响，区域性严重干旱、局地强降雨等极端事件明显增多。

从降水的空间分布看，珠江流域（片）地势西北高、东南低，有利于海洋气流从沿海向内地流动，加之山脉广布，阻挡南来暖湿气流北上，从而削减了深入内地的水汽含量，形成区内降水东西差异大、南北差异小和自东南向西北逐渐递减的变化趋势，降水具有沿海多于内地、山地多于平原、迎风面多于背风坡、空间分布极不均匀的特点。珠江流域（片）降水量高值区分布在桂南沿海，最大点雨量为滩散圩站（广西防城港市），多年平均年降水量为3385mm；低值区分布在滇东南，最小点雨量为北坡站（云南个旧市），多年平均年降水量为696mm。

从降水的时间分布看，珠江流域（片）降水量年内分配极不均匀，存在明显的多雨期与少雨期，多雨期集中在4—9月，降水量占全年的70％～80％；少雨期一般为10月至翌年3月，降水量占全年的20％～30％。枯水期降水量少，易引发干旱，威胁人民生活用水安全，给地区经济造成影响。

（二）水资源时空分布特点

珠江流域（片）地表水资源量主要由雨水补给，其时空分布规律与降水基本一致。多年平均水资源总量为4734.2亿 m^3（不含香港、澳门及国际河流，下同），其中地表水资源量为4715.6亿 m^3，占水资源总量的99.6％，折合径流深（平均分布单位面积的水深）为816.0mm；地下水资源量（扣除山丘区与平原区间的重复计算量）为18.6亿 m^3，主要分布在海南岛、珠江三角洲、粤西桂南沿海诸河地区。

从水资源量的空间分布看，珠江流域（片）多年平均年径流深分布不均，分布趋势与降水分布趋势一致，自东向西逐渐递减，最大多年平均年径流深为2000mm，位于桂南沿海十万大山的迎风坡；最小多年平均年径流深为50mm，位于南盘江中上游的云南建水一带。

从时间分布看，珠江流域（片）水资源量年际变化具有一定的周期性，在1956—2020年系列中地表水资源量呈丰、枯交替变化。20世纪70年代、90年代以及21世纪初为丰水年段，其他年代平均值低于多年平均值，为枯水年段。

（三）水资源可利用量特点

珠江流域（片）多年平均水资源可利用总量为1272.7亿 m^3，其中地表水资源可

● 水资源数据来自《珠江区第三次水资源调查评价报告》。

利用量为 1241.7 亿 m³，平原区地下水资源可开采量为 38.5 亿 m³，地表水与地下水重复可利用量为 7.5 亿 m³，水资源可利用率为 26.7%。地表水资源可利用率最大的为粤西桂南沿海诸河区，可利用率为 34.0%；其次是珠江三角洲区，可利用率为 33.5%；最小的为南北盘江区，可利用率为 22.6%。珠江流域（片）水资源开发利用程度地区之间差异较大，总体趋势是由东往西递减，东部经济发达地区开发利用程度高于西部经济较为落后的地区，其中东江流域水资源开发利用率最高达 22.7%。

（四）水资源禀赋条件

珠江流域（片）水资源总量丰富，但时空分布不均，局部地区水资源短缺、季节性缺水特征显著，水资源分布与经济社会发展不相匹配。其中在珠江流域西部的南盘江流域以及右江流域内的云南昆明、曲靖、玉溪、文山、红河以及广西百色一带，是珠江流域（片）内典型的水资源相对短缺地区。降水、径流年内丰枯变化显著，枯水期水资源量少，枯水期径流量仅占全年的 12%~40%，最枯 3 个月（12 月、1 月、2 月）的径流量约占年水量的 7%，最枯月（1 月）的径流量仅占年水量的 2%。水资源与经济、人口、耕地资源不相匹配，不均衡问题突出，粤港澳大湾区经济最活跃、人口集中、经济总量大，但地势平坦，本地蓄水能力不足，水资源与经济社会发展不相匹配的现象十分突出。

第二节　珠江旱情与咸情

一、干旱成因

珠江流域（片）降水总量丰沛，但降水时空分布严重不均，枯季降水量仅占全年降水量的 20%，少雨年份降水量不足多年平均年降水量的 50%，少雨地区多年平均降水量不足区域平均的 50%，导致少雨年份、少雨季节容易出现流域性或区域性干旱缺水。流域内易发生干旱缺水的地区有云南的蒙开个地区❶，云南、贵州、广西的喀斯特地貌分布地区，以及下游沿海的粤港澳大湾区等。云南的蒙自、开远、建水等地是流域的降雨低值区，地区雨量少、气温高、蒸发大，是流域内最经常发生干旱的地区，加之喀斯特地貌分布地区土层薄、土壤保水性差，降水入渗系数大，致使地表河网稀疏，加上地形崎岖，引水取水困难，导致区域容易发生干旱缺水。下游沿海的粤港澳大湾区经济发达、人口众多，用水需求大，且承担香港和澳门的供水任务，供水安全保障程度要求高，但本地水资源总量和人均水资源量有限，且受地形条件所

---

❶　蒙开个地区是指云南的蒙自、开远、个旧等地。

限，供水以河道取水为主，当地水库调蓄能力和城市应急备用水源不足，河口易受咸潮影响，"旱上加咸"导致区域容易出现供水困难。

二、珠江旱情

受珠江流域（片）水资源时空分布特征及其禀赋条件、地形地貌条件、极端气候事件等多种因素影响，珠江流域（片）具有干旱频发、多发，干旱地区分布广、历时长，石灰岩地区干旱与粤港澳大湾区旱上加咸的问题突出等特征。每年都有不同程度的干旱，历史上流域旱灾较严重的年份有1963年、1988年、2004年、2010年、2020年。

（一）干旱特征

1. 干旱频发

珠江流域（片）多地干旱频繁，流域内呈现"小旱年年有，5年一中旱，10年一大旱"的大致规律。滇中地区仅在1950—2018年期间，发生严重干旱灾害的年份就有20余年；广西在1950—2020年期间，有25年发生不同程度的干旱；广东在1988年、1990年、1991年短短几年多次遭遇干旱，雷州半岛南部地区易发生春旱，受旱频率在80%以上，徐闻则多达92%，可谓十年九旱，约3年就有1次大旱。

2. 干旱地区分布广

珠江流域（片）干旱分布范围广，云南、贵州、广西、广东、海南、福建等部分地区均不同程度的受旱情影响。云南的蒙自、开远等低洼、河谷、坝子（盆地）地区雨量少，气温高，土壤蒸发大，常出现旱灾；文山州的北部和曲靖地区东部是喀斯特地貌区域，土壤保水不良，旱灾频发。贵州的贵阳、安顺和黔南州地区雨量少，气温高，土壤保水性差，是流域内干旱易发区。广西的喀斯特地貌广布，分布于桂西南、桂西北、桂中和桂东北地区，约占广西总面积的40%，这些地区易发生干旱，尤其是百色地区旱灾频发。广东的雷州半岛地理位置特殊，加上气温高、光照长，蒸发量大，易发生春旱；粤北因石灰岩广泛分布，是干旱多发区。海南降雨受台风影响人，若台风雨少，则极易出现干旱，海南岛西部和南部是典型的旱灾多发地区。福建由于降雨时空分布不均，夏旱较普遍。

3. 干旱历时长

珠江流域（片）干旱持续时间长，流域内影响严重的多为连季旱或连年旱，如广西2004年发生秋冬连旱后，2005年、2006年又接连发生了严重的春旱；云南在2005年遭遇了一次严重的初夏干旱后，2006年又遭遇冬春旱；广东在1990年遭受秋旱后，1991年又出现秋冬春连旱，沿海地区和雷州半岛的最长连旱天数达100天以上，部分地区连旱天数长达160~180天。2010年，广西、云南、贵州等西南地区的5省（自治区、直辖市）遭受了特大干旱，广西干旱历经2009年8月—2010年5月，持续时间长达10个多月，形成了严重的秋冬春连旱。

4. 石灰岩地区干旱突出

珠江流域（片）内石灰岩地区分布面积约为 18 万 km²，约占全流域面积的 40%，主要分布在云南、贵州、广西等地。石灰岩地区大面积碳酸盐岩裸露，溶洞、裂隙发育，谷地和平原区虽有较大面积的第四系土层覆盖，但土层薄，且分布有较多地下水天窗、落水洞等，降水入渗系数大，致使雨水很快渗漏到地下，造成地表河网稀疏，加上地形崎岖，引水取水困难。

5. 粤港澳大湾区旱上加咸影响严重

粤港澳大湾区城市供水水源以河道取水为主（占 70.4%），当地水库调蓄能力和城市应急备用水源不足，供水存在区域干旱、河口咸潮、水污染等风险，保供水的能力存在短板。近年来，受降雨偏少、江河来水偏枯影响，珠江河口咸潮活动明显加剧，咸潮影响范围不断扩大，珠海、中山、广州、东莞等粤港澳大湾区主要城市主要取水口接连受到咸潮影响，特别是 2021—2022 年枯水期旱情呈现"秋冬春连旱、旱上加咸"的特点，威胁粤港澳大湾区城乡居民的用水安全，供水抗风险保安全能力遭受严峻考验。

（二）典型历史干旱

中华人民共和国成立以来，流域旱灾较严重的年份有 1963 年、1988 年、2004 年、2010 年、2020 年。

1. 1963 年干旱❶

1963 年干旱是罕见的流域性秋冬春连旱，从 1962 年秋至 1963 年 6 月，持续受旱时间 10 个月以上，云南、贵州、广东、广西和香港等地普遍出现大旱情，受旱时间长、范围广、旱情重。旱情波及全流域的 182 个县（市），受旱面积和成灾面积分别占当年耕地面积的 48.5% 和 24.6%。

云南南盘江流域的宜良县出现春旱，出现江河断流情况；宣威 1962 年 11 月—1963 年 6 月共 200 多天累积降雨量 55.2mm，较同期多年平均值偏少 9 成，沟河断流、井泉干涸。曲靖、玉溪、红河、文山等地区（州）均遭遇春旱和秋旱，导致红河州旱灾面积达 2.33 万 hm²。

贵州持续无雨或少雨，江河来水持续偏少，流域内旱灾面积 15.45 万 hm²。

广西 1961 年 10 月—1963 年 9 月持续无雨或少雨，桂林、柳州、河池、钦州、百色等地出现百年罕见大旱，全区受旱面积达 155.2 万 hm²，成灾面积 67.1 万 hm²，部分地区持续干旱 258 天。

广东 1962 年 10 月—1963 年 5 月无透雨，为有记录以来最长的连续干旱期，惠

---

❶ 本资料根据《中国水旱灾害警示录》《珠江志》《1963 年珠江流域旱灾》及央视纪录片《香港生命线——水荒救援》整理。

阳、汕头、佛山等地区降雨量不足 100mm，较多年同期偏少 7～8 成，西江、北江、东江缺水严重。各地受旱日数均在 100 天以上，东南部及珠江口达 200 天以上，深圳、惠阳等地近 240 天，台山、五华旱期长达 280 多天。由于长期持续干旱，致使广东省 108 个县（市）均出现不同程度的旱情，全省受旱面积达 123.5 万 hm^2，其中，成灾面积 45.0 万 hm^2，绝收面积 9.4 万 hm^2，约有 100 万人发生饮水困难。

湖南北江支流的宜章县和临武县受旱面积分别达 0.64 万 hm^2 和 0.772 万 hm^2，江西东江上游的安远县和寻乌县受旱面积 0.87 万 hm^2。

从 1962 年年底开始，香港连续 9 个月滴雨未降。由于长期严重干旱，本来就缺水的香港，城市供水分外紧张，为度水荒，居民生活用水采取定点、定时、定量供应。1963 年，几乎一整年的时间都是每 4 天供水 4 个小时，全港 350 万市民生活陷入困境（图 1-2、图 1-3）。

图 1-2　1963 年香港水塘见底

（图片来源于央视纪录片《香港生命线——水荒救援》）

图 1-3　1963 年香港限时供水期间群众排队取水

（图片来源于央视纪录片《香港生命线——水荒救援》）

2. 1988 年干旱[1]

1988 年入春以来，气候反常，珠江的贵州、广西、广东和海南大部分地区降雨量较多年同期明显减少，发生了大范围的严重干旱。

广西出现了仅次于 1963 年的大旱年，局部地区干旱程度比 1963 年还重，特别是 6 月上半月有 52 个县连续 15 天滴雨不下。5—6 月，广西南宁、玉林、百色、河池及钦州等部分地区天气持续高温少雨，降雨量较多年同期少 2～5 成不等，造成了上述地区干旱，其中极旱 6 个县，重旱 16 个县。入秋后，南宁、柳州、桂林、梧州、玉林、河池及钦州等大部分地区干旱少雨。全区受灾面积 140.85 万 hm^2，成灾面积 72.05 万 hm^2，受灾人口 884.91 万人，粮食减产 134.48 万 t。

广东 5—6 月大部分地区降雨量较多年同期少 2～7 成不等，特别是 6 月上旬，受副热带高压控制，全省各地基本无雨，大部分地区的旬降雨量只有多年平均的一成，"龙舟水"期间 20 多天无降雨，部分河流出现历史最低水位。旱灾波及汕头、梅州、汕尾、惠州、河源、韶关、清远、肇庆、茂名、湛江等 10 多个市。干旱最为严重的是粤东地区，汕头地区 1—5 月降雨量比同期多年平均值少 4～6 成，特别是 6 月中上旬持续高温无雨、强日照，蒸发量大，导致榕江、练江基本断流。8 月下旬至 10 月中旬，西南部降雨量较多年同期偏少 7～8 成，9 月降雨量大多在 50mm 以下，但同时该地区气温高、日照长、蒸发量大，使该地区旱情较严重。全省当年总受旱面积 129.04 万 hm^2，其中水稻受旱 71.51 万 hm^2，成灾 21.72 万 hm^2，绝收 2.69 万 hm^2。

贵州绝大部分县（市）也出现了春旱，旱情最严重的是遵义和铜仁两地区大部、毕节西部、黔西南州南部。遵义地区和黔西南州有数十万人饮水发生严重困难。全省受旱面积 114.08 万 hm^2，成灾面积 80.05 万 hm^2。此外，海南也出现了大范围干旱，受灾面积 28.05 万 hm^2，成灾面积 5.71 万 hm^2。

3. 2004 年干旱[2]

2003 年冬至 2004 年春，受流域降雨减少等因素影响，西江和北江来水锐减。2004 年春，西江主要控制站梧州站出现历史同期最低水位。2004 年 4—9 月珠江流域大部分地区降雨量较多年同期偏少 1～3 成，主要江河来水量较多年同期水平明显偏少，广西、广东等地出现 50 年一遇的大旱。2004 年入秋后，流域降雨量进一步减少，10 月流域降雨量较多年同期偏少近 9 成，北江石角水文站流量突破历史同期最小值。西江梧州站 2004 年 12 月—2005 年 3 月连续 4 个月平均流量小于 1800 m^3/s，最小流量为 1160 m^3/s；北江石角站 2004 年 11 月—2005 年 1 月连续 3 个月平均流量小于 300 m^3/s，最小流量为 101 m^3/s。

---

[1]　本资料根据《珠江续志》《中国水旱灾害防治：战略、理论与实务》《广西水产畜牧志》及《广东省志》整理。
[2]　本资料根据水利部珠江水利委员会公布的《2004 年水资源公报》整理。

由于降雨偏少，2004 年珠江流域（片）各地均出现了不同程度的干旱，特别是广西、广东和海南，旱情最为严重。广西 2004 年 8 月以后持续出现高温、少雨和干燥的异常天气，降雨量大幅减少，致使境内河溪流量减少，部分甚至出现断流现象，水库有效蓄水量大幅减少。据统计，广西全区 8—10 月降雨量仅 207mm，较同期多年平均少约 5 成。全区农作物受旱面积 192.08 万 hm²，因旱农村饮水困难人口 540.1 万人，直接经济损失 31.9 亿元。广东由于 2003—2004 年连续两年降水偏少、气温偏高，江河水位长期处于低水位，水库有效蓄水量大幅减少，部分小型水库甚至出现干涸，加上枯季河口咸潮上溯，导致广东干旱迅速蔓延，晚稻生产和生活用水深受影响。全省受旱总面积达 47.263 万 hm²，其中重旱面积 12.519 万 hm²，干枯 0.637 万 hm²，有 88.9 万人出现时段性供水紧张。海南 2004 年降雨偏少、气温高、蒸发量大，地下水位下降，部分河溪断流，水井干涸，水库蓄水量明显减少，干旱严重，全省 29.5 万人发生临时饮水困难。

4. 2010 年干旱❶

2010 年，西南地区的广西、重庆、四川、贵州、云南 5 省（自治区、直辖市）遭受了特大干旱。这次特大干旱于 2009 年 10 月起源于云南，随后干旱范围扩大到广西和贵州，在 12 月时形成三地区分块的重旱，此后干旱区域持续扩大，2010 年 1 月云南与四川连片干旱，2010 年 2 月云南和贵州出现连片重旱，至 3 月中下旬，西南五省重旱区连片，同时极旱区的面积也在不断扩大，云南大部、贵州西部、广西北部均达到特大干旱等级。

云南、贵州、广西的重旱区持续受旱长达半年，其中云南中北部持续受旱超过 8 个月。云南是旱情最严重的地区之一，昆明、楚雄、曲靖、昭通、红河等地连续 7 个月累积降雨量不足 100mm。4 月下旬干旱最严重时，云南全省有 662 条中小河流断流、362 座小型水库和 4713 个小坝塘干涸。受旱灾影响，云南 16 个州市 851 万人饮水出现困难，农作物受灾面积达 255.13 万 hm²，全省农业直接经济损失达 205 亿元。

贵州自 2009 年秋季起大部分地区出现少雨至无雨的天气，西南部分地区连续 235 天无有效降水。全省 9 个地州 695 万人发生临时饮水困难，农作物受旱面积 156.8 万 hm²，农业直接经济损失达 140 亿元。

广西自 2009 年 8 月至 2010 年 5 月上旬出现持续高温少雨天气，各地降雨严重偏少，部分江河湖库枯竭，发生了自 1951 年有气象记录以来最为严重的秋冬春连旱。广西 90% 以上的县（市、区）发生不同程度的干旱，其中桂西及桂东南地区干旱等级达到严重干旱以上，最为严重的桂西河池、百色、崇左等地达到了特大干旱等级；

---

❶ 本资料根据水利部公布的《2010 年中国水旱灾害公报》、水利部珠江水利委员会公布的《2010 年水资源公报》、广西壮族自治区水利厅公布的《2010 年广西水资源公报》整理。

那坡、田林、南丹、天等、大新等县出现县城供水水源严重不足。据统计，全区共有1237.23万人受灾，农作物受旱面积达130.1万 hm^2，其中成灾77.05万 hm^2，直接经济损失达33.16亿元。

5. 2020年干旱 ❶

2020年秋冬季珠江流域（片）降雨偏少，其中2020年东江、韩江流域降雨严重偏少，地处丰水地区的东江、韩江遭遇罕见旱情。2020年9—12月，福建、广东等地降水量较多年同期偏少5～9成，气象干旱较为严重。

云南受降雨持续偏少、江河来水偏枯影响，遭遇冬春连旱，尤其是中部和南部地区，城乡供水短缺问题突出，部分农村群众因旱发生饮水困难，春耕春播用水紧缺。5月底旱情高峰期时，干旱共造成154条河道断流、268座水库干涸，云南耕地受旱面积40.133万 hm^2，166万人、60万头大牲畜因旱发生饮水困难。

广东自2020年入汛后，粤东、粤西降水严重偏少，前汛期局地出现旱情。6月下旬至7月，全省降雨量仅为46mm，较多年同期相比偏少近8成，水库蓄水量锐减。后汛期全省降雨较多年平均总体偏少2成，尤其是韩江流域的棉花滩水库库区、粤东地区梅州、潮州、揭阳、汕头等市和东江流域的河源、惠州市（新丰江、枫树坝、白盆珠3座水库库区所在地）降雨偏少3～4成，有的地区甚至偏少5～7成。广东2020年第三季度的径流量，韩江潮安站偏少60.6%、东江博罗站偏少51.5%、西江高要站偏少26.6%。梅州、揭阳、汕头、汕尾、潮州等市旱情严重。2020年10月—2021年3月，韩江多条河流来水量偏枯，汀江溪口、梅江横山、韩江潮安等3个控制站月平均流量较多年同期偏少5～7成，为1956年以来同期最枯。

受降雨持续偏少影响，重点旱区主要为汕头潮阳潮南、揭阳普宁、汕尾海丰陆丰、深汕特别合作区、潮州饶平、梅州丰顺等区域，生态用水、农业灌溉不能得到有效保障，汕头市潮南等地已采取"供三日停五日"等措施保障群众生活生产用水，相关旱情引起了中央媒体的高度关注。据统计，截至2021年3月底，粤东5地市7县（市、区）36乡镇92.4万城镇人口、7.5万农村人口饮水受到影响；受干旱影响耕地面积26.46万亩，主要分布在梅州市梅县区、兴宁市等6个县及潮州市湘桥区、饶平县。

三、珠江河口咸情

咸潮是沿海河口附近一种特有的天然水文现象，通常情况下当海洋大陆架高盐

---

❶ 本资料根据水利部公布的《2020中国水旱灾害防御公报》、广东省水利厅公布的《广东省2020年水旱灾害公报》整理。

水团随潮汐涨潮流沿着河口的潮汐通道向上推进，盐水扩散、咸淡水混合造成上游河道水体变咸，即形成咸潮（或称咸潮上溯，盐水入侵）。从水资源利用的角度，咸潮是指在河口地区盐淡水混合水体沿河口潮汐通道倒灌使水体咸化，从而影响人们正常利用水资源的现象。咸潮一般发生于每年10月至翌年3月。

　　珠江河口咸潮频发，西北江三角洲、东江三角洲、韩江三角洲在历史上均受到潮汐影响，其中尤以西北江三角洲最为严重。西北江三角洲自2005年以来，咸潮总体呈影响时间延长、范围扩大、程度加剧的变化趋势。径流是珠江河口咸潮上溯最主要影响因素，枯季径流偏枯是近3年咸潮上溯加剧的主要原因。其中磨刀门水道、横门水道、沙湾水道等西北江三角洲河口区咸潮上溯距离远、范围大、程度深，重要取水口会出现连续数日无法取淡水现象；东江北干流、东江南支流段等东江三角洲河口区鲜有出咸，一旦出咸，将威胁供水安全。

（一）咸潮的危害

　　咸潮对居民生活用水、农业用水乃至城市工业布局及其发展都有相当大的影响。如钢铁工业生产要求氯化物不能超过20mg/L，电厂锅炉用水要求氯化物含量在300mg/L以下，水稻育秧期则要求氯化物低于600mg/L，根据《生活饮用水卫生标准》（GB 5749—2006），生活饮用水氯化物含量不高于250mg/L（本书的氯化物含量超标均以此为标准），现有制水工艺还不能消除氯离子。咸潮入侵对人们身体健康影响甚大，人们饮用含高氯化物水，生理上不能适应，不少人会产生腹泻现象。从流行病学观点来看，采用高盐供水系统居民的循环系统发病率偏高，饮水中含高浓度氯化钠是不利因子之一。据华东师范大学河口海洋研究所与上海自来水公司在20世纪90年代初的调查，基本不受盐水入侵影响的上海闵行区，人口死亡率占第一位的是癌症，循环系统疾病死亡率占第二位，而常受盐水入侵影响较严重的吴淞区，第一位死因是循环系统疾病，癌症占第二位❶。

　　咸潮是否影响供水与河道氯化物含量大小、超标时长以及影响区域的供水系统组成密切相关。珠江河口地势平坦，河涌交错，潮水往复涨落，因其"三江汇流、八口出海"的复杂河口形态以及粤港澳大湾区用水需求不断增长的特点，枯水期易遭咸潮影响，其中尤以西北江三角洲的磨刀门水道发生最为频繁。以珠海市和澳门特别行政区为例，为满足其日益增长的用水需求和抗击日益严重的咸潮危害，珠海市通过逐步推进供水基础设施建设，目前已形成"江水为主、水库为辅、江库连通、库库连通、统一调度"的珠澳一体化供水大格局，但主要水源仍为河道取水，当珠澳供水系统的取淡概率低就会影响珠澳供水安全。东江三角洲咸潮发生次数较少，位于该区域的东莞、广州市以直接河道取水为主，由于缺少调蓄能力，主力取水口氯

---

❶　不健康的长江口 [J]. 科学生活，2005（3）：42-45.

化物含量超标连续超过 2 小时，可能影响东莞市、广州市供水安全。

（二）咸潮的变化规律

1. 时间变化

珠江河口咸潮上溯一般是从 9 月开始，翌年 3—4 月退出珠江三角洲，其中 12 月至翌年 2 月咸潮活动最为活跃。

受海洋潮汐动力影响，咸潮活动具有日周期及半月周期变化规律。其中日周期变化与日潮位变化过程基本相应，每日两次涨落过程。半月周期变化与日潮差过程相应，每月的朔（农历初一）、望（农历初十五）前后潮差最大，上弦（农历初八）、下弦（农历廿三）潮差最小，与此对应咸潮亦呈现半月周期变化；但受径潮动力差异影响，西北江三角洲、东江三角洲咸潮上溯特征存在一定差异，其中西北江三角洲咸潮影响最大的时段出现在小潮转大潮的中潮期，氯化物含量峰值出现在最大潮差日前 3~5 天，东江三角洲咸潮影响最大的时段出现在大潮期，氯化物含量峰值一般出现在最大潮差日当天。

2. 空间变化

（1）垂直分布。由于海水和河水的密度不同，两者相会形成异重流。当涨潮流进入口门时，氯化物含量较大的海水从底部楔入，河水则从上部流向海洋，不同水深氯化物含量不同。一般表现为上层氯化物含量小，底层氯化物含量大。随着涨潮流沿河道不断向上游推进，在径流动力与潮汐动力等因素相互作用下，河水与海水充分混合，直至达到上下均匀。

（2）河道沿程分布。氯化物含量在河道上的沿程分布是自下而上递减的，其上溯距离和变化程度则受径流、潮汐动力、河口形状与地形、风、海平面变化、人类活动等多种因素共同影响，其中径流与潮汐是最主要的影响因素。

（三）咸潮的影响因素

1. 径流

径流是影响咸潮上溯的主要因素，咸潮上溯距离与径流量大小呈负相关关系。丰水期河道径流量大，径流动力压制潮汐动力，咸潮难以进入河口；枯水期径流量小，随着径流动力的减弱，潮汐动力压制径流动力，则咸潮向上游河网区内河道上溯，影响水资源的正常利用。

2. 潮汐动力

潮汐动力是咸潮活动另一主要影响因素。潮汐是咸潮上溯的源动力和推动力，主要通过潮汐性质、涨落潮历时和潮差大小等变化影响咸潮上溯强度。潮汐具有周期性涨落变化规律，其振幅和周期具有日、半月和年不等现象，陆架高盐水通常在涨潮流推动作用下入侵河口河网区，受其影响，河网区的氯化物含量也呈现相应的周期性变化规律。

3．河口形状和地形

河口平面形态各异，其扩宽率（两岸横向距离增幅与纵向河道向河口延伸距离的比值）直接影响河口水域的水动力情况，从而影响咸水、淡水的交汇与输移过程，对咸潮上溯造成影响。河口扩宽率较大时（例如喇叭形河口形状），上游径流进入河口水域后辐散作用明显，径流动力扩散及减弱的速度加快，同时外海潮波在河口地形阻挡影响下，能量集中，潮差增大，在径流减弱和潮汐动力增强的双重作用下更有利于咸潮的上溯。

河口水下地形同样对咸潮上溯有着明显影响，较大的水深有利于垂向环流的生成和高盐水沿河床底部上溯，拦门沙在一定的情况下则有利于阻挡高盐水的入侵。

4．风

珠江河口咸潮活动对风力风向比较敏感。风力和风向可影响咸潮的上溯强度，通常情况下，风力越大，影响程度越大，离岸风会加剧咸潮上溯。据相关研究，6级以上的东风和东北风会加重西北江三角洲磨刀门等水道的咸潮。

5．海平面变化

珠江河口区底坡降较平缓，海平面上升加剧了海水入侵，咸潮上溯距离加大。

6．人类活动

珠江三角洲及其河口地区人口稠密，人类活动频繁，如航道疏浚、挖沙（特别是河口拦门沙）等活动使河床下切、拦门沙萎缩，从而加剧咸潮上溯。

（四）典型的历史咸潮

珠江河口长期以来一直受到咸潮影响，西北江三角洲的磨刀门水道、横门水道、沙湾水道等，东江三角洲的东江北干流及东江南支流以及韩江三角洲等均受到不同程度的咸潮影响。

1．西北江三角洲

中华人民共和国成立以后，随着珠江三角洲联围筑闸的逐步推进和河口的自然延伸，河网区径流、潮汐动力逐渐减弱，20世纪60—80年代，咸界逐渐下移。这一时期珠江三角洲受咸潮危害最突出的是农业。珠江三角洲沿海经常受咸潮影响的农田有68万亩，遇大旱年咸潮影响更加严重。

改革开放以后，我国经济快速发展，采沙等活动引起河床急剧变化，珠江三角洲纳潮量迅速增大，潮汐动力加强，这种趋势逐渐抵消并超过了由于联围筑闸和河口自然淤积延伸导致的潮汐动力减弱趋势，咸潮强度逐渐由减弱转至增强，伴随着城镇化进程加快，受咸潮影响的主要对象逐渐由农业转变为生活与工业。1998—1999年枯水期，受来水偏少影响，珠江三角洲多条河道咸潮上溯，部分取水口氯化物含量超标严重，造成珠海市、中山市大面积停水，广州4家自来水厂被迫间歇性停产。

进入21世纪，随着用水量的大幅提高，同时受2002—2011年连续10年枯季来水持续偏少、西北江三角洲河道地形演变、枯季西北江分流比变化等多重因素影响，咸潮强度急剧增强，咸界明显上移，咸潮灾害连年发生。特别是 2004—2005 年、2005—2006 年连续两个枯水期珠江流域干旱严重，咸潮影响范围从珠海（澳门）扩大到广州、东莞、中山的大部分地区，甚至佛山的南海区也受到影响，区域受影响人口近 1500 万，面临"守着珠江无水饮"的局面。其中 2004—2005 年枯水期，珠海（澳门）连续无法正常取水达 32 天，珠海平岗泵站最长连续 8 天超标，其最高氯化物含量达 4227mg/L；2005—2006 年枯水期咸潮活动更强劲（咸情数据从 2005 年珠江枯水期水量调度正式实施后进行系统性整理统计，珠海平岗泵站位于磨刀门水道竹排沙上游位置，对于指示咸潮影响程度是具有代表性的，2005—2022 年每年的 10 月至翌年 2 月咸情统计如图 1-4 所示），比 2004 年同期提前 15 天出现，珠海（澳门）累计无法正常取水达 48 天，珠海平岗泵站最长连续 9 天超标，氯化物含量最高值达到 6165mg/L。2011—2012 年枯水期同样面临特大咸潮，珠海平岗泵站除 2011 年 10 月外，其他月份超标时间均在一周以上，最为严重的 2011 年 12 月连续 22 天氯化物含量 24 小时超标。2012—2018 年，随着竹洲头泵站、竹银水库等供水保障工程相继投入使用，同时受枯季来水偏丰的影响，咸潮影响得到一定程度的缓解。2019 年以后，珠江流域连续 3 年枯季干旱，珠江河口咸潮活动再度活跃，磨刀门水道咸潮影响范围扩大，沙湾水道、横门水道重要取水口氯化物含量超标。其中 2019—2020 年枯水期遭遇了 2012 年以来最强的咸潮影响，咸潮影响范围最远上溯至中山稔益水厂以上，是 2012 年以来咸潮上溯最远的一年。

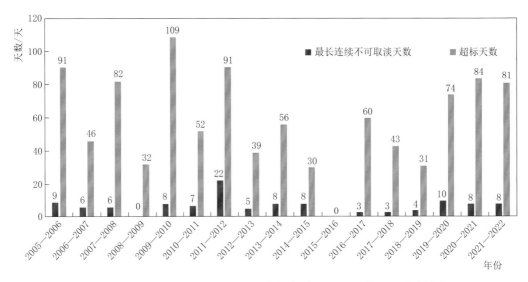

图 1-4　珠海平岗泵站 2005—2022 年每年的 10 月至翌年 2 月咸情统计

2. 东江三角洲

东江三角洲主要水厂取水口一直以来受咸潮影响较小。以东莞市水厂为例，近20年来东江三角洲出咸较少，仅2004年、2005年、2009年、2021年、2022年发生过水厂取水口氯化物含量超标情形。

东江南支流2004年和2005年咸潮影响时长均为5天，2009年年底咸潮影响总时长为15天，仅东莞市第二水厂受到影响，氯化物含量最高值为665mg/L。2021年4月中旬出现氯化物含量超标现象，东莞市第二水厂和第三水厂均出现原水氯化物含量超标，超标时间分别为26小时、3小时。2021—2022年枯水期东莞市第二水厂氯化物含量最高值达到1515mg/L，最长连续35天出咸；东莞市第三水厂单日最长超标时数为14小时。

东江北干流在2005年和2021年出现氯化物含量超标的观测记录。在2005年1月23—25日期间，广州刘屋洲取水口、新和水厂出现氯化物含量超标，1月23日凌晨记录到最高氯化物含量为968mg/L、1月25日凌晨记录到最高氯化物含量为880mg/L。2021—2022年刘屋洲取水口氯化物含量最高值达到951mg/L，最长连续9小时不能取水，主要取水口咸度均突破历史极值。

3. 韩江三角洲

韩江三角洲历史上曾发生过咸潮，如1943年流域发生大旱，河口东溪、西溪咸潮曾一度上溯11～12km，分别抵达龟山、金洲，对河口地区的农业生产造成一定影响。但随着在20世纪60年代韩江三角洲陆续建成莲阳桥闸、东里桥闸、外砂桥闸、下埔桥闸、梅溪桥闸5座出海拦河水闸，有效拦挡了咸潮上溯，建闸后韩江三角洲没有再出现咸潮灾害。

第三节　抗旱主要措施

中华人民共和国成立以来，珠江流域（片）相继建成数百座大型、中型水库，数千处小型蓄水工程以及一大批灌溉引水工程和电动排灌站，在抗击1963年、1988年、2010年等多场流域大旱时发挥了重要作用。为有效应对珠江流域（片）内频繁发生的多场干旱，流域机构与地方政府始终以人民为先，多措并举、形成合力。流域机构与各省（自治区）水利厅加强流域统一调度，历年来实施了多次珠江、韩江枯水期水量调度，通过流域层面解决调度问题，地方政府则落实地方抗旱主体责任，通过采取抗旱应急水源工程、应急水源连通工程、应急水量调度、非常规水源工程（人工增雨、中水利用等）、节约用水等抗旱措施，有效缓解各地旱情。本节以抗击中上游的2010年西南大旱和保障下游粤港澳大湾区等地的珠江枯水期水量调度为例，重点阐述过去珠江流域（片）抗旱的主要措施。

一、2010 年西南大旱

2010 年我国西南地区遭受大旱，范围之广、历时之长、程度之深、损失之重为历史罕见。干旱的发生和发展先后经历了伏秋旱、秋旱、冬旱和春旱四个阶段，干旱持续时间长达 10 个多月，部分地区人畜饮水和工农业生产用水发生困难。珠江流域（片）云南、贵州、广西等地是本次西南大旱影响区域，广西、贵州干旱持续到 2010 年 4 月下旬才开始逐步缓解，而云南则到 6 月下旬才结束抗旱应急响应。面对百年不遇的特大干旱，党中央、国务院高度重视，中央领导专程到西南视察灾情，指导抗旱救灾工作。水利部以及相关省（自治区）各级党委、政府积极采取各种措施，全力做好抗旱工作，努力减轻干旱灾害损失和影响。在抗击百年不遇的大旱中，珠江委密切监视流域片雨水情，加强会商，分析汛、旱情发展趋势，积极与有关省（自治区）防汛、气象部门沟通，主动出击，派出工作组、专家组赶赴防汛抗旱一线，认真做好指导和协调工作；尤其在广西百色市的对口支援抗旱救灾工作中取得显著成效，采取打井等措施，有效解决了当地居民应急水源问题，将干旱造成的损失降到最低。

云南密切关注旱情变化，科学研判抗旱形势，超前提出应对措施。2009 年 11 月、2010 年 1 月云南省防汛抗旱指挥部先后两次召开全省蓄水抗旱工作座谈会，对蓄水抗旱形势进行了再分析、再研究，对蓄水抗旱工作进行了再安排、再落实；根据旱情的发展，于 2010 年 1 月 23 日启动抗旱应急预案Ⅱ级应急响应；2 月 24 日将响应级别提高为Ⅰ级。全省各级各地全党动员、全民动手，全力以赴组织开展抗灾救灾。2010 年 1 月，云南省水利厅实行了厅级干部带队的抗旱分片联系制度，派出 8 个工作组分赴各州市重旱区帮助指导抗旱救灾工作。各级水利部门充分发挥专业技术人员集中、工程建设经验丰富的优势，分批次派出工程技术人员 1 万多人次，加强对基层的抗旱技术服务和指导工作，采取超常规、超常态的工作方法，为抗旱救灾提供切实的技术服务。通过测算县城供水水账，对后期可能出现供水短缺的 18 个县城超前实施增源工程，确保了县城供水。针对工程性缺水的村寨，水利部门积极筹集资金，采取节约用水、新建水源点、架设管道、打井、建设小水窖和实施临时工程等措施解决；对资源性缺水的村寨，采取拉、运、提等方式解决，保证灾区人畜饮水安全。

贵州省政府及时组织 9 个督导组，分赴灾区督促检查抗旱救灾工作。各市、县均相应成立了由党政主要领导任指挥长的综合应急指挥部，加强对抗旱救灾的集中指挥、统一调度，确保了各项应对措施的有效实施。贵州省防汛抗旱指挥部、省水利厅多次召开会议，全面安排各项抗旱救灾工作，并及时启动抗旱应急响应 4 次。特大干旱灾害期间，贵州全省水利部门组织干部职工 1.1 万余名，应急打井 1792 口，建设

提、引、调等应急水源工程 3246 处，铺设输水管线 4786km；国土资源部门投入
4000 万元，调集 13 支队伍完成钻孔 237 口、成井 203 口；民政部门及时下达抗旱救
助资金 3.35 亿元，发放粮食 1.78 万 t，口粮救助人口 185 万人；财政部门及时会商
有关部门下达抗旱救灾专项资金，并制定相关管理办法；交通运输部门主动协调落
实对 4400 辆抗旱救灾车辆的免费放行。此外，驻黔解放军、武警及公安消防部队共
出动官兵 35.93 万人次，车辆 5 万辆次，送水 13.3 万 t，充分发挥了抗旱救灾突击队
作用。

广西全区累计投入抗旱人数 481.18 万人，投入资金 10 多亿元，投入泵站 3421
处、机动抗旱设备 29.53 万台套、机动运水车辆 3.11 万辆，抗旱浇灌面积 474.8 万
亩，临时解决了 352.13 万人、168.34 万头大牲畜饮水困难。广西壮族自治区党委、
自治区人民政府出台了《关于开展广西大石山区人畜饮水工程建设大会战的决定》
（桂发〔2010〕11 号），从 2010 年 4 月—2011 年 12 月，利用两年时间，集中人力、
物力、财力，开展涉及广西大石山区 30 个县 120 万人的广西大石山区人畜饮水工程
建设大会战，全面解决因干旱需要送水群众的饮水困难问题，新解决饮水困难人口
120 万人以上；大力改善大石山区灌溉和生产用水条件，恢复改善新增耕地有效灌溉
面积 150 万亩以上，不断提升农业产业竞争力和群众自我发展能力，积极推进生态文
明示范区建设，为提高大石山区群众生活质量，推动科学发展、和谐发展创造良好
条件。

二、珠江枯水期水量调度

2004 年以来，日益严重的珠江河口咸潮牵动着党中央、国务院领导的心。中央
领导专门批示，各级领导密切关注，亲临一线，指导抗咸调水工作。在党中央、国务
院的正确领导下，在水利部的统一指挥下，2005 年以来珠江委成功组织实施了 18 次
珠江枯水期水量调度，全面保障了澳门、珠海等珠江河口地区供水安全，形成了供
水、发电、航运、生态等多方共赢局面，为区域经济社会发展和人民群众安居乐业提
供了可靠保障，保证了澳门长期繁荣稳定和"一国两制"方针的落实。18 次珠江枯
水期水量调度，各具特色，可分为以下 3 个阶段。

（一）被动应急，压制咸潮（2005—2006 年）

2004 年年底，受强咸潮影响，中山、珠海等地近 20 天不能正常抽取淡水，与澳
门供水系统相连的水库、泵站源水的氯化物含量指标均超过 500mg/L，远高于
250mg/L 的国家标准，珠江三角洲地区供水"苦不堪言"。在此紧急关头，为保障珠
江三角洲地区人民过上幸福祥和的春节，应广东省政府请求，经水利部批准，2005
年初珠江委组织实施压咸补淡应急调水。1 月 17 日，珠江压咸补淡应急调水启动仪
式在贵州省天生桥一级水电站举行，应急调水 15 天，期间珠海、中山、广州、江门、

佛山等珠江三角洲地区利用水库、水闸累计直接取水 5411 万 m³，其中珠海、澳门取淡 1918 万 m³。

珠江压咸补淡应急调水工作受到社会各界和广大人民群众的普遍关注。一时之间，从上游源头到河口地区，从祖国大西南到香港、澳门特别行政区，"珠江压咸补淡应急调水"成了人们最关心的热门话题。上游地区表示：坚决支持压咸补淡应急调水行动，一定要让广东人民喝上"放心水"。广东、澳门百姓称：这是共产党"立党为公、执政为民"的具体体现，上游送来的是"救命水"。

（二）主动应对，统筹兼顾（2006—2010 年）

应急调水只能解一时之渴。从 2006 年起，珠江委开始谋划解决澳门、珠海等地供水安全的长效机制。这一年，编制完成了《保障澳门、珠海供水安全专项规划》，成立了珠江防汛抗旱总指挥部，统筹兼顾各方需求，推进骨干水库统一调度，确保供水安全。《保障澳门、珠海供水安全专项规划》提出了近期（2010 年）与远期（2020 年）、工程措施与非工程措施相结合的解决方案。近期通过修建竹银等水库、完善珠海当地供水管网，强化流域统一调度，保障水源工程建设和应急供水安全；远期通过完善以大藤峡等水库为主的流域水资源配置工程体系和水资源调度管理机制等措施，全面解决澳门、珠海供水安全问题。

2006—2007 年枯水期出现偏枯干旱，又恰遇龙滩水电站下闸蓄水，供水形势严峻。珠江委遵循"统筹兼顾、保障供水"的原则，强化沟通和协调，形成"月计划、旬调度、周调整、日跟踪"的调度模式，集中补水 8 次，调度水量达 188.67 亿 m³，有效化解了蓄水与发电、补水与龙滩施工安全的矛盾，形成多方共赢的格局。

2008—2009 年枯水期，珠江流域先后遭受了雨雪冰冻、超强台风和洪涝等自然灾害，珠江三角洲又面临全球金融危机的重大考验，保障供水安全等民生问题在此时显得尤为重要。珠江防总创造性地提出了"前蓄后补"的调度方法，在汛末实现了洪水资源化，提高了本次水量调度的多个骨干水库的蓄水率，确保了澳门、珠海等珠江三角洲地区供水安全。

2009—2010 年枯水期是自 2005 年实施调度以来供水形势最为严峻的一年。汛期上游来水为近 70 年同期的第二小流量，又适逢中华人民共和国成立 60 周年和澳门回归 10 周年庆，政治意义重大。珠江委按照"前蓄后补"的总体思路，实施"节点水库出库流量控制到天、咸潮预测到半日潮周期、模型演算到时"的精细化调度，成功实施了 10 次补水调度，保障了澳门 10 周年庆典前后供水量足质优。

（三）水量配置统一管理（2011 年以后）

2011 年 4 月，《保障澳门、珠海供水安全专项规划》提出的竹银水库、竹洲头泵站相继建成并投入使用，同年 6 月珠江委在总结前两个阶段调度实践经验的基础上，组织编制了《珠江枯水期水量调度预案》，并经国家防总批复，标志着保障澳门、珠海等珠江三角洲地区供水安全的近期工程和非工程措施全面落实，珠江枯水期水量调度工作逐步走向正规化和常态化。

经过多年的探索与实践，珠江水量调度已由最初的调水压咸发展成兼顾电力、航运、生态的多赢并举，调度方案也由单一的水库补水发展到多元化的水库联合调度，并形成"打头压尾""避涨压退""动态控制"等一套先进的流域压咸调度技术，以及"前蓄后补"和"总量控制"的流域水资源管理模式。

2019年是中华人民共和国成立70年，也是澳门回归祖国20周年，保障供水安全意义重大。针对当年上下游水库蓄水相对不足、大藤峡工程截流影响、珠海取供水能力受限等不利形势。珠江委按照"重在前蓄、总量控制；节点调控、风险管理"的总体思路，强化监督协调和应急调度准备，组织做好上游骨干水库和珠海当地水库前期蓄水，以及珠海、澳门供水调度和风险管理工作。调度以来，珠江委加强会商研判，滚动优化调度方案，加大西江、北江骨干水库联合补水调度，成功抑制珠江河口咸潮，延长了珠海等地抽抢淡水时机。

2021年出现"珠江流域汛期当汛不汛、后汛期和枯水期持续偏枯"的不利形势，加上磨刀门水道广昌泵站、联石湾泵站在主汛期6—8月出现咸潮，为有咸情监测记录以来最早。珠江委迅速组织优势技术力量，逐流域、逐供水区研判供水保障形势，结合流域工程体系和蓄水状况，按照当地、近地、远地梯次构筑了抗旱保供水"三道防线"。在水利部的统一部署下，先后3次启动压咸补淡应急调度，有效压制河口咸潮，最大程度减轻了咸潮对主要取水口的影响，有效保障了春节、元宵节期间粤港澳大湾区供水安全。

珠江枯水期水量调度的成功实施为粤港澳大湾区经济社会发展提供了坚实的水安全保障，引起社会各界的广泛关注和强烈反响。18次调水，是中央政府对港澳同胞的真诚关怀，体现了"一国两制"的优越性，是中国共产党坚持"人民至上、生命至上"的生动写照。

第二章

珠江遭遇 60 年来最严重干旱

2021 年，珠江流域（片）主汛期"当汛不汛"、后汛期和枯水期降雨持续偏少，其中 2021 年东江、韩江降雨量分别为 1961 年以来同期第四少和最少。受降雨偏少影响，主要江河来水严重偏枯，东江、韩江来水量为 1956 年以来同期第一枯。骨干水库蓄水持续不足，西江天生桥一级、光照、龙滩、百色四座骨干水库总有效蓄水率最低时仅为 6%，东江重要水源水库新丰江水库在死水位以下累计运行 25 天。广东、福建、广西等省（自治区）出现不同程度旱情，其中东江和韩江流域遭遇 60 年来最严重干旱。

降雨偏少、江河来水偏枯、潮汐动力季节性增强等因素加剧了珠江河口咸潮上溯，咸情呈现时间早、范围广、程度深的不利形势。特别是西北江三角洲磨刀门水道在主汛期出现咸潮，广昌泵站和联石湾水闸出咸时间提前；东江三角洲的东莞市第二水厂和广州刘屋洲取水口出咸时间均为有咸情监测记录以来最早。进入枯水期后，珠江三角洲河道沿线部分水厂取水受咸潮影响问题突出，珠江流域（片）出现了"秋冬春连旱、旱上加咸"的不利局面，城乡供水受到较大威胁，抗旱保供水形势异常严峻。

第一节　气候异常　珠江遭遇秋冬春连旱

受副热带高压持续偏强、登陆台风降雨影响偏弱等异常气候影响，2021 年珠江流域（片）的西江、北江、东江及韩江流域均出现不同程度干旱，干旱呈现"降雨来水严重偏少，东江、韩江遭遇罕见连年干旱；全力开展蓄水保水，东江、韩江水库蓄水仍严重偏少；河口汛期出现咸潮，枯水期咸潮活动加剧"等特点。2021 年 6—8 月主汛期旱情呈现"当汛不汛"的苗头态势，2021 年 9—10 月旱情持续发展，2021 年 11 月至 2022 年 2 月中旬旱情最为严重，2022 年 2 月下旬和 3 月的强降雨过程使得旱情得到缓解及解除。

一、干旱特点

（一）降雨来水严重偏少，东江、韩江遭遇罕见连年干旱

受 2020 年、2021 年气候异常影响，珠江流域（片）降雨连年偏少。其中 2020 年东江、韩江流域降雨偏少 2 成；2021 年东江、韩江降雨偏少达 3~4 成，分别为 1961 年以来（降雨资料序列为 1961 年至今，下同）同期第四少和最少，地处丰水地区的东江、韩江遭遇罕见连年干旱。

2020 年、2021 年，东江流域降雨量分别为 1421mm、1281mm，分别较多年平均偏少 21%、29%。其中 2020 年 1 月、4 月、6—8 月、10—12 月均偏少，特别是 10—

12月降雨量仅 21.3mm，偏少 81%；2021 年 1—7 月、9 月、11 月均偏少，其中 1月、3 月、4 月、9 月、11 月 5 个月均偏少 50% 以上，1 月降雨量仅为 1.2mm，较多年平均偏少 97%；2020 年 11 月—2021 年 1 月共 3 个月的降雨量仅 10.6mm，较多年平均偏少 91%。2020—2021 年东江流域逐月降雨距平如图 2-1 所示。

图 2-1　2020—2021 年东江流域逐月降雨距平图

2020 年、2021 年，韩江流域降雨量分别为 1364mm、1092mm，分别较多年平均偏少 17%、33%。其中 2020 年 1 月、3—7 月、10—12 月均偏少，特别是 10—12 月降雨量仅 26.0mm，偏少 77%；2021 年 1—4 月、6—9 月均偏少，其中 1 月、3 月、4 月、9 月 4 个月均偏少 50% 以上。2020—2021 年韩江流域逐月降雨距平如图 2-2 所示。

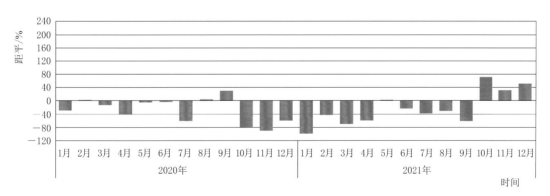

图 2-2　2020—2021 年韩江流域逐月降雨距平图

2021 年，珠江流域（片）西北江来水偏少 3～5 成，东江及韩江流域来水均偏少 7 成。西江梧州站日平均天然来水（指还原水库调度后的来水流量，下同）过程出现流量小于 1800m³/s（非汛期生态流量）的情况，东江博罗站、韩江潮安站月平均天然来水一度跌破历史极值。东江博罗站 2021 年 11 月和 2022 年 1 月天然流量均为 1956 年以来（博罗站天然流量资料序列为 1956 年至今，下同）同期最枯；韩江潮安站 2021 年 12 月和 2022 年 1 月天然流量均为 1956 年以来（潮安站天然流量资料序列为 1956 年至今，下同）同期最枯，2021 年 11 月天然流量为 1956 年以来第二枯，仅次于 2020 年 11 月。

（二）全力开展蓄水保水，东江、韩江水库蓄水仍严重偏少

2021 年，西江、北江、东江和韩江流域骨干水库来水量偏少 3～8 成，其中东江枫树坝、新丰江、白盆珠 3 座水库来水偏少近 8 成。虽然全力开展蓄水保水工作，但受降雨来水和前期来水偏枯影响，汛末东江、韩江流域骨干水库蓄水仍严重偏少。截至 10 月 1 日 8 时，东江枫树坝、新丰江、白盆珠 3 座水库总有效蓄水量为 12.63 亿 m^3，总有效蓄水率仅为 16%，为近 30 年同期最少，其中重要水源水库新丰江库水位 2022 年 1 月 28 日起在死水位以下运行 25 天；韩江棉花滩、青溪、双溪、益塘、合水、长潭、高陂等 7 座主要调节性水库总有效蓄水量为 4.8 亿 m^3，总有效蓄水率为 32%，其中棉花滩水库有效蓄水率仅 20%，较多年同期偏少 7 成，部分中小型水库蓄水低于死水位。

（三）河口汛期出现咸潮，枯水期咸潮活动加剧

2021—2022 年枯水期，受河道径流量减小与潮汐动力季节性增强等因素影响，西北江及东江三角洲咸潮活动明显加剧，珠江河口咸潮活动呈现如下特点。

1. 咸潮出现时间早

西北江三角洲磨刀门水道在主汛期出现咸潮，广昌泵站和联石湾水闸出咸时间分别提前至 6 月 21 日、8 月 3 日（一般为 9 月或 10 月上旬），东江三角洲的东莞市第二水厂和广州刘屋洲取水口分别于 9 月 14 日和 9 月 29 日出现咸潮，均为有咸情监测记录以来最早。

2. 西北江三角洲咸潮强度总体偏强

进入枯水期以后，受天文大潮叠加不利气象因素，咸潮影响范围不断扩大，珠海、中山等地主要取水口出现连续多日无法取淡的情况，中山马角水闸连续不可取淡天数达 23 天，仅次于咸潮强劲的 2005—2006 年和 2011—2012 年枯水期，接近历史最长 28 天不能开闸记录；同等流量条件下，2021—2022 年枯水期磨刀门水道主要咸潮站点半月潮周期平均超标时数较往年总体偏多。

3. 东江三角洲遭遇历史最强咸潮

东江三角洲遭遇有记录以来最严重咸潮，咸潮影响范围广、时间长，主要取水口氯化物含量连续突破历史极值，威胁广州、东莞等地供水安全。东江南支流东莞市第二水厂氯化物含量最高值达到 1513mg/L，最长连续 35 天出咸；东莞市第三水厂单日最长超标时数为 14 小时；东江北干流刘屋洲取水口（新塘水厂、西洲水厂）氯化物含量最高值达到 951mg/L，最长连续 9 小时不能取水，主要取水口咸度均突破历史极值。咸潮影响范围最远上溯至东莞市第四水厂及广州市清源水厂以上，均为有记录以来首次。

2021—2022年枯水期珠江河口咸潮最大覆盖范围如图2-3所示。

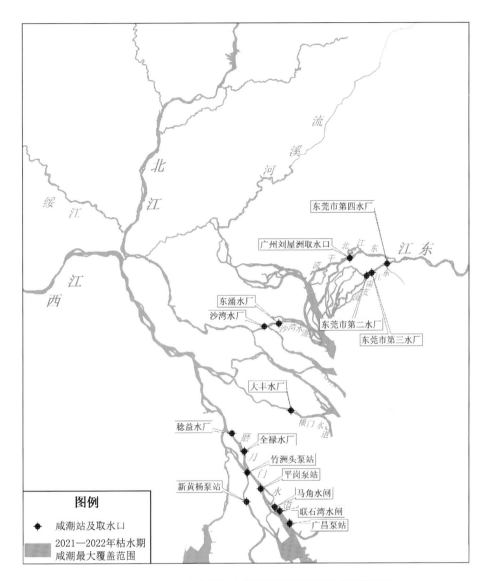

图2-3　2021—2022年枯水期珠江河口咸潮最大覆盖范围

二、气象背景

（一）厄尔尼诺和拉尼娜事件转换频繁导致气候异常

厄尔尼诺现象是指赤道中、东太平洋南美沿岸海表面温度异常上升的现象。厄尔尼诺现象发生当年，我国夏季容易出现"北旱南涝"、冬季气温偏暖等情况。另外，厄尔尼诺现象发生时，通过海—气相互作用容易在西北太平洋和东北太平洋形成威力强大的台风和飓风。

与厄尔尼诺现象相对应的是拉尼娜现象,它是指赤道中、东太平洋南美沿岸海表面温度异常降低的现象。拉尼娜现象通常出现在厄尔尼诺现象之后,产生机制与厄尔尼诺现象刚好相反,也被称为"反厄尔尼诺现象"。通常拉尼娜事件发生时,我国东北地区春夏易出现干旱,气温偏高;夏季南方易发生干旱,华北洪涝;冬季较寒冷,寒潮多发,南方易出现冻雨、风雪。

2019 年 11 月—2020 年 3 月赤道中东太平洋发生中部型弱厄尔尼诺事件,2020 年 8 月—2021 年 3 月发生东部型中等拉尼娜事件,2021 年 9 月再次发生东部型弱拉尼娜事件且持续至 2022 年 8 月仍未结束。据气象部门统计,在厄尔尼诺事件衰减年的夏季,华南地区降雨通常会偏少。当受拉尼娜事件影响时,我国南方地区的水汽条件会较多年同期明显偏差,不利于形成降水,拉尼娜事件盛期的冬季华南南部降水较多年同期偏少,2021 年是双拉尼娜年,其影响更加显著。由于厄尔尼诺/拉尼娜事件的频繁转变,通过海—气相互作用,使得大气环流异常,造成珠江流域(片)东部地区自 2019 年夏秋季开始至 2021 年冬季降雨偏少。

(二)西太平洋副热带高压持续偏强导致降雨偏少

西太平洋副热带高压(以下简称副高)是一个在太平洋上空的稳定而少动的暖性高压深厚系统。夏季,因为副高强度高,其范围几乎可占整个北半球面积的 $1/5 \sim 1/4$,甚至可以和南亚高压打通,盘踞在亚洲大陆上空,而冬季,副高强度和范围都会减小。副高对我国水汽、热量、能量的输送与平衡起着重要作用,它的强弱、进退和移动,同我国东部地区旱涝关系极其密切,是汛期影响我国天气的主要环流系统。在副高控制的地区,往往以晴朗少云的高温天气为主,如果副高强盛,则该地区还会出现干旱灾害。2019—2020 年,副高面积持续偏大、强度持续偏强,虽然 2021 年初副高短暂回归到偏小偏弱的状态,但从 2021 年汛期开始副高又转为偏大偏强的状态,并且 2019—2021 年连续 3 年汛期副高位置持续偏西。珠江流域(片)中东部地区长时间受副高稳定控制,盛行下沉辐散气流,不利于水汽抬升凝结形成降雨,因而天气晴热少雨,2020 年和 2021 年汛期降雨持续偏少。

(三)登陆台风少、强度弱导致台风雨影响偏弱

2019—2021 年,登陆珠江流域(片)的台风个数少、强度弱,且连续 3 年的 9 月均无台风登陆,后汛期台风雨明显偏少。2019—2021 年分别有 2 个、3 个、4 个台风登陆珠江流域(片)(表 2-1),明显少于多年平均登陆个数(5.7 个),仅有 2 个登陆强度达台风级。登陆台风移动路径总体偏南偏西,登陆地点主要在粤西沿海和海南岛,降雨多集中在珠江流域(片)西部和南部沿海地区,东部地区降雨偏少。

(四)2021 年珠江流域(片)可能进入枯水周期

统计分析 1961—2021 年珠江流域(片)年降雨变化情况发现,其降雨存在明显

表 2 - 1　　　　　　　　2019—2021 年登陆珠江的台风特征统计

序号	编号	名称	最高强度等级	生成时间	登 陆 情 况				
					登陆时间	地点	等级/(m/s)	登陆强度等级	气压/hPa
1	1904	木恩	热带风暴（8级，18m/s）	2019年7月2日21：00	2019年7月3日0：45	海南万宁	8级（18）	热带风暴	992
					2019年7月4日6：45	越南太平省	8级（18）	热带风暴	992
2	1907	韦帕	热带风暴（9级，23m/s）	2019年7月31日8：00	2019年8月1日1：50	海南文昌	9级（23）	热带风暴	985
					2019年8月1日17：40	广东湛江	9级（23）	热带风暴	985
					2019年8月2日21：20	广西防城港	9级（23）	热带风暴	985
3	2002	鹦鹉	热带风暴（9级，23m/s）	2020年6月12日20：00	2020年6月14日8：50	广东阳江	9级（23）	热带风暴	990
4	2007	海高斯	台风（12级，35m/s）	2020年8月18日8：00	2020年8月19日6：00	广东珠海	12级（35）	台风	970
5	2016	浪卡	强热带风暴（10级，25m/s）	2020年10月12日8：00	2020年10月13日19：20	海南琼海	10级（25）	强热带风暴	988
					2020年10月14日18：20	越南清化	8级（18）	热带风暴	998
6	2107	查帕卡	台风（13级，38m/s）	2021年7月19日8：00	2021年7月20日21：50	广东阳江	12级（33）	台风	978
7	2109	卢碧	热带风暴（9级，23m/s）	2021年8月4日8：00	2021年8月5日11：20	广东汕头	9级（23）	热带风暴	985
					2021年8月5日17：00	福建漳州	8级（18）	热带风暴	986
8	2117	狮子山	热带风暴（8级，20m/s）	2021年10月8日5：00	2021年10月8日22：50	海南琼海	8级（20）	热带风暴	990
9	2118	圆规	台风（12级，35m/s）	2021年10月8日17：00	2021年10月13日15：40	海南琼海	12级（33）	强热带风暴	975
					2021年10月14日7：30	越南北部	7级（14）	热带低压	1000

的年代际丰、枯周期。1961—1970 年、1981—1990 年、2001—2010 年降雨总体偏少，1971—1980 年、1991—2000 年、2011—2020 年降雨总体偏多。可见，珠江流域（片）年降雨的丰、枯周期是交替出现的。按照珠江流域（片）年降雨历史演变规律（图 2-4），2021 年珠江流域（片）可能开始进入降雨偏少的枯水周期。

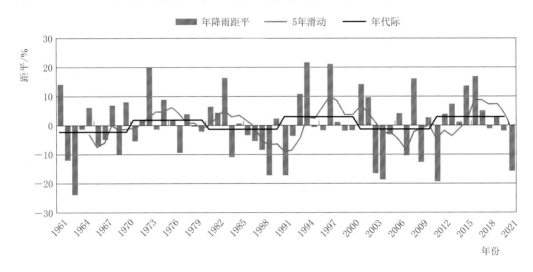

图 2-4　珠江流域（片）年降雨历史演变规律图

同理，统计分析 1961—2021 年珠江流域（片）中东部地区降雨变化情况发现，各区域降雨也有类似的年代际变化规律，存在明显的年代际丰、枯周期，且交替出现。1961—1970 年、2001—2010 年降雨总体偏少，1971—1980 年、1981—1990 年、1991—2000 年、2011—2020 年降雨总体偏多。2021 年干旱严重的东江、韩江降雨丰、枯变化具有同步性，1961—1970 年和 2001—2010 年为枯水期，1981—2000 年和 2011—2020 年为丰水期。按照降雨的年代际历史变化规律，东江、韩江 2021 年可能开始降雨进入枯水期，而且 2020—2021 年出现历史罕见的连续两年降雨偏少 1～3 成的情况，进一步加剧了干旱。东江、韩江年降雨历史演变规律分别如图 2-5 和图 2-6 所示。

三、旱情演变

根据降雨、来水、水库蓄水、咸潮等雨水咸情发展过程，2021—2022 年旱情演变可分为苗头阶段、发展阶段、重旱阶段、缓解及解除阶段等 4 个阶段。2021 年 6—8 月为旱情苗头阶段，主要特征是主汛期降雨、来水、水库蓄水均较多年同期偏少，呈现"当汛不汛"的态势。2021 年 9—10 月为旱情发展阶段，主要特征是 9—10 月水库蓄水关键期降雨、来水继续较多年同期持续偏少，水库有效蓄水量不增反减，部分水闸开始出咸。2021 年 11 月至 2022 年 2 月中旬为重旱阶段，主要特征是降雨、来水较多年同期继续偏少，咸潮影响范围不断扩大，影响程度不断加深。2022 年 2

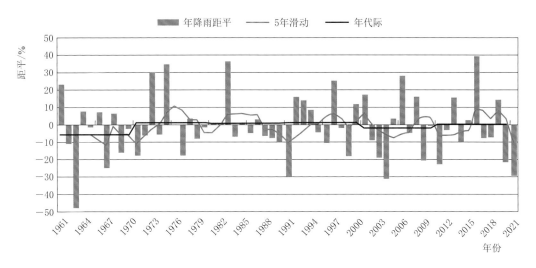

图 2－5 东江年降雨历史演变规律图

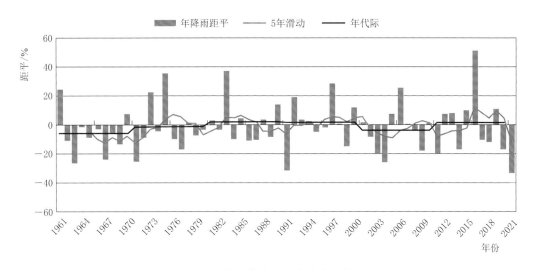

图 2－6 韩江年降雨历史演变规律图

月下旬至 3 月为旱情缓解及解除阶段，2022 年 2 月下旬的强降雨过程使得旱情得到初步缓解，2022 年 3 月下旬的强降雨过程使得旱情进一步缓解或解除。

（一）西北江

在西北江旱情苗头阶段（2021 年 6—8 月），降雨、来水、水库蓄水均较多年同期偏少，2021 年 6 月底，西江 4 座骨干水库总有效蓄水率仅为 6%，呈现"当汛不汛"的态势；珠海广昌泵站 6 月 21 日出咸（一般为 9 月或 10 月出咸），突破该站有咸情监测记录以来的最早日期。在旱情发展阶段（2021 年 9—10 月），降雨、来水继续较多年同期持续偏少，蓄水关键期北江水库有效蓄水量不增反减；9 月，马角水闸、联石湾水闸先后出咸。在旱情重旱阶段（2021 年 11 月至 2022 年 2 月中旬），降雨、来水继续偏少，西江梧州站 12 月天然来水跌至 1920m³/s；西北江三角洲咸潮影响范围不断扩大，影响程度不断加深。在旱情缓解及解除阶段（2022 年 2 月下旬至 3 月），2022 年 2 月下旬的强降雨过程使得西北江旱情得到初步缓解，3 月下旬的强降雨过程，进一步缓解了西北江旱情。

1. 苗头阶段（2021 年 6—8 月）

降雨方面，2021 年 6—8 月，西江流域降雨持续偏少，累积面平均降雨量为 519.1mm，较多年同期偏少约 2 成。其中，6 月、7 月、8 月降雨量分别为 215.9mm、145.8mm、157.4mm，分别较多年同期偏少近 2 成、偏少近 4 成、偏少近 1 成。2021 年 6—8 月西江流域逐月面平均降雨量如图 2 - 7 所示。

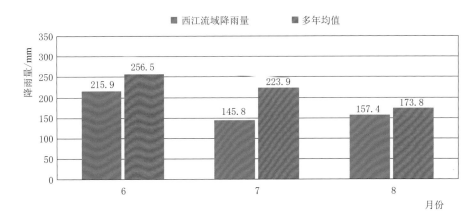

图 2 - 7　2021 年 6—8 月西江流域逐月面平均降雨量

2021 年 6—8 月，北江流域降雨持续偏少，累积面平均降雨量为 566.0mm，较多年同期偏少约 1 成。其中 6 月、7 月降雨量分别为 269.4mm、88.9mm，分别较多年同期基本持平略偏少、偏少约 5 成。2021 年 6—8 月北江流域逐月面平均降雨量如图 2 - 8 所示。

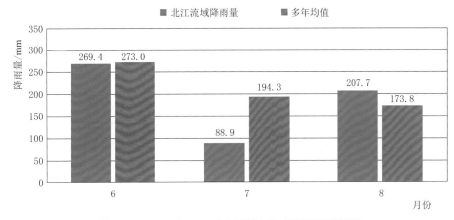

图 2 - 8　2021 年 6—8 月北江流域逐月面平均降雨量

　　江河来水方面，受降雨偏少影响❶，2021 年 6—8 月梧州站平均天然来水量 7750m³/s，较多年同期偏少约 4 成，为 1950 年以来同期第五少（梧州站天然流量资料序列自 1950 年起，下同）。2021 年 6 月、7 月、8 月天然来水分别为 8080m³/s、9160m³/s、6030m³/s，分别较多年同期偏少约 4 成、偏少近 4 成、偏少近 5 成。2021 年 6—8 月西江梧州站天然来水流量及距平见表 2-2 和图 2-9。

表 2-2　　　　　　　　　2021 年 6—8 月西江梧州站天然来水流量及距平统计

时　间	流量/(m³/s)	距平/%	时　间	流量/(m³/s)	距平/%
2021 年 6 月	8080	−43	2021 年 8 月	6030	−45
2021 年 7 月	9160	−38	2021 年 6—8 月	7750	−42

注：梧州站天然流量资料序列自 1950 年起。

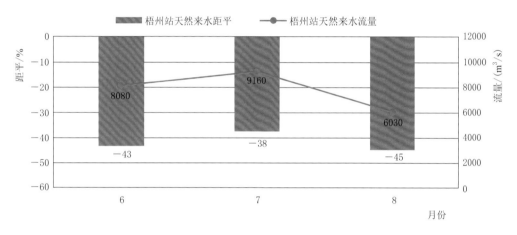

图 2-9　2021 年 6—8 月西江梧州站逐月平均来水和距平

　　受降雨偏少的影响，北江控制站石角站来水在 2021 年 6—8 月期间持续偏少，石角站平均来水量 1120m³/s，较多年同期偏少近 5 成，为 1954 年以来同期第三少（石角站流量资料序列自 1954 年起，下同）。2021 年 6 月、7 月、8 月石角站来水分别为 1790m³/s、853m³/s、740m³/s，分别较多年同期偏少近 4 成、偏少近 6 成、偏少约 5 成。西北江干流来水均持续偏少，主汛期呈现"当汛不汛"的态势。2021 年 6—8 月北江石角站来水流量及距平见表 2-3 和图 2-10。

　　水库蓄水方面，西北江流域大中型水库蓄水量严重不足。2021 年入汛后，西江骨干水库水位总体偏低、蓄水不足，2021 年 6 月底，西江流域天生桥一级、光照、龙滩、百色 4 座骨干水库总有效蓄水率仅为 6%，为 2007 年以来同期最少。后期，

---

　　❶　注：受前期土壤含水量、河道底水及降雨时空分布不均等影响，降雨与江河来水的较多年同期距平数量不是 1:1 对应关系，下同。

虽然开展了西北江骨干水库汛末蓄水调度，但蓄水量仍不足，截至 2021 年 8 月 31 日，西江流域大中型水库总有效蓄水量仅为 126.5 亿 m³，总有效蓄水率仅为 39%，其中天生桥一级、光照、龙滩、百色 4 座骨干水库总有效蓄水量仅为 102.2 亿 m³，总有效蓄水率仅为 47%；北江流域大中型水库总有效蓄水量为 14.9 亿 m³，总有效蓄水率仅为 47%，其中飞来峡、湾头、乐昌峡、南水 4 座骨干水库总有效蓄水量仅为 6.04 亿 m³，有效蓄水率为 53%。

表 2-3　　　　　　2021 年 6—8 月北江石角站来水流量及距平统计

时　间	流量/(m³/s)	距平/%	时　间	流量/(m³/s)	距平/%
2021 年 6 月	1790	-39	2021 年 8 月	740	-51
2021 年 7 月	853	-58	2021 年 6—8 月	1120	-48

注：石角站流量资料序列自 1954 年起。

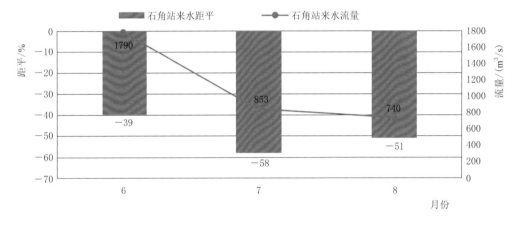

图 2-10　2021 年 6—8 月北江石角站逐月平均来水和距平

咸情方面，西北江三角洲咸潮出现时间与往年相比大幅提前。珠海广昌泵站出咸时间提前至 6 月 21 日（一般为 9 月或 10 月出咸），突破该站有咸情监测记录以来的最早日期，之后几轮潮周期中该站均有部分时段氯化物含量超标。8 月初，广昌泵站出现连续 119 小时氯化物含量超标，最高氯化物含量达到 3500mg/L，与往年同期相比实属少见；同时，联石湾水闸于 8 月 3 日出咸（一般为 9 月或 10 月出咸），2021 年 8 月咸潮最远覆盖至珠海联石湾水闸附近。

2. 发展阶段（2021 年 9—10 月）

降雨方面，2021 年 9—10 月，西江流域累积面平均降雨量 197.7mm，其中 9 月西江面平均降雨量 84.4mm，较多年同期偏少近 2 成。2021 年 9—10 月西江流域逐月面平均降雨量如图 2-11 所示。

2021 年 9—10 月，北江流域累积面平均降雨量 147.6mm，较多年同期偏少近 1

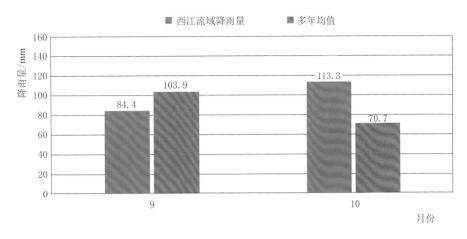

图 2 - 11　2021 年 9—10 月西江流域逐月面平均降雨量

成，其中 9 月面平均降雨量 70.8mm，较多年同期偏少约 3 成。2021 年 9—10 月北江流域逐月面平均降雨量如图 2 - 12 所示。

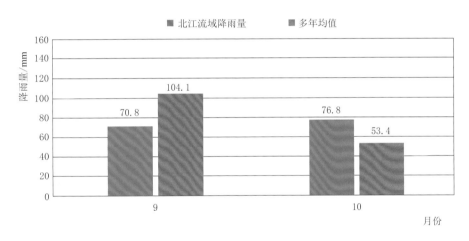

图 2 - 12　2021 年 9—10 月北江流域逐月面平均降雨量

江河来水方面，2021 年 9—10 月，梧州站平均天然来水 3300m³/s，较多年同期偏少近 5 成，为 1950 年以来同期第四少。2021 年 9 月、10 月梧州站天然来水分别为 3250m³/s、3340m³/s，分别偏少近 6 成、偏少近 3 成，旱情在持续发展。2021 年 9—10 月西江梧州站天然来水流量及距平见表 2 - 4 和图 2 - 13。

表 2 - 4　　　　2021 年 9—10 月西江梧州站天然来水流量及距平统计

时　间	流量/(m³/s)	距平/%	时　间	流量/(m³/s)	距平/%
2021 年 9 月	3250	-57	2021 年 9—10 月	3300	-45
2021 年 10 月	3340	-25			

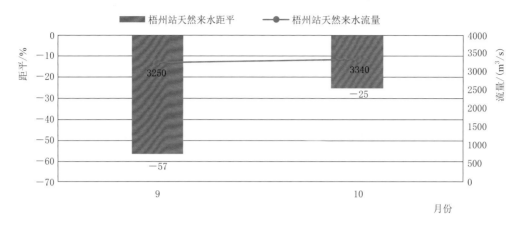

图 2 - 13　2021 年 9—10 月西江梧州站逐月平均来水和距平

北江下游控制站石角站来水也持续呈现偏枯态势，2021 年 9—10 月石角站平均来水 383m³/s，较多年同期偏少近 6 成，为 1954 年以来同期第六少。2021 年 9 月、10 月，石角站来水分别为 360m³/s、405m³/s，分别较多年同期偏少近 7 成、偏少约 4 成，来水严重偏少。2021 年 9—10 月北江石角站天然来水流量及距平见表 2 - 5 和图 2 - 14。

表 2 - 5　　　　　2021 年 9—10 月北江石角站天然来水流量及距平统计

时　间	流量/(m³/s)	距平/%	时　间	流量/(m³/s)	距平/%
2021 年 9 月	360	−66	2021 年 9—10 月	383	−56
2021 年 10 月	405	−41			

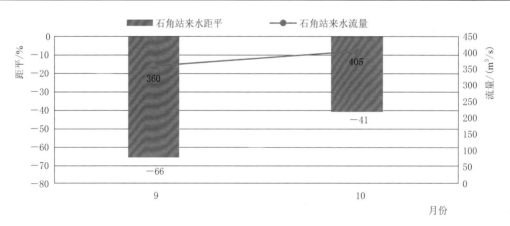

图 2 - 14　2021 年 9—10 月北江石角站逐月平均来水和距平

水库蓄水方面，虽然前期降雨来水均偏少，但后期珠江委在确保防洪安全的前提下，充分利用雨洪资源，后汛期加大蓄水保水力度，西江骨干水库增蓄明显，为打赢抗旱保供水硬仗储备了宝贵水源。截至 2021 年 10 月 31 日，西江流域大中型水库总有效蓄水量为 157.5 亿 m³，总有效蓄水率为 50%，较 6 月底水库有效蓄水量最低时增蓄 126.4 亿 m³。其中天生桥一级、光照、龙滩、百色 4 座骨干水库，总有效蓄水量为 133.1 亿 m³，总有效蓄水率为 62%，较 6 月底水库有效蓄水量最低时增蓄 113.5 亿 m³。

然而，受北江降雨、来水持续偏少的影响，北江水库蓄水形势仍十分严峻，北江飞来峡、湾头、乐昌峡、南水 4 座骨干水库由于向下游补水，水库有效蓄水量不增反减，从 7 月 1 日至 10 月 31 日的 4 座水库总有效蓄水量减少 1.19 亿 m³，有效蓄水率从 58% 降至 48%，旱情正在进一步发展。

咸情方面，9 月 1 日，中山马角水闸开始出咸，9 月马角水闸及以下主要取水口氯化物含量频繁超标，取淡概率开始下降，其中马角水闸累计超标时长为 136 小时，取淡概率为 81%。联石湾水闸于 9 月 30 日开始出咸，并连续 10 天氯化物含量超标。

从 10 月进入枯水期开始，受河道径流量减小与潮汐动力季节性增强等因素影响，西北江三角洲咸潮活动明显加剧，中山马角水闸在月初和月末出现连续 7 天和连续 9 天氯化物含量超标；中山马角水闸累计超标时长达 537 小时，取淡概率从 9 月的 81% 降至 28%；珠海平岗泵站 10 月开始出咸，累计超标时长 88 小时。

3. 重旱阶段（2021 年 11 月至 2022 年 2 月中旬）

降雨方面，2021 年 11 月、12 月，西江流域降雨量进一步减少，其中 12 月累积面平均降雨量为 20.4mm，较多年同期偏少约 2 成，是西江流域本次旱情发展中降雨量最少的一个月。

2021 年 12 月—2022 年 1 月，北江流域降雨量持续偏少，累积面平均降雨量为 80.5mm，较多年同期偏少近 2 成。其中 2021 年 12 月降雨量为 25.0mm，较多年同期偏少约 3 成。

江河来水方面，受 12 月降雨偏少影响，西江梧州站 12 月天然来水跌至 1920m³/s，西江流域进入旱情的重旱阶段。北江石角站 2021 年 11 月—2022 年 1 月平均来水仅 329m³/s，较多年同期偏少约 3 成。

水库蓄水方面，由于西北江来水偏少，西北江骨干水库持续往下游补水。2022 年 2 月 20 日，西江流域天生桥一级、光照、龙滩、百色 4 座骨干水库，总有效蓄水量为 124.6 亿 m³，总有效蓄水率为 58%，较 2021 年 10 月 31 日总有效蓄水量减少 8.5 亿 m³；北江流域飞来峡、湾头、乐昌峡、南水 4 座骨干水库总有效蓄水量仅为 4.01 亿 m³，总有效蓄水率仅为 35%，较 2021 年 10 月 31 日总有效蓄水量减少 1.5 亿 m³。

咸情方面，受西江天然来水持续偏枯叠加天文大潮影响，西北江三角洲咸潮影响范围不断扩大，影响程度不断加深。广昌泵站 11 月底至翌年 2 月初连续 68 天氯化物含量超标；中山马角水闸 12 月累计氯化物含量达标时长仅为 63 小时，取淡概率进一步降至 9%；珠海平岗泵站在月初和月末出现连续 7 天和连续 8 天氯化物含量超标，最高氯化物含量达到 2990mg/L，取淡概率降至 35%；中山全禄水厂和稔益水厂分别于 12 月 1 日和 12 月 18 日出咸，全禄水厂氯化物含量最高值达 2047mg/L，稳益水厂单日连续 4 小时氯化物含量超标，西北江咸情进入最严峻阶段。

4. 缓解及解除阶段（2022 年 2 月下旬至 3 月）

降雨方面，受南支槽、冷空气和切变线共同影响，2022 年 2 月 18—22 日珠江流域（片）发生一次强降雨过程，5 天内西江流域、北江流域面平均降雨量分别达 47.8mm、103.7mm，相当于 2 月降雨量的多年均值（西江流域、北江流域 2 月降雨量多年均值分别为 47.1mm、99.5mm），本次强降雨过程使得西北江旱情得到初步缓解。3 月下旬，受冷空气和切变线的共同影响，珠江流域（片）发生 2 次强降雨过程，其中 3 月 21—27 日，西江下游部分地区、贺江上游部分地区、北江等地累积降雨量达 100～250mm，西北江旱情得到进一步缓解。

江河来水方面，受 2022 年 2 月下旬以来 3 次强降雨过程影响，西北江干流出现明显涨水过程，西江梧州站、北江石角站洪峰流量分别为 13300m³/s、5680m³/s，西北江旱情得到明显缓解。

水库蓄水方面，截至 2022 年 3 月 31 日，西江流域天生桥一级、光照、龙滩、百色 4 座骨干水库，总有效蓄水量为 86.3 亿 m³，总有效蓄水率为 40%；北江流域飞来峡、湾头、乐昌峡、南水 4 座骨干水库总有效蓄水量仅为 5.45 亿 m³，总有效蓄水率为 48%，较 2022 年 2 月 20 日总有效蓄水量增加 1.44 亿 m³。考虑即将进入汛期，西北江骨干水库 2022 年 3 月 31 日的蓄水量可以满足后期澳门、珠海等地的供水需求，西北江旱情基本解除。

咸情方面，随着降雨量增加，西北江径流持续增大，2022 年 2 月下旬咸潮逐渐退出西北江三角洲，各沿程取水口可全天 24 小时取淡，供水威胁得以解除。

2021 年 9 月—2022 年 2 月珠海平岗泵站和中山马角水闸氯化物含量和取淡概率变化过程如图 2-15、图 2-16 所示。

（二）东江

在东江旱情苗头阶段（2021 年 6—8 月），降雨、来水、水库蓄水均较多年同期偏少，东江来水为 1956 年以来同期第一少，呈现"当汛不汛"的态势。在旱情发展阶段（2021 年 9—10 月），降雨、来水继续较多年同期持续偏少，东江来水为 1956 年以来同期第二少，蓄水关键期东江水库增蓄不明显；东江三角洲咸潮上溯逐渐加剧，广州、东莞部分水厂氯化物含量超标。在旱情重旱阶段（2021 年 11 月至 2022 年 2 月中旬），降雨、来水继续偏少，东江来水为 1956 年以来同期第一少，新丰江水库水位于 1 月 28 日降至死水位以下，东江三角洲连续遭遇多次咸潮侵袭，咸潮影响程度不断加深。在旱情缓解及解除阶段（2022 年 2 月下旬至 3 月），2022 年 2 月下旬的强降雨过程使得东江旱情得到初步缓解，3 月下旬的降雨过程，进一步缓解了东江旱情。

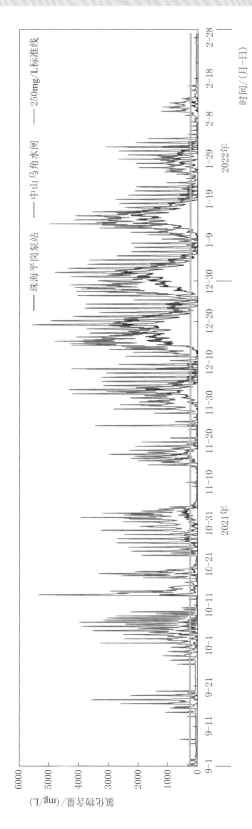

图 2 - 15　2021 年 9 月—2022 年 2 月珠海平岗泵站和中山马角水闸氯化物含量变化过程

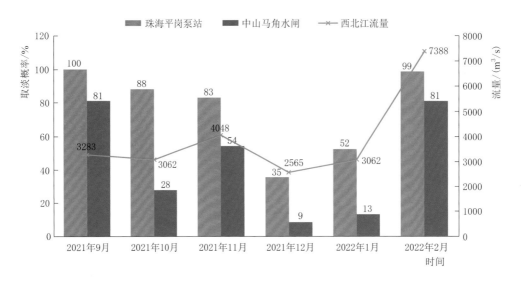

图 2 - 16   2021 年 9 月—2022 年 2 月珠海平岗泵站和中山马角水闸取淡概率变化

1. 苗头阶段（2021 年 6—8 月）

降雨方面，2021 年 6—8 月，东江流域累积面平均降雨量为 603.1mm，较多年同期偏少近 3 成。其中，6 月、7 月降雨量分别为 224.2mm、130.2mm，分别较多年同期偏少 3 成、偏少近 5 成。2021 年 6—8 月东江流域逐月面平均降雨量如图 2 - 17 所示。

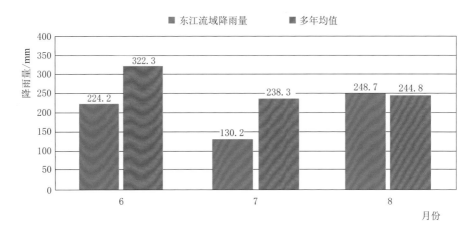

图 2 - 17   2021 年 6—8 月东江流域逐月面平均降雨量

江河来水方面，2021 年 6—8 月东江控制站博罗站平均天然来水 427m³/s，较多年同期偏少近 7 成，为 1956 年以来同期第一少。2021 年 6 月、7 月、8 月天然来水分别为 609m³/s、220m³/s、460m³/s，分别较多年同期偏少近 7 成、偏少约 8 成、偏少约 6 成。2021 年 6—8 月东江博罗站天然来水流量及距平见表 2 - 6 和图 2 - 18。

表 2 - 6 2021 年 6—8 月东江博罗站天然来水流量及距平统计

时 间	流量/(m³/s)	距平/%	时 间	流量/(m³/s)	距平/%
2021 年 6 月	609	−66	2021 年 8 月	460	−61
2021 年 7 月	220	−83	2021 年 6—8 月	427	−69

注：博罗站天然流量资料序列自 1956 年起。

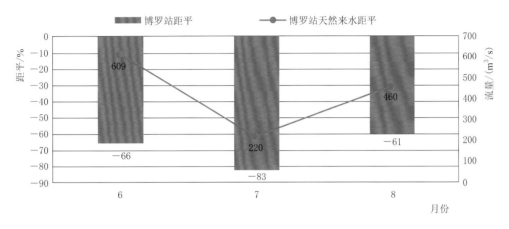

图 2 - 18 2021 年 6—8 月东江博罗站逐月平均来水和距平

水库蓄水方面，虽然主汛期全力开展蓄水保水，但水库蓄水仍偏少。截至 2021 年 8 月 31 日，东江流域大中型水库总有效蓄水量仅 13.9 亿 m³，总有效蓄水率仅为 16%，水库蓄水量大幅偏少。其中，新丰江、枫树坝、白盆珠 3 座骨干水库总有效蓄水量为 11.8 亿 m³，总有效蓄水率仅为 14%。

2. 发展阶段（2021 年 9—10 月）

降雨方面，2021 年 9—10 月，东江流域累积面平均降雨量为 195.1mm，较多年同期基本持平略偏少。其中，9 月面平均降雨量为 67.4mm，较多年同期偏少近 6 成。2021 年 9—10 月东江流域逐月面平均降雨量如图 2 - 19 所示。

江河来水方面，2021 年 9—10 月东江下游控制站博罗站平均天然来水 186m³/s，较多年同期偏少约 7 成，为 1956 年以来同期第二少。2021 年 9 月、10 月博罗站天然来水分别为 178m³/s、193m³/s，分别偏少约 8 成、偏少约 6 成。2021 年 9—10 月东江博罗站天然来水流量及距平见表 2 - 7 和图 2 - 20。

表 2 - 7 2021 年 9—10 月东江博罗站天然来水流量及距平统计

时 间	流量/(m³/s)	距平/%	时 间	流量/(m³/s)	距平/%
2021 年 9 月	178	−81	2021 年 9—10 月	186	−74
2021 年 10 月	193	−62			

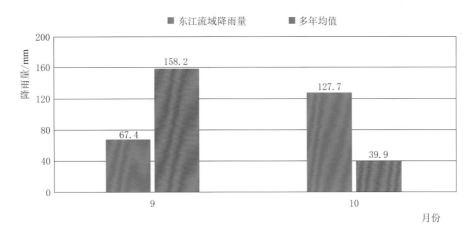

图 2–19　2021 年 9—10 月东江流域逐月面平均降雨量

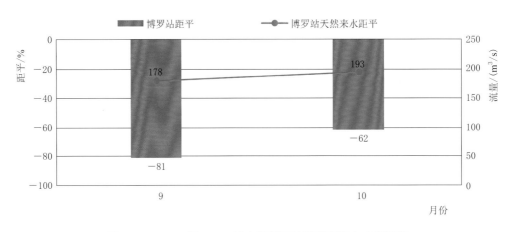

图 2–20　2021 年 9—10 月东江博罗站逐月平均来水和距平

水库蓄水方面，10 月东江流域降雨主要分布在沿海地区，东江的大型水库蓄水增加不明显，汛末蓄水量仍然严重不足，东江流域旱情进一步发展。2021 年 10 月 31 日，东江流域大中型水库总有效蓄水量为 14.7 亿 m³，总有效蓄水率 17%，仅较 9 月 1 日增蓄 0.7 亿 m³（主要增蓄在沿海地区水库）。但新丰江、枫树坝、白盆珠 3 座骨干水库增蓄不明显，总有效蓄水量为 12.2 亿 m³，总有效蓄水率为 15%，和 8 月 31 日蓄水量基本持平。

咸情方面，东江三角洲咸潮上溯逐渐加剧，自 2021 年 9 月下旬起，下游取水口氯化物含量明显增大，9 月底至 10 月初遭遇强劲咸潮，东莞市第二水厂单日最长连续 20 小时氯化物含量超标，持续 15 天受咸潮影响；广州刘屋洲取水口该轮咸潮累计 6 小时氯化物含量超标，持续 6 天受咸潮影响。

3. 重旱阶段（2021 年 11 月至 2022 年 2 月中旬）

降雨方面，2021 年 11 月至 2022 年 2 月中旬，东江流域累积面平均降雨量为

267.6mm，其中 11 月降雨量仅为 14.3mm，较多年同期偏少约 6 成。

江河来水方面，东江来水持续严重偏少。2021 年 11 月—2022 年 1 月，东江博罗站天然来水 82.5m³/s，较多年同期偏少约 7 成，为 1956 年以来同期第一少，其中 2021 年 11 月、12 月、2022 年 1 月，东江博罗站天然来水分别为 56.6m³/s、115m³/s、75.1m³/s，分别较多年同期偏少约 8 成、偏少约 6 成、偏少约 7 成。2021 年 11 月至 2022 年 2 月中旬东江博罗站天然来水流量及距平见表 2-8 和图 2-21。

表 2-8　2021 年 11 月至 2022 年 2 月中旬东江博罗站天然来水流量及距平统计

时　间	流量/(m³/s)	距平/%	时　间	流量/(m³/s)	距平/%
2021 年 11 月	56.6	−83	2022 年 2 月上中旬	354	8
2021 年 12 月	115	−62	2021 年 11 月至 2022 年 2 月上中旬	131	−58
2022 年 1 月	75.1	−74			

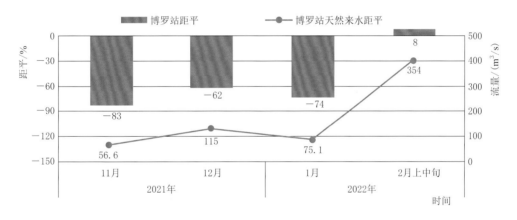

图 2-21　2021 年 11 月至 2022 年 2 月中旬东江博罗站逐月平均来水和距平

水库蓄水方面，随着旱情发展，东江大中型水库持续向下游补水。2022 年 10 月 31 日—2022 年 2 月 20 日，东江流域大中型水库累计补水 10.8 亿 m³，大中型水库总有效蓄水量由 14.7 亿 m³ 降至 3.9 亿 m³，总有效蓄水率由 17% 降至 4%。其中，新丰江、枫树坝、白盆珠 3 座骨干水库累计补水 9.9 亿 m³，3 座水库总有效蓄水量由 12.2 亿 m³ 降至 2.3 亿 m³，总有效蓄水率由 15% 降至 3%。东江新丰江水库水位于 1 月 28 日降至死水位 93.00m 以下，直至 2 月 21 日才恢复至 93.00m 以上，死水位以下累计运行 25 天，期间最低水位 92.61m（2 月 2 日），随着新丰江水库水位不断下降，东江流域旱情达到重旱阶段。

咸情方面，东江三角洲在 2021 年 11 月至 12 月中下旬连续遭遇 4 轮咸潮，受到咸潮不同程度的影响，单日部分时段出现超标；东莞市第二水厂 11—12 月累计 178 小时氯化物含量超标，单日最大超标时长分别为 7 小时和 10 小时，广州刘屋洲取水口 11—12 月累计 55 小时氯化物含量超标，单日最大超标时长分别为 2.5 小时和 8 小时。

东江三角洲 1 月咸潮最为严重，咸潮影响范围最远上溯至距离河口 35km 的东莞市第四水厂以上，东莞市第二水厂 1 月累计 281 小时氯化物含量超标，1 月 18—23 日连续 6 天单日超标 10 小时以上，最高氯化物含量到达历史极值的 1515mg/L，在 12 月底至 2 月初持续 35 天受咸潮影响，东莞市第二水厂和第三水厂取水口最高氯化物含量到达历史极值的 1515mg/L 和 932mg/L。广州刘屋洲取水口 1 月氯化物含量超标累计时长为 157.75 小时，单日最大超标时长为 6.8 小时（2022 年 1 月 22 日），氯化物含量日最大值为 860mg/L（2022 年 1 月 15 日）。

4. 缓解及解除阶段（2022 年 2 月下旬至 3 月）

降雨方面，2022 年 2 月 18—22 日珠江流域（片）中东部地区发生一次强降雨过程，东江流域大部地区累积降雨量达 100~250mm，本次强降雨过程使得东江旱情得到初步缓解。3 月 21—27 日，珠江流域（片）中东部地区再次发生强降雨过程，东江流域大部地区累积降雨量达 100~250mm，东江旱情得到进一步缓解。

江河来水方面，受 2022 年 2 月 18—22 日强降雨影响，东江出现明显涨水过程；3 月 21—27 日的强降雨过程再次给东江带来明显涨水过程，博罗站 2022 年 3 月 24 日 11 时再次出现洪峰，洪峰流量为 1440m³/s，东江旱情得到明显缓解。

水库蓄水方面，东江新丰江水库水位 2 月 21 日已恢复至死水位 93.00m 以上。新丰江、枫树坝、白盆珠 3 座骨干水库蓄水量也明显增加，截至 2022 年 3 月 31 日，3 座骨干水库总有效蓄水量 8.8 亿 m³，比 2022 年 2 月 20 日有效蓄水量增加 6.5 亿 m³，总有效蓄水率由 3% 增至 11%。考虑即将进入汛期，3 座骨干水库蓄水量可以满足后期东江用水需求，东江旱情基本解除。

咸情方面，在 2022 年 1 月底和 2 月中旬分别开展 2 次东江压咸补淡应急调度后，沿岸各取水口取淡概率随即回升，东莞市第二水厂及广州刘屋洲取水口 2 月氯化物含量超标时长降至 39 小时和 7 小时。至 2 月下旬，最后一轮咸潮退出东江三角洲，东莞市第二水厂等沿程取水口可全天 24 小时取淡，供水威胁解除。2021 年 9 月—2022 年 2 月东江三角洲东莞市第二水厂及广州刘屋洲取水口氯化物含量和氯化物超标时长变化过程如图 2-22、图 2-23 所示。

（三）韩江

在韩江旱情苗头阶段（2021 年 6—8 月），降雨、来水、水库蓄水均较多年同期偏少，韩江来水为 1956 年以来同期第一少，呈现"当汛不汛"的态势。在旱情发展阶段（2021 年 9—10 月），降雨、来水继续较多年同期持续偏少，韩江来水为 1956 年以来同期第一少，蓄水关键期韩江水库增蓄不明显。在旱情重旱阶段（2021 年 11 月至 2022 年 2 月中旬），降雨、来水继续偏少，2021 年 11 月—2022 年 1 月韩江来水

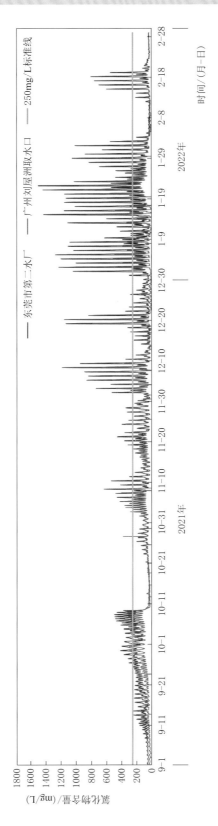

图 2 - 22　2021 年 9 月—2022 年 2 月东莞市第二水厂及广州刘屋洲取水口氯化物含量变化过程

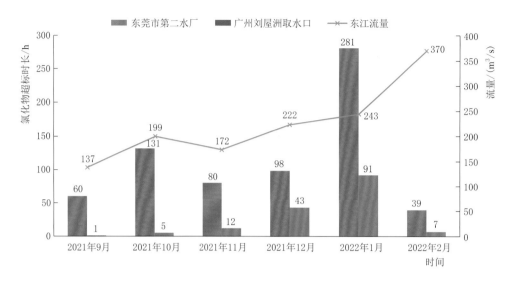

图 2 - 23　2021 年 9 月—2022 年 2 月东莞市第二水厂及广州刘屋洲取水口氯化物超标时长

为 1956 年以来同期第一少，韩江水库有效蓄水量持续偏少。在旱情缓解及解除阶段
（2022 年 2 月下旬至 3 月），2022 年 2 月下旬的强降雨过程使得韩江旱情得到初步缓
解，3 月下旬的降雨过程，进一步缓解了韩江旱情。

1. 苗头阶段（2021 年 6—8 月）

降雨方面，2021 年 6—8 月，韩江流域累积面平均降雨量为 452.6mm，较多年同
期偏少 3 成。其中，6 月、7 月、8 月降雨量分别为 204.6mm、103.6mm、
144.4mm，分别较多年同期偏少约 2 成、偏少近 4 成、偏少约 3 成。2021 年 6—8 月
韩江流域逐月面平均降雨量如图 2 - 24 所示。

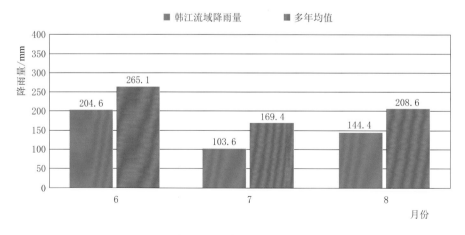

图 2 - 24　2021 年 6—8 月韩江流域逐月面平均降雨量

江河来水方面，2021 年 6—8 月韩江潮安站平均天然来水为 419m³/s，较多年同
期偏少近 7 成，为 1956 年以来同期第一少。2021 年 6 月、7 月、8 月天然来水分别为

$521 m^3/s$、$272 m^3/s$、$467 m^3/s$，分别较多年同期偏少近 7 成、偏少近 8 成、偏少约 6 成。2021 年 6—8 月韩江潮安站天然来水流量及距平见表 2-9 和图 2-25。

表 2-9　　　　　　　　2021 年 6—8 月韩江潮安站天然来水流量及距平统计

时　间	流量/(m³/s)	距平/%	时　间	流量/(m³/s)	距平/%
2021 年 6 月	521	−69	2021 年 8 月	467	−62
2021 年 7 月	272	−75	2021 年 6—8 月	419	−68

注：潮安站天然流量资料序列自 1956 年起。

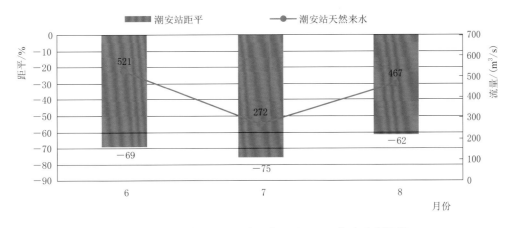

图 2-25　2021 年 6—8 月东江博罗站逐月平均来水和距平

水库蓄水方面，虽然主汛期全力开展蓄水保水，但水库蓄水量仍严重不足，2021 年 8 月 31 日，韩江流域大中型水库总有效蓄水量仅为 7.0 亿 m^3，总有效蓄水率为 38%。其中棉花滩、青溪、双溪、益塘、合水、长潭、高陂 7 座主要调节性水库总有效蓄水量为 6.0 亿 m^3，总有效蓄水率为 40%。

2. 发展阶段（2021 年 9—10 月）

降雨方面，2021 年 9—10 月韩江流域累积面平均降雨量为 114.3mm，较多年同期偏少约 3 成。其中 9 月面平均降雨量为 49.8mm，较多年同期偏少约 6 成。2021 年 9—10 月韩江流域逐月面平均降雨量如图 2-26 所示。

江河来水方面，韩江来水偏枯严重。2021 年 9—10 月潮安站月均天然来水为 191 m^3/s，为 1956 年以来同期第一少。其中 9 月、10 月天然来水分别为 222 m^3/s、161 m^3/s，均偏少 7 成以上。2021 年 9—10 月韩江潮安站天然来水流量及距平见表 2-10 和图 2-27。

水库蓄水方面，2021 年 10 月 31 日，韩江流域大中型水库总有效蓄水量仅为 5.5 亿 m^3，总有效蓄水率为 29%。其中棉花滩、青溪、双溪、益塘、合水、长潭、高陂 7 座主要调节性水库总有效蓄水量为 4.5 亿 m^3，总有效蓄水率为 30%。汛末蓄水量严重不足，韩江流域旱情进一步加剧。

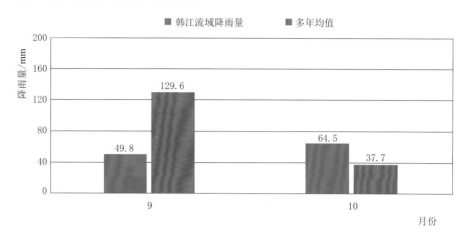

图 2 - 26　2021 年 9—10 月韩江流域逐月面平均降雨量

表 2 - 10　2021 年 9—10 月韩江潮安站天然来水流量及距平统计

时　间	流量/（m³/s）	距平/%	时　间	流量/（m³/s）	距平/%
2021 年 9 月	222	−78	2021 年 9—10 月	191	−76
2021 年 10 月	161	−71			

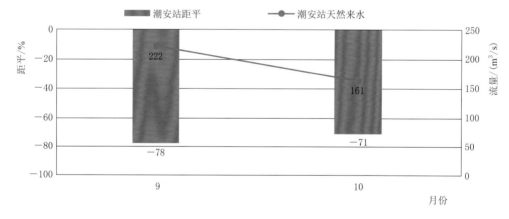

图 2 - 27　2021 年 9—10 月韩江潮安站逐月平均来水和距平

3. 重旱阶段（2021 年 11 月至 2022 年 2 月中旬）

降雨方面，2021 年 11 月至 2022 年 2 月中旬，韩江流域累积面平均降雨量为 331.0mm。

江河来水方面，韩江来水仍持续严重偏少，2021 年 11 月至 2022 年 2 月中旬，韩江潮安站天然来水为 176m³/s，较多年同期偏少约 5 成，其中，2021 年 11 月—2022 年 1 月，韩江潮安站天然来水为 129m³/s，较多年同期偏少约 6 成，为 1956 年以来同期第一少。2021 年 11 月、12 月，2022 年 1 月，韩江潮安站天然来水分别为 152m³/s、129m³/s、106m³/s，分别较多年同期偏少约 6 成、偏少约 6 成、偏少近 7 成，韩江旱情发展到重旱阶段。2021 年 11 月至 2022 年 2 月中旬韩江潮安站天然来水流量及距平见表 2-11 和图 2-28。

表 2-11　　　　2021 年 11 月至 2022 年 2 月中旬韩江潮安站
天然来水流量及距平统计

时　间	流量/(m³/s)	距平/%	时　间	流量/(m³/s)	距平/%
2021 年 11 月	152	−61	2022 年 2 月上中旬	396	−8
2021 年 12 月	129	−63	2021 年 11 月至	176	−52
2022 年 1 月	106	−67	2022 年 2 月中旬		

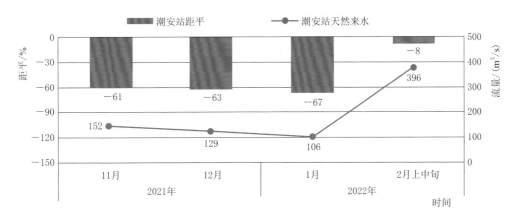

图 2-28　2021 年 11 月至 2022 年 2 月中旬韩江潮安站逐月平均来水和距平

水库蓄水方面，虽然全力开展蓄水保水，但水库增蓄不明显。截至 2022 年 2 月 20 日，韩江流域大中型水库总有效蓄水量为 6.6 亿 m³，比 10 月 31 日仅增蓄 1.1 亿 m³，总有效蓄水率由 29% 提高至 36%。其中棉花滩、青溪、双溪、益塘、合水、长潭、高陂 7 座主要调节性水库总有效蓄水量为 5.7 亿 m³，总有效蓄水率为 38%。其中，韩江流域重点城市梅州市水库蓄水偏少明显，2021 年 12 月 31 日，梅州市全市水库蓄水量为 5.32 亿 m³（不含高陂水利枢纽、九龙湖水库），其中大型水库 1.7 亿 m³，中型水库 2.3 亿 m³，小型水库 1.32 亿 m³。全市有 98 座小型水库蓄水位在死水位以下，其中因干旱少水造成的有 65 座。

4. 缓解及解除阶段（2022 年 2 月下旬至 3 月）

2022 年 2 月 18—22 日和 3 月 21—27 日，珠江流域（片）中东部地区出现 2 次强降雨过程，韩江流域大部分地区累积降雨量达 100～250mm。受强降雨影响，韩江干支流出现明显涨水过程，各类水库蓄水明显增加，旱情得以明显缓解。

降雨方面，2022 年 2 月 18—22 日珠江流域（片）中东部地区发生一次强降雨过程，韩江流域大部分地区累积降雨量达 100～250mm，本次强降雨过程使得韩江旱情得到初步缓解。3 月 21—27 日，珠江流域（片）中东部地区再次发生一次强降雨过程，韩江流域大部分地区累积降雨量达 100～250mm，韩江旱情得到进一步缓解。

江河来水方面，受 2022 年 2 月 18—22 日强降雨影响，韩江出现明显涨水过程，潮安站 2022 年 2 月 21 日 14 时出现洪峰，洪峰流量为 1650m³/s。3 月 21—27 日的强降雨过程再次给韩江带来明显涨水过程，潮安站 2022 年 3 月 27 日 8 时再次出现洪峰，洪峰流量为 2740m³/s，韩江旱情得到明显缓解。

水库蓄水方面，韩江各类水库蓄水量也明显增加。其中，截至 2022 年 3 月 31 日，韩江流域棉花滩、青溪、双溪、益塘、合水、长潭、高陂 7 座主要调节性水库总有效蓄水量为 7.5 亿 m³，比 2022 年 2 月 20 日有效蓄水量增加 1.8 亿 m³，总有效蓄水率由 38％增至 50％。考虑即将进入汛期，韩江骨干水库蓄水量可以满足后期韩江用水需求，韩江旱情基本解除。

第二节　形势严峻　来水较 1962—1963 年大旱严重偏少

2020 年枯水期至 2022 年春，东江、韩江遭受罕见连年干旱，为进一步分析 2021—2022 年干旱特征，与历史上珠江流域（片）干旱严重的 1962—1963 年进行比较分析。从总体上看，东江、韩江 2020 年 9 月—2021 年 5 月的降雨和来水较 1961—1962 年同期均严重偏少，东江、韩江 2021—2022 年汛期降雨较 1962—1963 年同期均偏少，汛期和枯水期来水较 1962—1963 年同期均严重偏少，干旱形势更为严峻。

一、前期降雨连年偏少，汛期降雨较 1962—1963 年仍偏少

（一）东江

东江流域 2020 年 9 月—2021 年 5 月降雨量 616.6mm，较 1961—1962 年同期降雨量 1180.3mm 严重偏少，遭遇连年干旱，2020—2021 秋冬春连旱形势较 1961—1962 年同期更为严峻。2021 年 6—10 月水库蓄水期降雨量 798.2mm，较 1962—1963 年同期降雨量 914.3mm 仍严重偏少，其中主汛期 6—8 月降雨量较多年同期偏少 25％，不利于骨干水库蓄水。东江流域 2021—2022 年降雨与 1962—1963 年降雨对比见表 2-12。

（二）韩江

韩江流域 2020 年 9 月—2021 年 5 月降雨量 612.6mm，较 1961—1962 年同期降雨量 1130.3mm 严重偏少，同样遭遇连年干旱，2020—2021 秋冬春连旱形势较 1961—1962 年同期更为严峻。2021 年 6—10 月水库蓄水期降雨量 566.9mm，较

1962—1963 年同期降雨量 807.6mm 仍严重偏少，其中 2021 年主汛期 6—8 月降雨量比 1962 年严重偏少，较多年同期偏少 30％，不利于骨干水库蓄水。韩江流域 2021—2022 年降雨与 1962—1963 年降雨对比见表 2—13。

表 2-12　　东江流域 2021—2022 年降雨与 1962—1963 年降雨对比

时　间	降雨量/mm	距平/%	时　间	降雨量/mm	距平/%
2020 年 9 月—2021 年 5 月	616.6	−38	1961 年 9 月—1962 年 5 月	1180.3	18
2021 年 6—8 月	603.1	−25	1962 年 6—8 月	666.7	−17
2021 年 9—10 月	195.1	−2	1962 年 9—10 月	247.6	25
连续最枯 3 个月（2021 年 11 月—2022 年 1 月）	103.8	—	连续最枯 3 个月（1962 年 12 月—1963 年 2 月）	36.3	—
2021 年 6 月—2022 年 3 月	1251.1	—	1962 年 6 月—1963 年 3 月	1025.3	—

表 2-13　　韩江流域 2021—2022 年降雨与 1962—1963 年降雨对比

时　间	降雨量/mm	距平/%	时　间	降雨量/mm	距平/%
2020 年 9 月—2021 年 5 月	612.6	−38	1961 年 9 月—1962 年 5 月	1130.3	14
2021 年 6—8 月	452.6	−30	1962 年 6—8 月	673.2	5
2021 年 9—10 月	114.3	−32	1962 年 9—10 月	134.4	−20
连续最枯 3 个月（2021 年 11 月—2022 年 1 月）	158.0	—	连续最枯 3 个月（1962 年 12 月—1963 年 2 月）	47.3	—
2021 年 6 月—2022 年 3 月	1097.3	—	1962 年 6 月—1963 年 3 月	991.6	—

二、前期来水连年偏少，汛期和枯水期来水较 1962—1963 年仍严重偏少

（一）东江

2020 年枯水期至 2022 年春，东江来水连续两年持续偏少。东江博罗站 2020 年 9 月—2021 年 5 月天然来水 185m³/s，较 1961—1962 年同期来水 802m³/s 严重偏少，较多年同期偏少 69％。

受连年干旱影响，土壤含水量少、河道底水低，东江博罗站 2021 年 6 月—2022 年 3 月天然来水 294m³/s，较 1962—1963 年同期来水 632m³/s 明显偏少，其中，2021 年 6—10 月天然来水比 1962 年同期严重偏少，仅为 1962 年的 29％，汛期呈现"当汛不汛、旱大于汛"的特点。2021—2022 年连续最枯 3 个月（2021 年 11 月—2022 年 1 月）来水比 1962—1963 年（1962 年 12 月—1963 年 2 月）略偏少，且

2021—2022 年连续最枯 3 个月时间比 1962—1963 年偏早 1 个月，其中，2021—2022 年最枯 1 个月（2021 年 11 月）来水比 1962—1963 年（1962 年 12 月）偏少。东江博罗站 2021—2022 年天然来水与 1962—1963 年天然来水对比见表 2-14。

表 2-14　东江博罗站 2021—2022 年天然来水与 1962—1963 年天然来水对比

时　间	流量 /(m³/s)	距平 /%	时　间	流量 /(m³/s)	距平 /%
2020 年 9 月—2021 年 5 月	185	—69	1961 年 9 月—1962 年 5 月	802	36
2021 年 6—8 月	427	—69	1962 年 6—8 月	1470	5
2021 年 9—10 月	186	—74	1962 年 9—10 月	641	—10
最枯 1 个月（2021 年 11 月）	56.6	—	最枯 1 个月（1962 年 12 月）	70.3	—
连续最枯 3 个月（2021 年 11 月—2022 年 1 月）	82.5	—	连续最枯 3 个月（1962 年 12 月—1963 年 2 月）	92.7	—
2021 年 6 月—2022 年 3 月	294	—	1962 年 6 月—1963 年 3 月	632	—

（二）韩江

与东江类似，2020 年枯水期至 2022 年春，韩江来水也连续两年持续偏少。韩江潮安站 2020 年 9 月—2021 年 5 月天然来水 228m³/s，较 1961—1962 年同期来水 973m³/s 严重偏少，较多年同期偏少 66%。

韩江潮安站 2021 年 6 月—2022 年 3 月天然来水 328m³/s，较 1962—1963 年 3 月 689m³/s 明显偏少，其中，2021 年 6—10 月潮安站来水比 1962 年同期严重偏少，仅为 1962 年的 28%，汛期呈现"当汛不汛、旱大于汛"的特点。2021—2022 年连续最枯 3 个月（2021 年 11 月—2022 年 1 月）来水比 1962—1963 年（1963 年 1—3 月）也略偏少，且 2021—2022 年连续最枯 3 个月时间比 1962—1963 年偏早 2 个月，其中，2021—2022 年最枯 1 个月（2022 年 1 月）来水比 1962—1963 年（1963 年 3 月）严重偏少。韩江潮安站 2021—2022 年天然来水与 1962—1963 年天然来水对比见表 2-15。

表 2-15　韩江潮安站 2021—2022 年天然来水与 1962—1963 年天然来水对比

时　间	流量 /(m³/s)	距平 /%	时　间	流量 /(m³/s)	距平 /%
2020 年 9 月—2021 年 5 月	228	—66	1961 年 9 月—1962 年 5 月	973	46
2021 年 6—8 月	419	—69	1962 年 6—8 月	1490	12
2021 年 9—10 月	191	—76	1962 年 9—10 月	715	—8
最枯 1 个月（2022 年 1 月）	106	—	最枯 1 个月（1963 年 3 月）	143	—

时　间	流量/(m³/s)	距平/%	时　间	流量/(m³/s)	距平/%
连续最枯 3 个月（2021 年 11 月—2022 年 1 月）	129	—	连续最枯 3 个月（1963 年 1—3 月）	154	—
2021 年 6 月—2022 年 3 月	328	—	1962 年 6 月—1963 年 3 月	689	—

第三节　旱上加咸　大湾区及粤东供水告急

2021—2022 年，珠江流域（片）发生了不同程度的干旱，其中东江、韩江流域遭遇罕见旱情。旱情持续时间长，受灾范围广，影响人口多，大湾区及粤东等地近 5000 万城乡人口饮水受到威胁，广东 8 市 11 县（区）约 6.2 万农村人口出现临时性饮水困难。另外，广西 5 个市 16 个县累计 306 万亩农作物受旱，广东约有 226 万亩农作物受旱。迎战本次旱情，多年来兴建的龙滩、枫树坝、棉花滩等大型和一大批中小型水利工程，在抗旱中发挥了巨大作用，通过流域管理机构开展流域统一调度和受旱区采取的有效抗旱措施，全面保障了供水安全。对比流域历史旱情，1963 年广东省约有 100 万人发生饮水困难；本就缺水的香港雪上加霜，城市供水分外紧张，为度水荒，居民生活用水采取定点、定时、定量供应。为充分认识 2021—2022 年干旱对西北江三角洲、东江中下游及三角洲、韩江及粤东诸河等地区可能造成的影响，本节通过还原，研究分析天然来水和流域骨干水库按设计规则调度情况下的供水影响。

一、西北江三角洲地区

西北江三角洲城市群现状供水以河道取水为主，本地水资源调蓄能力有限。经分析，若不实施优化调度，西北江三角洲最大咸界将上溯到中山市稔益水厂以上，流域干旱将对西北江三角洲广州、中山、珠海等城市近 1000 万居民的供水造成影响。

（一）珠海供水系统

珠海广昌泵站、联石湾水闸出咸时间提前至 2021 年 6 月 21 日、8 月 3 日（一般为 9 月或 10 月上旬），广昌泵站在 8 月初出现连续 119 小时氯化物含量超标；平岗泵站、竹洲头泵站出咸时间为 2021 年 10 月 2 日、10 月 13 日。

经还原计算，天然来水条件下，2021 年 10 月—2022 年 2 月，西江干流控制站梧州站＋北江干流控制站石角站平均流量为 4120m³/s，其中 12 月平均流量仅 2280m³/s，低于 2500m³/s 的压咸流量要求，梧州站 12 月至翌年 1 月连续 30 余天流量小于

1800m³/s。平岗取泵站平均取淡概率 69%，12 月取淡概率仅 28%，竹洲头取泵站平均取淡概率 82%，12 月取淡概率仅 49%。2021 年 12 月—2022 年 1 月平岗、竹洲头泵站的平均取淡概率持续偏低，无法满足珠海、澳门的取淡需求，给珠海、澳门 200 多万人供水带来较大影响，影响时段主要发生在 2022 年 1 月。

按骨干水库设计规则调度，2021 年 10 月—2022 年 2 月，西江干流控制站梧州站+北江干流控制站石角站平均流量为 4160m³/s；平岗取泵站平均取淡概率 70%，12 月取淡概率仅 34%，竹洲头泵站平均取淡概率 84%，12 月取淡概率仅 55%，较天然来水条件下均略有提高，可以基本满足珠海、澳门用水需求。2021 年 12 月—2022 年 1 月平岗、竹洲头泵站的平均取淡概率仍然持续偏低，珠海本地水库蓄水消耗殆尽，珠海、澳门供水安全无法得到保障。2021 年 10 月—2022 年 2 月天然来水和按设计规则调度下的平岗、竹洲头泵站取淡概率见表 2-16。

如果没有实施汛末蓄水调度，汛末骨干水库蓄水将减少，10 月 1 日龙滩水库蓄水量减少 10.1 亿 m³，按设计规则调度 3 月底龙滩水库水位消落到 333.00m 左右，影响后期供水安全和电网安全。

表 2-16 2021 年 10 月—2022 年 2 月天然来水和按设计规则调度平岗、竹洲头泵站取淡概率

时 间	梧州+石角流量/(m³/s)		平岗泵站取淡概率/%		竹洲头泵站取淡概率/%	
	天然来水	按设计规则调度	天然来水	按设计规则调度	天然来水	按设计规则调度
2021 年 10 月	3710	3820	92	92	100	100
2021 年 11 月	4580	4520	86	85	100	100
2021 年 12 月	2280	2550	28	34	49	55
2022 年 1 月	2580	2730	42	45	63	65
2022 年 2 月	7430	7190	99	97	100	100
平均	4120	4160	69	70	82	84

（二）中山供水系统

马角水闸于 2021 年 8 月 31 日首次出现氯化物含量超标，2021 年 8 月—2022 年 3 月氯化物含量最高值达 7801mg/L，氯化物含量最长持续超标时长达 559 小时，累计超标时长 2070 小时。

经还原计算，天然来水条件下，西北江三角洲最大咸界将上溯到中山市稔益水厂以上，联石湾水闸 2021—2022 年枯水期平均取淡概率为 30%，2021 年 12 月—2022 年 1 月无法取淡；马角取水闸 2021—2022 年枯水期平均取淡概率为 34%，2021 年 12 月无法取淡，2022 年 1 月取淡概率仅 1%，马角水闸不能开闸补水时间长达 2

个月之久，以西灌渠为主要水源的坦洲镇（38万人）供水安全得不到保障。

按骨干水库设计规则调度条件下，联石湾水闸2021—2022年枯水期平均取淡概率为30%，2021年12月取淡概率仅3%，2022年1月无法取淡；马角取水闸2021—2022年枯水期平均取淡概率为35%，2021年12月—2022年1月取淡概率仅1%和3%（虽然有部分取淡概率，但是取淡时间短无法满足开闸放水要求），马角水闸仍可能有2个月不能开闸补水，同样，坦洲镇无法保障供水安全。2021年10月—2022年2月天然来水和按设计规则调度下的联石湾、马角水闸取淡概率见表2-17。

表2-17   2021年10月—2022年2月天然来水和按设计规则
调度联石湾、马角水闸取淡概率

时 间	梧州+石角流量/(m³/s)		联石湾水闸取淡概率/%		马角水闸取淡概率/%	
	天然来水	按设计规则调度	天然来水	按设计规则调度	天然来水	按设计规则调度
2021年10月	3710	3820	24	24	32	32
2021年11月	4580	4520	58	57	58	58
2021年12月	2280	2550	0	3	0	1
2022年1月	2580	2730	0	0	1	3
2022年2月	7430	7190	70	69	82	78
平均	4120	4160	30	30	34	35

二、东江中下游及三角洲地区

东江三角洲地区供水主要依靠河道取水，且现有供水系统的调蓄能力弱。东江流域用水户主要为广东省部分地市和香港特别行政区，流域约80%的供水量供给粤港澳大湾区5市（香港、广州、深圳、东莞、惠州）。2021—2022年，东江流域遭遇严重旱情，江河来水严重偏枯，上游水库蓄水严重不足，同时咸潮上溯加剧导致下游河口地区氯化物含量超标而产生供水不足现象，威胁下游近3000万居民的供水安全。

经还原天然来水情景和按调度规则调度情景下，枯水期博罗断面平均流量差别不大，枯水期博罗断面小于212m³/s（非汛期生态流量）的天数分别高达133天、127天，东江长时间缺少上游径流动力的压制，外海高盐水团随潮汐涨潮流不断向上推进和扩散，将使东江三角洲主要取水河段长时间受咸潮覆盖。按保障博罗断面320m³/s调度，由于前期补水消耗大，三大水库汛末有效蓄水量（2021年10月1日）仅1.38亿m³，枯水期中后期由于无水可补，博罗断面日均流量小于212m³/s的天数仍有102天。深圳、东莞、广州等地的供水安全均受到严重威胁。2021年6月—2022年3月博罗各月平均流量和不达标天数见表2-18。

表2-18　　2021年6月—2022年3月博罗各月平均流量和不达标天数

时　间	博罗平均流量/(m³/s)		小于212m³/s天数/d	
	天然来水	按调度规则调度	天然来水	按调度规则调度
2021年6月	609	542	2	0
2021年7月	220	202	20	24
2021年8月	460	473	2	0
2021年9月	178	278	17	5
2021年10月	193	225	22	20
2021年11月	56.6	60.0	30	30
2021年12月	115	115	29	29
2022年1月	75.1	74.0	31	31
2022年2月	504	458	9	7
2022年3月	529	490	12	10

（一）香港、深圳供水系统

香港淡水总供水量75%以上来源于东深供水工程（水源为东江），香港的用水安全离不开内地的大力支持。2021—2022年枯水期，东江遭遇严重旱情，优先保障香港供水，香港供水安全并未受影响。深圳近90%的供水量来自东江干流，东江水通过东深供水工程、深圳东部供水工程输送至深圳市境内。

经还原计算，天然来水条件下，2021年11月—2022年1月，东江干流控制站博罗站平均流量仅82.5m³/s，其中11月仅56.6m³/s，远小于212m³/s，东江三角洲咸潮最大覆盖范围逼近东深供水工程取水口。在优先保障香港供水的前提下，深圳供水将受影响，约400万人正常取用水将无法保障。

按骨干水库调度规则调度，2021年11月—2022年1月，东江干流控制站博罗站平均流量仅82.4m³/s，其中11月仅60m³/s，远小于212m³/s，与天然来水基本一致，三大水库几乎无补水能力，东江三角洲咸潮最大覆盖范围将逼近东深供水工程取水口。在优先保障香港供水的前提下，深圳供水将受影响，约400万人正常取用水将无法保障。

（二）东莞供水系统

东莞市高度依赖东江水源，超95%的供水依靠东江干支流。2021年9月至2022年2月中旬，东莞市供水累计遭受11轮咸潮影响。咸潮影响呈现出现时间早、影响时间长、氯化物含量指标高、影响水厂规模大、影响范围广等特点。2021年9月，东莞市便受到了咸潮影响。东莞市第二、第三、东城、万江、高埗等水厂取水口位于咸潮覆盖范围以下，每日受影响规模共计280万 m³，累计停止取水1610小时，受影响人口约 400 万人。

经还原计算，天然来水条件下，2021 年 9 月—2022 年 3 月，东江干流控制站博罗断面日均流量小于 212m³/s 的有 150 天，占比高达 70.8%，其中最长持续时间 65 天。2021 年 9 月—2022 年 1 月，博罗站月平均流量均小于 212m³/s。在 2021 年 10 月 18 日—2022 年 2 月 2 日的 108 天中，博罗断面仅有 2 天的来水流量大于 212m³/s，其中更有 80 天来水流量小于 110m³/s，咸潮上溯将严重威胁东莞市的供水安全。东莞市第二、第三、东城、万江、高埗、第四、第六等水厂氯化物含量频繁超标，每日受影响规模共计 405 万 m³，且在 2 月 1 日春节前后 3 天影响最大，预测单日氯化物含量超标时间最长可达到 20 小时以上。枯水期，东莞市水厂取水口累计停止取水 3000 小时，受影响人口约 900 万人。

按骨干水库调度规则调度，枫树坝水库于 9 月上旬消落至死水位，新丰江水库于 10 月中旬消落至死水位，白盆珠水库于 11 月中旬消落至死水位，后续至 2022 年 2 月，三大水库基本维持死水位运行。随着水库消落至死水位，枯水期东江三大水库无法实现补水调度。2021 年 9 月—2022 年 3 月，东江干流控制站博罗断面日均流量小于 212m³/s 的仍有 132 天，占比达 62.3%，其中最长持续时间仍为 65 天，最小日均流量与天然来水情景一致。每日东莞市受影响范围与天然来水也基本一致，每日东莞市第二、第三、东城、万江、高埗、第四、第六等共计 405 万 m³ 规模的水厂将受咸潮影响，累计停止取水时长较天然来水略有减少，约为 2600 小时，受影响群众约 900 万人。

（三）广州供水系统

广州市东部超 90% 的供水来源于东江北干流取水口，2021—2022 年枯水期，咸潮上溯将对广州市新塘、西洲、新和、清源等 4 座水厂的正常生产及供水造成一定影响。

经还原计算，天然来水条件下，东江干流控制站博罗断面枯水期（2021 年 10 月—2022 年 3 月）平均流量为 243m³/s，日均流量小于 212m³/s 的有 133 天，占比高达 73.1%，2021 年 10 月—2022 年 1 月平均流量仅有 111m³/s，咸潮上溯将严重威胁广州市的供水安全。4 座主力水厂累计停止取水将达 378 小时，每日受影响规模共计约 120 万 m³，影响取水量 402 万 m³。受影响范围将进一步扩大，受影响人口增加约 300 万人，累计受影响人口将达约 700 万人。

按骨干水库调度规则调度，三座水库相继消落至死水位，后续至 2022 年 2 月，三大水库基本维持死水位运行无法实现补水调度。2021 年 10 月—2022 年 3 月，东江干流控制站博罗断面日均流量小于 212m³/s 的仍有 127 天，最小日均流量与天然来水情景一致。广州市受影响范围与天然来水基本一致，4 座主力水厂将受咸潮影响，每日受影响规模共计约 120 万 m³，累计停止取水时长较天然来水略有减少，约为 360 小时，受影响人口约 700 万人。

三、韩江及粤东诸河地区

韩江下游及其三角洲当地供水体系由潮州供水枢纽及河口水闸构成，包括 12 个灌区、城市引水、农村饮水安全等工程，供水范围涉及潮州、汕头和揭阳三市。

经过还原分析，天然来水条件下，潮安站有 62 天日均流量低于 $128m^3/s$，有 30 天日均流量低于 $102m^3/s$，有 22 天日均流量低于 $90m^3/s$，南澳引韩供水工程、揭阳引韩供水工程、潮阳引韩供水工程、引韩济饶供水工程、韩江榕江练江水系连通工程等引调水工程将不能正常取水，其中南澳引韩供水工程、揭阳引韩供水工程、潮阳引韩供水工程将有 22 天取水受影响，每日受影响规模共计约 182 万 m^3，影响取水量 4378 万 m^3。对潮州、汕头、揭阳等地近 500 万居民的供水造成影响。

骨干水库设计规则调度，潮安站有 27 天日均流量低于 $128m^3/s$，有 10 天日均流量低于 $102m^3/s$，有 5 天日均流量低于 $90m^3/s$，南澳引韩供水工程、揭阳引韩供水工程、潮阳引韩供水工程、引韩济饶供水工程、韩江榕江练江水系连通工程等引调水工程同样受到影响，不能正常取水，南澳引韩供水工程、揭阳引韩供水工程、潮阳引韩供水工程取水每日受影响规模共计约 182 万 m^3，影响取水量 912 万 m^3。棉花滩水库按设计规则调度，1 月中下旬将运行至死水位，后期供水将受到严重影响。2021 年 6 月—2022 年 3 月潮安各月平均流量和不达标天数见表 2 - 19。

表 2 - 19   2021 年 6 月—2022 年 3 月潮安各月平均流量和不达标天数

时 间	潮安平均流量/(m^3/s)		小于 $128m^3/s$ 天数/d	
	天然来水	按调度规则调度	天然来水	按调度规则调度
2021 年 6 月	552	466	0	1
2021 年 7 月	276	301	3	3
2021 年 8 月	463	475	0	0
2021 年 9 月	226	278	1	0
2021 年 10 月	169	212	4	0
2021 年 11 月	146	165	13	2
2021 年 12 月	133	162	18	7
2022 年 1 月	119	130	23	14
2022 年 2 月	605	572	0	0
2022 年 3 月	616	573	0	0

（一）汕头供水系统

汕头市的供水均来源于韩江干流取水口，2021—2022 年枯水期，流域来水条件不利的形势将对汕头市新津、月浦、庵埠、东墩、澄海给排水总公司水厂、南洋等 6

座水厂的正常生产及供水造成一定影响。

经还原计算，天然来水条件下，韩江干流控制站潮安断面枯水期（2021 年 10 月—2022 年 3 月）平均流量为 298m³/s，日均流量小于 128m³/s 的天数有 58 天，占比达 31.9%，2021 年 10 月—2022 年 1 月平均流量仅有 142m³/s，流域旱情将严重威胁汕头市的供水安全。6 座主力水厂取水受影响时间将达 1392 小时，每日受影响规模共计约 104 万 m³，影响取水量 6044 万 m³。

按骨干水库调度规则调度，1 月中下旬棉花滩水库将消落至死水位，后续至 2022 年 2 月中旬，棉花滩水库基本维持死水位运行无法实现补水调度。2021 年 10 月—2022 年 3 月，韩江干流控制站潮安断面日均流量小于 128m³/s 的天数仍有 23 天。汕头市受影响范围与天然来水基本一致，6 座主力水厂取水每日受影响规模共计约 104 万 m³，累计受影响取水量 2397 万 m³。

（二）潮州供水系统

潮州市高度依赖韩江水源，超 90% 的供水依靠韩江干支流。2021 年 6 月—2022 年 3 月，韩江流域来水持续偏枯，严重影响了潮州市竹竿山、枫溪、桥东等水厂的正常生产及供水，每日受影响规模共计约 64 万 m³。

经还原计算，天然来水条件下，韩江干流控制站潮安断面 2021 年 6 月—2022 年 3 月平均流量为 330m³/s。竹竿山、枫溪、桥东等水厂取水受影响天数将达 62 天，每日受影响规模共计约 64 万 m³，影响取水量 3962 万 m³。

按骨干水库调度规则调度，棉花滩水库 1 月中下旬消落至死水位，后期将无法实现补水调度。2021 年 6 月—2022 年 3 月，韩江干流控制站潮安断面日均流量小于 128m³/s 的仍有 27 天。潮州市受影响范围与天然来水基本一致，竹竿山、枫溪、桥东等水厂每日受影响规模共计约 64 万 m³，累计受影响取水时长较天然来水略有减少，约为 648 小时。

（三）支流及局部供水系统

韩江支流供水区域以及局部中小工程供水区域，因长时间干旱少雨以及部分水库蓄水量不足，对人民群众生活、生产造成了一定程度的影响。梅州市 15.5 万人供水受到影响，丰顺、五华和蕉岭县城主要水源地供水不足，其中丰顺县城部分时段采取了"供一日停一日"的轮供措施压减用水量。潮州市有约 12.3 万人供水受影响。汕头市潮南区采取"供三日停三日"或"供三日停五日"的轮供措施压减用水量，高峰期供水受影响人口 90 余万人。揭阳市 96.9 万人供水受影响。汕尾市 21.6 万人供水受影响，主要集中在海丰城东、海城等镇。

第三章

全面部署抗干旱保供水工作

　　习近平总书记提出，"坚持以防为主、防抗救相结合，坚持常态减灾和非常态救灾相统一，努力实现从注重灾后救助向注重灾前预防转变，从应对单一灾种向综合减灾转变，从减少灾害损失向减轻灾害风险转变，全面提升全社会抵御自然灾害的综合防范能力"，并多次对防汛抗旱工作作出重要指示，强调"要时刻保持如履薄冰的谨慎、见叶知秋的敏锐，既要高度警惕和防范自己所负责领域内的重大风险，也要密切关注全局性重大风险"。李克强总理等国务院领导多次作出批示，要求全力做好抗旱保供水工作，指出防汛抗旱事关经济社会发展和安全稳定大局，要求各地区各部门坚持以习近平新时代中国特色社会主义思想为指导，认真贯彻落实党中央、国务院决策部署，坚持人民至上、生命至上，按照更好地统筹发展和安全的要求，坚持以防为主、防抗救相结合，未雨绸缪，立足防大汛、抗大旱、抢大险、救大灾，深入开展风险隐患排查整改，细化完善应急预案，进一步健全监测预警、工程调度、抢险救援、救灾救助等防救协同机制，加强应急抢险救援队伍和装备物资保障，加快补齐防汛抗旱应急能力短板。党中央、国务院的指示批示要求，为抗旱等防灾减灾救灾工作提供了明确方向。

　　面对珠江罕见旱情，水利部党组坚持人民至上，坚持以人民为中心的发展思想，心怀"国之大者"，制定了抗旱保供水目标、思路和战略。国家防总副总指挥、水利部部长李国英将香港同胞、澳门同胞、金门同胞和旱区城乡居民生活用水放在第一位，不只是确保有水喝，还要让城乡居民喝上干净水、放心水，提出了"确保香港、澳门、金门供水安全，确保珠江三角洲及粤东闽南等地城乡居民生活用水安全"的供水目标。"两个确保"供水目标落实了党中央关心港澳台同胞的要求，彰显了"一国两制"的制度优势，同时也明确了供水紧张时把保障居民生活用水放在第一位的用水顺序，为做好抗旱保供水提供了指导。李国英部长根据主要蓄水水库都在流域中上游，旱情主要发生在下游广东、福建部分地区的实际情况，确定了"全流域水库群联合作战，充分发挥流域作用""流域区域统筹、开源节流并重、短期长期兼顾"的抗旱工作思路，形成了以流域统一调度为核心，各级水利部门分级管理，涵盖干支流控制性工程的调度指挥体系，明确了流域以统一调度为主，受旱区域做好调度配合，并加强开辟水源和节约用水工作；既要保证当前的用水，又坚守底线思维，充分考虑入汛时间推迟、旱期更长等最不利情况下的供水思路。李国英部长根据流域区域的水资源自然禀赋、经济社会布局和水利工程条件，结合了河口地区咸潮影响规律，综合考虑上中下游用水需求，统筹优化流域水资源配置，提出了以受水区本地水库群为"第一道防线"，以中游地区、能快速反应实施补水的近地水库为"第二道防线"，以流域远地的大型水库群为"第三道防线"的供水保障战略。"三道防线"运用了系统论的哲学思想，环环相扣、梯次接力，每一道防线都不是"单线作战"，而是以保障人民群众用水安全为目标，统筹协调了上下游，科学整合了珠江流域

（片）水资源配置工程体系。抗旱保供水"三道防线"，深刻体现了应对重大挑战、抵御重大风险的全局观念与战略意义，不仅为珠江流域（片）抗旱保供水提供了指导，也为全国水旱灾害防御工作提供了理论基础和现实解决方案。

第一节　　人民至上　坚守城乡供水安全底线

2021—2022 年珠江流域（片）降雨持续偏少、江河来水持续偏枯，部分骨干水库蓄水严重不足，广东、福建、广西等地发生了不同程度的旱情，特别是东江和韩江流域遭遇罕见旱情，加之珠江口咸潮上溯影响加剧，旱情呈现"秋冬春连旱、旱上加咸"的不利局面，严重威胁粤港澳大湾区和粤东地区供水安全。从时间跨度来看，旱情影响时间长，期间包含了元旦、春节和元宵节等重要节日和北京冬奥会等重大事件；从影响范围来看，旱情发生在西江、北江、东江、韩江等河流下游沿岸及沿海一带，这里分布着粤港澳大湾区、粤东闽南城市群，这些地区人口密集，经济发达，也涉及香港、澳门的供水安全；从外部环境看，世界正处于百年未有之大变局，国际地缘政治局势风云变幻，国内新冠肺炎疫情防控形势依然复杂严峻，且经济形势下行压力大。做好抗旱保供水工作，事关人民用水安全，事关经济平稳健康发展，事关"一国两制"的成功实践和国际舆论反应。

水利部和珠江流域（片）各省（自治区）认真贯彻落实习近平总书记关于防汛抗旱工作重要指示精神和李克强总理等国务院领导批示要求，积极践行"两个坚持、三个转变"防灾减灾救灾理念，立足于抗大旱、抗久旱，超前部署、科学谋划，全面安排抗旱保供水各项工作。水利部提出了"两个确保"供水目标，部署了抗旱保供水"三道防线"，关键时期，李国英部长 4 次主持珠江抗旱专题会商会；元旦、春节、元宵节等重要节日期间，李国英部长亲自指挥了"千里调水压咸潮"特别行动。广西、广东、福建等省（自治区）党委政府主要领导亲自部署抗旱保供水工作，部署落实供水保障措施，深入旱区调研指导，加强应急工程建设，通过采取节约用水、水系连通等措施合力抗旱，广东省采取了动用东江新丰江水库死库容等非常规抗旱保供水措施，全力保证了抗旱保供水取得最大成效，确保了供水安全。

珠江委党组认真落实水利部工作部署，加强协调联动，加密水雨情和咸情监测预报，强化"四预"措施，科学统一调度。珠江委主任王宝恩以保障供水安全为目标，从需求侧出发，深入分析受旱区的用水需求，再系统梳理流域工程体系，深度挖掘供水潜力，分析供给侧总量，再从供给侧反馈需求侧，最后达到两者之间的最佳平衡点。根据供需平衡分析结果，依托珠江委近年来建立的政府主导、行业协同、企业参与的水库群联合调度的工作机制，制定了"前蓄后补、总量控制、动态补水、风险控制"的调度原则，并首次提出了大潮期间东江博罗断面 280m³/s 的压咸流量，经实践证明，取得了较好的压咸效果。特别是元旦、春节、元宵节等重要节日期间，按照水利部统一指挥部署，珠江防总、珠江委 3 次组织实施压咸补淡应急补水特别行动，保障了供水安全。

根据旱情的发展变化，下文按旱情苗头阶段、发展阶段、重旱阶段和缓解解除阶段详述工作部署和防御工作开展情况。

第二节　"预"字当先　苗头阶段提前研判谋划

2021 年 6 月，珠江流域（片）降雨来水持续偏少，西江、北江降雨较多年同期偏少约 1～2 成，西江梧州站、北江石角站来水均较多年同期偏少约 4 成；东江、韩江降雨较多年同期偏少约 3 成，东江博罗站、韩江潮安站来水均较多年同期偏少约 7 成。受降雨、来水偏少影响，西江上游天生桥一级、光照、龙滩、百色等骨干水库有效蓄水率不足 6%；东江流域新丰江、枫树坝、白盆珠 3 座骨干水库总有效蓄水量约 5 亿 m³，有效蓄水率仅为 6%，且存在逐渐减少的趋势。水利部关注到珠江流域（片）旱情，并作出相关部署，根据水利部要求，珠江委 2021 年 6 月底研判出"汛期当汛不汛、后汛期和枯水期持续偏枯"的不利形势。此外，2021 年珠江流域河口咸情也较往年偏早、偏强，仍处于主汛期（6—8 月）时，西江磨刀门水道广昌泵站、联石湾水闸先后于 6 月下旬、8 月中下旬出现咸潮（一般为 9 月或 10 月上旬），珠江流域（片）旱情初显端倪。

水利部和有关省（自治区）始终坚持底线思维和极限思维，时刻保持如履薄冰的谨慎、见叶知秋的敏锐，以"时时放心不下"的责任感，密切关注珠江流域（片）雨水咸情，坚持"预"字当先，在旱情苗头阶段提前做好研判谋划。

一、早部署，水利部强调抗旱工作应对准备

汛前，李国英部长在 2021 年 3 月 1 日水旱灾害防御工作视频会议上就提出完善抗旱措施、保障城乡供水的工作目标，强调要加强对抗旱工作的组织指导，密切监视旱情发展变化，强化旱情预测预报和旱灾风险动态评估，及时分析研判抗旱形势，及早落实各项抗旱措施；加强抗旱水源统一管理和调度，指导旱区强化计划用水、节约用水，统筹安排好生活、生产、生态用水；受旱地区要科学制订供用水计划，完善预案方案，做好各类水利工程和抗旱水源的优化调度和合理配置，实现一水多用、高效用水，确保供水安全和粮食安全；易旱地区要加大投入力度，因地制宜建设一批行之有效的抗旱应急水源工程，努力提高抗旱供水保障能力。

进入主汛期后，水利部高度警惕防汛抗旱重大风险，在做好全国紧张的防汛工作之外，同样关注珠江流域（片）旱情。2021年入汛后，我国北方地区防汛形势严峻，黑龙江上游和海河流域卫河上游发生特大洪水，河南郑州发生"7·20"特大暴雨，之后黄河中下游发生中华人民共和国成立以来最严重秋汛，海河南系漳卫河发生有实测资料以来最大秋季洪水，长江流域汉江发生7次超过1万 m^3/s 的秋季大洪水。水利部在"七下八上"防汛关键期敏锐地预判出南方地区可能遭遇持续干旱，并提前做好了抗旱应对部署。李国英部长在8月30日的会商会上进一步指出，近期和秋季华南东部等地将可能发生秋旱，要提前做好珠江流域、韩江流域防旱工作，科学调度东江新丰江、枫树坝、白盆珠、北江飞来峡和韩江棉花滩等水库，提高蓄水量；有效开展西江中上游骨干水库，包括西江干流在建的大藤峡水利枢纽的蓄水调度，为确保澳门、珠海等城市供水安全提供水资源保障，在确保防洪安全的前提下，适时增加水源储备，以策秋冬季乃至明年春季防旱之需。

按照李国英部长要求，水利部副部长刘伟平、时任水利部副部长魏山忠多次主持召开会商会，分析研判雨水情、旱情和水库蓄水情况，对干旱防御工作再进行安排部署，要求全力将各项抗旱措施落实到位。随着旱情形势逐渐发展，刘伟平副部长主持召开珠江流域（片）抗旱保供水工作专题会商会，要求坚持问题导向、目标导向，突出重点，编制供水安全保障方案，全力保障粤港澳大湾区城市特别是港澳地区的供水安全，保障农村饮水安全。

水利部提前做出应对旱情的一系列工作部署，充分体现了在水旱灾害防御领域内的重大风险防范意识，也体现了对全局性重大风险的安全把控，为珠江流域（片）抗旱保供水工作提供了科学指导。

二、早行动，珠江委赢取抗旱保供水工作主动

珠江委坚决贯彻落实水利部工作部署，提早行动，充分发挥好珠江防总办平台作用，切实做好珠江流域（片）抗旱保供水工作，为"应对措施跑赢旱情、咸情发展速度"赢得了主动。

预测预报上，在珠江流域（片）旱情苗头阶段时，珠江委与有关省（自治区）水利和气象等部门联合会商，深入沟通交流中长期气象、水文预报形势，共同研判旱情发展形势，于2021年6月底即研判将出现"汛期当汛不汛、后汛期和枯水期持续偏枯"的不利形势，为提早谋划部署供水保障工作提供了科学依据。

沟通协调上，与气象部门对枯水期偏枯的结论达成一致意见后，自2021年7月开始，珠江委多次向澳门、广东省有关部门和电网、航运等相关行业通报枯水期水量调度动态信息，积极协调有关省（自治区）水利厅及相关水库电站，坚持流域多方共商，成功化解了流域蓄水保水与电网发电、航运用水等矛盾，凝聚了珠江流域

（片）抗旱最大合力。

方案预案上，珠江委在充分调研了解各方需求的基础上，于2021年8月提早组织编制汛末蓄水、枯水期水量调度方案，较往年提前一个月完成方案的编制与上报，并短时间内组织编制完成西江、韩江年度枯水期水量调度方案，以及韩江流域、东江流域抗旱保供水预案，并督促指导地方完善抗旱方案、预案体系，为后续组织实施珠江流域（片）抗旱保供水流域调度打下坚实基础。

蓄水保水上，根据预报结果，珠江委提前与电力、航运等部门多方协商，及早督促骨干水库做好蓄水保水，科学拦蓄后汛期雨洪资源，督促珠海南北库群和竹银水库维持高水位运行，后期将西江骨干水库有效蓄水率由最少时的6%提高到68%，扭转了前期蓄水严重不足的不利局面。

三、早准备，各省（自治区）扎实开展各项抗旱前期工作

珠江流域（片）有关省（自治区）党委、政府高度重视抗旱保供水工作，扎实做好各项前期准备。

广东省领导提前作出指示批示，部署落实供水保障措施，深入受旱地区调研指导，要求多措并举、科学调度水资源，确保人民群众用水安全。同时，广东省持续组织研究抗旱工作，陆续建立多项制度，部署各项抗旱保供水措施，要求各大中型水库提前实施蓄水保水措施，如后汛期实施运行水位动态管理，要求水力发电调度必须服从供水蓄水调度甚至停止发电，电力企业勇担社会责任，坚决服从调度，力保供水安全。

福建省领导多次作出批示，要求各部门抓紧研究解决措施，着力解决群众生产生活用水问题；省防汛抗旱指挥部密切关注旱情发展态势，滚动会商，上下联动，采取有力措施；省水利厅加强江河湖库水量监测，科学调度水资源，统筹协调，提前谋划，指导受旱地区制定应急供水方案。

广西壮族自治区领导全面部署防旱抗旱工作，2021年1月要求各地加强旱情监测，做好旱灾统计分析，落实好旱灾防御各项措施，每周组织分析会商，加强旱情监测预报预警和风险研判。9月初，组织各级水利部门开展旱灾防御工作交流、业务培训，并对2021—2022年秋冬春季可能出现的旱灾防御工作进行动员和部署。

四、早谋划，香港、澳门强化供水安全保障

2020年年底，香港与广东签署了新的供水协议，保证了供水协议周期无缝衔接，实现了对港供水动态调节机制，为对香港供水安全提供了有效依据和保障；澳门与广东强化沟通联络，委托珠海市编制完成对澳门的供水应急预案，提高对澳门供水突发事件的处理能力。

第三节　"实"字托底　发展阶段全面安排部署

2021年9月，西江、北江、东江和韩江来水进一步减少，其中西江梧州站、北江石角站天然来水较多年同期偏少5～6成，韩江潮安站、东江博罗站月均流量分别为自1956年以来同期第一少、第二少。与此同时，东江三角洲也提前出现了咸潮，9月中下旬，东莞市第二水厂、广州刘屋洲取水口先后出现咸潮，均为有咸情监测以来最早；西北江三角洲中山马角水闸9月开始出现咸潮，进入10月后，月初和月末连续7天以上氯化物含量超标，严重威胁当地供水安全，珠江流域（片）旱情进一步发展。

水利部和有关省（自治区）牢记防汛抗旱事关经济社会发展和安全稳定大局，坚持"实"字托底，积极践行"两个坚持、三个转变"防灾减灾救灾理念，关口前移，谋划部署"三道防线"，落实"四预"措施，在旱情发展阶段全面安排部署抗旱工作。

一、心怀"国之大者"　水利部谋划抗旱保供水"三道防线"

2021—2022年珠江流域（片）旱情主要发生在广东东部、福建南部，影响到香港、澳门、金门和珠江三角洲、粤东、闽南等地城乡居民，做好珠江流域（片）抗旱保供水工作，牵涉到香港、澳门同胞供水安全，牵涉到"一国两制"的成功实践，责任重大。面对旱情，水利部心怀"国之大者"，对珠江流域（片）抗旱保供水工作作出关键部署。2021年10月，李国英部长先后两次主持珠江流域（片）抗旱保供水专题会商，考虑到旱情严重的粤东闽南城市群人口密集、经济发达、用水需求大，而调蓄能力强的大中型工程建在中上游地区，空间跨度大，水资源供需矛盾突出等问题，李国英部长坚持底线思维、问题导向，提出构建供水保障"三道防线"的战略举措，即要求坚持以流域为单元，统筹上下游、左右岸、干支流，按照当地、近地、远地水源梯次构筑供水保障"三道防线"，打造全流域、大空间、长尺度、多层次的供水保障格局，全力做好各项抗旱工作，确保香港、澳门、金门供水安全，彰显"一国两制"的制度优势。

在抗旱保供水这场硬仗中，"三道防线"进一步强化了流域统一调度，大大提高了区域供水安全保障能力，为取得珠江流域抗旱保供水全面胜利起到了决定性作用，充分体现了水利工作人员"责任在肩上、背后是人民"的使命担当。

二、迅速抓好落实　珠江委构筑"三道防线"、落实抗旱"四预"措施

珠江委逐项抓好贯彻落实水利部工作部署，逐流域、逐供水区研判供水保障形

势，结合流域工程体系和蓄水状况，按照当地、近地、远地梯次构筑了西江、东江、韩江抗旱保供水"三道防线"。

西江以珠海竹银水库及南北水库群等本地水库为"第一道防线"，中下游大藤峡水利枢纽为"第二道防线"，中上游天生桥一级、光照、龙滩、百色等骨干水库为"第三道防线"；东江以深圳、东莞等本地水库为"第一道防线"，中下游剑潭水利枢纽为"第二道防线"，中上游新丰江、枫树坝、白盆珠等水库群为"第三道防线"；韩江以潮州供水枢纽为"第一道防线"，中游高陂水利枢纽为"第二道防线"，上游福建棉花滩和广东长潭、益塘、合水等水库群为"第三道防线"。

"第一道防线"实现"灌满门前水缸"，提升供水保障能力；"第二道防线"保持高水位运行，提前实施压咸补淡应急补水调度，确保淡水按时、保质、保量到达下游取水口；"第三道防线"作为全流域抗旱保供水的水源储备龙头，持续向"第二道防线"水库群补充淡水，维持整个供水保障系统的正常运行。

同时，珠江委全面落实抗旱"四预"措施。2021年9月底，珠江委正式启动第18次枯水期水量调度和第3次韩江水量调度。10月进入枯水期后，逐日预测预报雨水咸情，滚动会商研判，根据旱情发展，10月16日发布了西江、北江干旱蓝色预警和东江、韩江干旱黄色预警，同日珠江防总启动抗旱Ⅳ级应急响应，及时统筹各部门、各行业做好抗旱应对准备。此外，为科学、有力支撑压咸补淡保供水调度决策，珠江委以流域水旱灾害防御需求为牵引，以实施流域水量统一调度为突破口，结合智慧珠江和数字孪生流域建设，集中全委优势技术力量，积极探索，全力推进，加班加点搭建了珠江流域（片）抗旱"四预"平台，实现了"三道防线"实时监测预报预警、动态预演以及滚动优化比选方案。

三、强化抗旱组织　各省（自治区）统筹蓄水保水供水

珠江流域（片）有关省（自治区）强化抗旱工作组织，统筹旱情期间蓄水保水供水工作，为枯水期储备水源。

广东省水利厅提前制订了水库蓄水计划，按照电调服从水调和取消发电考核要求，实施水库蓄水出库监管全覆盖，降雨期间尽量减少出库直至零出库，全省约有3000座水电站阶段性停止或基本停止放水发电（其中新丰江水库停止发电出库38天），实现了全省大中型水库汛末有效蓄水目标，为抗旱保供水工作提供了有力支撑。根据旱情发展形势变化，广东省水利厅于2021年11月1日启动水利抗旱Ⅳ级应急响应，并提出东江流域压减取水口10%取水量的应急抗旱措施（不含东深供水工程对港供水部分）。

福建省水利厅多次组织会商，对旱情发展趋势和影响进行分析研判，并强化对全省旱情监测、统计工作，启动旬报制度，进一步落实抗旱措施。密切监测江河湖库

水情，下沉抗旱一线跟踪调研，加强受旱影响地区农村人饮安全保障指导。

广西壮族自治区水利厅 2021 年 10 月编制了旱灾防御工作预案，进一步明确自治区水利厅各部门抗旱工作职责，形成关键时刻全厅抓抗旱工作机制，并制定了供水保障方案，合理调配水资源，在保障防洪安全的前提下，抓好"家门口水缸"蓄水保水工作，特别是对有较大库容的西江骨干水库，充分利用前期有效雨洪资源提前蓄水，重点保障受旱地区的人畜饮水安全，为及时、有序、高效开展抗旱工作提供了基础。

四、全民节水惜水　香港、澳门营造良好用水氛围

香港、澳门实施阶梯水价和分类水价相结合的新水价机制，通过经济手段推动和鼓励节约用水。同时，公共部门以身作则带头示范使用节水器具，加强舆论宣传，积极营造良好的用水氛围，促使各行业响应节水，精打细算用好每一方水。

第四节　锚定目标　重旱阶段力保供水安全

在元旦、春节、元宵节期间，珠江流域（片）旱情进一步发展，旱情、咸情最为紧迫时"一少一强一多"三因素不利耦合，恰逢冬奥会举办等关键时间节点，中山、珠海等地局部地区还出现了新冠肺炎疫情，供水形势更加复杂严峻。

水利部以及有关省（自治区）始终坚持以人民为中心的发展思想，主动作为、敢于担当，凝聚了党"紧紧依靠人民"战胜艰难险阻的磅礴伟力，全力以赴确保人民群众饮水安全。水利部进一步细化抗旱指挥部署，明确了"两个确保"的供水目标；珠江防总、珠江委按照水利部统一部署，先后 3 次组织实施"千里调水压咸潮"特别行动；广东省启用东江新丰江水库死库容等非常措施，有效压制了河口咸潮，最大程度减轻咸潮对主要取水口的影响，并督促地方采取节水惜水、拉水送水等抗旱措施，有效保障了供水安全。

一、元旦期间，供水安全面临冬春连旱、旱上加咸的不利形势

元旦前，珠江流域（片）无明显降雨过程，主要江河来水持续偏少，东江三大水库有效蓄水率仅为 8%，韩江上游水库群有效蓄水率不到 30%，旱情持续发展。此外，2021 年 12 月 18—20 日，受台风"雷伊"影响，外海潮汐动力、风力明显增强，导致咸潮加剧，西北江三角洲主要取水口均遭受不同程度的咸潮影响，珠海平岗泵站连续 4 天不可取淡，珠澳供水系统补库压力陡增，当地水源储备消耗迅速。中山市主力水厂全禄水厂氯化物含量日超标时数增加至 16 小时，导致市区调咸水库岚田水

库水量迅速减少；东江三角洲东莞、广州等地也出现不同程度氯化物含量超标情况，影响供水安全。据预测，元旦前夕，珠海平岗泵站、竹洲头泵站全天不可取淡，咸潮影响范围可到达中山稳益水厂以上，东江、韩江来水仍将持续偏少，东江博罗断面、韩江潮安断面日均流量将持续偏低，珠江流域（片）旱情呈现冬春连旱，旱上加咸的特点，澳门和珠海，深圳、东莞和广州等地供水安全形势严峻。

（一）水利部锚定"两个确保"供水目标

2021 年 11 月 9 日、12 月 27 日水利部防御司与珠江委两次联线会商，要求做好珠江流域（片）抗旱保供水工作。12 月 31 日，李国英部长主持召开珠江流域（片）抗旱保供水专题会商，进一步部署抗旱保供水工作，强调要以"两个确保"为目标，坚持"预"字当先、"实"字托底，确保抗旱措施跑赢旱情和咸情发展的速度；要从最坏处着想、向最好处努力，立足来水更少、旱期更长、咸潮更重的最不利情况，确保人民群众生活用水安全；要落实流域、区域抗旱责任，各地区、各部门、各单位、各措施协调联动，形成最大抗旱合力、完成最艰巨抗旱任务，并要求进一步强化监测预报预警，分区施策，逐江河、逐区域、逐城市细化实化精准化应对方案，同时强调要注重提升中长期水资源保障能力。

（二）珠江委优化调度"三道防线"

珠江委坚决贯彻落实李国英部长工作部署要求，密切监视流域旱情、咸情发展变化，认真落实抗旱"四预"措施，强化流域统一调度。珠江流域（片）发生旱情以来，王宝恩主任"时时放心不下"珠江流域（片）旱情，在 2021 年党校学习期间，经常电话询问珠江委抗旱保供水工作情况，为旱情防御工作出谋划策。结束党校学习回来办公后，王宝恩主任第一时间听取抗旱保供水工作汇报，与珠江委技术骨干深入研究探讨旱情。在全方面掌握了珠江流域（片）旱情后，王宝恩主任抓紧时间积极主动与流域各省（自治区）水利厅沟通协调，从水源供给侧与需求侧出发，深入开展供水平衡分析，逐江河、逐区域、逐城市精细计算水账，进一步优化调度西北江、东江、韩江流域供水保障"三道防线"，全力推进抗旱工作。

珠江委统筹供水、生态、航运和发电需求，精细调度西江龙滩、大藤峡等水库向下游集中补水，西江梧州站在元旦前后期间平均流量达到 $2200\text{m}^3/\text{s}$，成功压制了西北江三角洲河口咸潮，珠海当地水库群抓紧取淡机会取水补库，有效保障了澳门、珠海、中山等地供水安全，取得了多目标调度共赢；精细调度东江三大水库及剑潭水利枢纽逐级加大下泄流量，保障了东江博罗站的下泄流量要求，同时优先保障东深供水工程取水，保持深圳水库高水位运行，确保对香港供水安全，东江下游各地市通过抢淡补蓄、联调稳供等措施，成功防御了 2022 年首轮咸潮；精细调度韩江棉花滩、高陂等水库群向下游补水，确保了韩江潮安站目标流量，满足了韩江中下游地区居民取用水需求。

根据旱情发展形势，元旦期间已达到启动更高级别应急响应的条件，珠江委经过预演和多次会商研判后，认为通过精细调度和采取合适的应急措施，珠江流域（片）抗旱保供水风险总体可控，综合考虑社会影响，采用了内紧外松的工作方法，对外仍维持抗旱Ⅳ级应急响应，对内则按照更高级别的标准开展抗旱保供水工作。

二、春节期间，粤港澳大湾区和韩江三角洲地区供水面临风险

春节期间正值天文大潮，珠江河口潮汐动力趋强，加之电网负荷低，上游来水进一步减少。随着抗旱水源不断消耗，且珠江三角洲局地出现突发性疫情，城乡供水安全保障任务更加艰巨，西江、韩江、东江供水均面临不同程度风险。其中韩江供水处于紧平衡状态，韩江"第一道防线"潮州供水枢纽有效蓄水量为 3330 万 m^3，仅能维持当地 5 天用水，需要通过调度"第二道防线"高陂水利枢纽，才能基本保障韩江流域及粤东地区供水安全。东江供水形势最为紧张，需进一步优化调度才能确保供水安全：东江"第一道防线"涉及的东莞市大部分取水口受咸潮影响，且东莞市部分水厂、水库不能实现互联互通，供水风险较大；广州市东部局部地区，应对咸潮调蓄能力不足，供水安全将受到咸潮影响；东江"第二道防线"剑潭水利枢纽有效蓄水仅有 700 万 m^3，可调水量极其有限，且水库补水后需 12 小时才能到达下游取水口；东江"第三道防线"三大水库有效蓄水率不足 5%，且新丰江水库已于春节前 1 月 28 日正式动用死库容，动用死库容过大会带来工程安全等方面问题。

（一）水利部强调坚守水安全底线

为确保人民群众过一个安乐祥和的春节，2022 年 2 月 1 日（农历大年初一），李国英部长再次视频连线检查指导珠江流域（片）抗旱工作（图 3-1），强调当前抗旱工作是坚守水安全底线的重点任务，要坚持从最坏处着想、向最好处努力，树牢忧患意识和底线思维，强化预报预警预演预案措施，坚决打赢抗旱保供水这场硬仗，为保持国泰民安的社会环境作出水利贡献，并要求珠江委坚持超前应对、实化措施、坚守底线的原则，密切监测水情、工情、咸（潮）情，筑牢当地、近地、远地"三道防线"，细化避（咸）、挡（咸）、压（咸）三项措施，做好储备、调度、协调三方面工作，确保香港、澳门供水安全，确保珠江三角洲和粤东闽南城乡居民用水安全。

春节前夕，刘伟平副部长也对春节期间珠江流域（片）抗旱保供水工作作出明确指示，要求充分考虑入汛时间推迟、4 月底甚至更晚才出现有效降雨的最不利情况，做好应对准备；坚持流域一盘棋，流域区域统筹，开源节流并重，长期短期兼顾，科学精细调度水利工程；认真落实"四预"措施，加强雨水情和旱情预报预警，预演并动态优化调整调度方案；突出重点，优先保障供水安全；针对春节期间大量外出人员返乡过节、部分务工人员留守城市过节以及脱贫地区供水保障能力薄弱等

图 3 - 1　2022 年 2 月 1 日李国英部长春节视频连线
检查指导珠江流域（片）抗旱工作

情况，提早谋划应对措施，确保群众饮水安全。

（二）珠江委会同广西、广东、福建水利厅实施联合调度

按照水利部党组"确保居民用水不受影响"的部署，王宝恩主任加强与气象、电网、航运等部门沟通协调和联合会商（图 3 - 2），充分调研澳门、香港、珠海、东莞、广州等粤港澳大湾区和粤东地区城乡供水需求，会同广西、广东、福建水利厅，对"三道防线"中 20 余座主要水库实施统一调度，超常规启用了西江在建工程大藤峡等"第二道防线"和东江新丰江水库等"第三道防线"，成功实施了西北江水库群应急调度、东江水库群应急调度和韩江水量调度，协同推动各项保障措施，形成抗旱保供水合力。调度期间，珠江委靠前指挥，主动协调航运、涉水作业等有关单位在压咸补淡过程中加强管理，督促受影响区域沿线地方停止非供水取水口取水，化解了春节期间流域电网负荷低、发电用水需求少、航道运输安全畅通压力大、航运用水需求多等行业用水矛盾，确保了压咸补淡行之有效；各省（自治区）精准调度多座水库、监控多个取水口，动态保障供需两端平衡，高效利用有限水资源；各骨干水库严格执行调度指令，确保了香港、澳门的优质、足量原水，保障了广州、东莞、珠海、中山等粤港澳大湾区城乡供水春节期间未受咸潮影响，实现了供水、生态、航运、发电等多方共赢。

调度过程中，珠江委充分考虑春节期间流域中东部地区出现的降雨过程，动态优化"三道防线"调度方案，增加水源储备，减少水库水量消耗。经调度，"第一道防线"对香港、澳门的供水系统蓄满率达到 85％以上；深圳市 12 座可供水水库增加

图 3-2 2022 年 1 月 17 日王宝恩主任主持珠江
流域（片）枯水期抗旱保供水会商

蓄水量达 700 万 m³，进一步提高了供水保障能力。"第二道防线"中的大藤峡、高陂等水利枢纽逐步回蓄至高水位运行，继续做好应急调度准备。"第三道防线"中的西江水库群储备水量增加 3.3 亿 m³，可确保西北江三角洲后期补水需求；东江新丰江水库增加蓄水量 1900 万 m³，为后期调度预留了宝贵水资源；韩江棉花滩等骨干水库增加蓄水量 5400 万 m³，将供水安全保障时间延长近 1 个月。

三、元宵期间，"一少一强一多"三因素耦合影响供水安全

元宵节前后，西江、北江、东江、韩江降雨来水持续偏少，且预测后期仍将偏少；同时珠江河口正值天文大潮，预报珠江河口将遭遇 6～7 级偏北到东北风，咸潮上溯强劲，预测元宵节前后河口咸潮上溯最远距离可达 30km，珠海、中山、广州、东莞、深圳、东莞等地部分地区正常供水可能受到影响，特别是中山马角水闸氯化物含量持续超标，中山市坦洲镇 38 万居民供水安全存在一定风险；此外，节后农民工陆续返城返工，供水需求增多，珠江三角洲供水安全面临"一少一强一多"三因素耦合的不利形势。从供水风险看，韩江流域及粤东地区供水仍处于紧平衡状态，供水安全仍将面临一定风险；东江流域新丰江水库已于 1 月 28 日启用死库容，随着水位进一步降低，水库设施设备安全和工程安全将面临较大风险；广州市东部、东莞市主力水厂咸潮调蓄能力仅为 2 小时，通过应急措施也仅能应对 6 小时，元宵节前后的天文大潮影响期间，珠江三角洲咸情将进一步加强，将严重威胁香港、深圳、广州、东莞等重要城市人民群众供水安全。

（一）水利部精心指挥压咸补水调度

面对严峻复杂的供水形势，2022年2月13日（元宵节前夕），李国英部长主持召开珠江流域（片）抗旱保供水专题会商，宣布启动元宵期间压咸补淡保供水应急调度特别行动，亲自指挥珠江流域（片）压咸补水调度，要求准确研判元宵节期间珠江口咸潮上溯影响的范围和程度，精准演算咸潮影响供水时间和应急补水水头到达取水口所需时长，确定压咸补淡应急补水的启动时间和流量，确保有效压制咸潮，保障珠江三角洲重要城市饮水安全；要及时向有关地方政府、部门通报补水调度情况，提醒航运、岸边及水上作业等相关部门、人员注意安全，加强沿途取水口门管理，保证压咸取得成效；各相关取水口管理单位要加强应急水质监测，确保取水氯化物含量等指标达到国家标准，抓住时机抢蓄优质淡水；作为"第三道防线"的西江、东江流域远端水库要做好统筹调度，及时为参与此次压咸补淡应急补水的骨干水利枢纽（"第二道防线"）补充水源，准备应对后续可能发生的咸潮。

（二）珠江委坚决执行水利部调度指挥部署

按照李国英部长工作部署要求，王宝恩主任多次组织会商，要求统筹流域区域、兼顾短期长期，与技术人员一起研究调度方案，利用抗旱"四预"平台多次进行动态预演，确定本次压咸补淡应急补水特别行动的启动时间和流量，首次提出东江博罗站大潮期压咸流量 $280m^3/s$。2022年2月13日，珠江防总下达调度指令，要求西江在建工程大藤峡水利枢纽、北江飞来峡水利枢纽和东江剑潭水利枢纽集中向下游补水，全力压制珠江口咸潮。

通过水库群联合调度，有效压制了天文大潮带来的强咸潮影响，确保了元宵节天文大潮期间粤港澳大湾区城乡居民用水安全。对于西北江三角洲，通过调度龙滩、在建工程大藤峡等水库，大幅提高了西江主要控制断面梧州站流量，调度后珠海市平岗泵站全天可抽取优质淡水，供澳门原水氯化物含量远低于 $100mg/L$。中山市马角水闸可全天置换优质淡水，围内西灌渠持续存蓄150万 m^3 氯化物含量在 $50mg/L$ 以下的淡水，可有效保障中山市坦洲镇的供水安全；对于东江三角洲，根据咸情预报及预演结果，科学研判元宵节压咸窗口期为2月14—19日，确定了 $280m^3/s$ 的压咸流量，通过连续5天补水，有效压制了咸潮，为东深供水和东江流域沿线东莞、广州等城市提供了优质足量淡水。本次元宵期间压咸补淡应急补水特别行动，全面实现了元宵期间香港、澳门、珠海、中山、广州、深圳、东莞等粤港澳大湾区城市供水安全的保障目标。

四、关键时期，各省（自治区）以及香港、澳门形成抗旱合力

在抗旱保供水工作上，流域机构的工作任务主要侧重于跨省（自治区）调度水源，而各省（自治区）政府则侧重于落实当地具体的抗旱措施。在大旱面前，各省

（自治区）以及香港、澳门等地落实抗旱主体责任，积极采取各项抗旱措施，凝聚成了最大抗旱合力。

（一）广东省

2021—2022 年旱情关键期间，广东省省长王伟中、副省长孙志洋多次听取汇报，专题部署保供水安全工作，要求各地市要细化供水保障方案，采取各项有效措施，最大限度减少对生活的影响。为保障东江流域沿线取水地市和对香港供水安全，广东省副省长孙志洋赴东江新丰江水库专题现场调研，在明确了各方工作分工后，于 2022 年 1 月 28 日稳妥实施新丰江水库死库容启用工作，并在死水位以下累计运行 25 天。同时，广东省强化粤港澳大湾区水安全协同保障机制，完善供水有关方案预案，力保香港、澳门供水安全。

（二）福建省

福建省及时下达中央抗旱补助资金 3300 万元，推进抗旱项目建设，有效发挥了应急供水的作用，同时，组织旱区各地气象部门抓住有利时机，积极开展人工增雨作业，2021—2022 年共开展人工增雨作业 1907 次，共发射人工增雨火箭弹 7676 枚、烟条 1598 条，有效减轻了福建省旱区旱情。

（三）广西壮族自治区

广西壮族自治区积极争取中央水利救灾资金支持抗旱救灾，共安排中央和自治区财政水利救灾资金 3870 万元支持地方应急送水、应急水源工程等防旱抗旱工作，其中包括 2020 年中央及自治区财政水利救灾资金 1870 万元，2021 年中央及自治区财政水利救灾资金 2000 万元，做到旱情较重的大石山区资金支持全覆盖，确保应急送水有保障。

（四）香港、澳门

香港继续采用海水冲厕、淡化海水、再造水、中水重用及雨水回收等措施节约和开辟水源。澳门于 2021 年 11 月正式启用石排湾水厂，自来水日生产能力由 39 万 m^3 提升至 52 万 m^3，形成了澳门半岛和离岛双核心的供水布局，有效提高了供水系统应对突发事件的处理能力。此外，香港、澳门定期组织开展安全演练，及时维护及检修供水管道、泵站等供水设施，在做好已有的供水保障措施基础上，提出增建高位水池的计划，且密切关注上游及本地雨情、水情、咸情，确保在极端不利情况下的供水安全。

第五节　时刻警惕　缓解解除阶段防汛抗旱两手抓

在珠江委三次组织实施"三道防线"压咸补淡应急补水特别行动后，2022 年 2

月中下旬，珠江流域（片）中东部地区迎来了 1 次久违的持续性大范围强降雨过程，西江、北江 5 天内的降雨量达到多年月降雨平均值，东江、韩江流域大部分地区累计降雨量达到 100mm 以上。珠江委抓住降雨过程，动态调度"三道防线"，多措并举储备水源，流域骨干水库蓄水均有所增加，经研判可满足后期用水需求，也为春耕春播提供了较好的墒情，旱情得到缓解。随着时间推移，我国南方地区于 3 月 17 日入汛，进入 3 月下旬，珠江流域（片）出现 2 次大范围强降雨过程，旱情形势得到进一步明显好转。3 月 24 日，珠江防总终止抗旱Ⅳ级应急响应，3 月 28 日，水利部组织召开珠江流域抗旱工作情况新闻发布会，对外宣布旱情已经基本解除。

水利部和各省（自治区）并没有放松警惕，坚持防汛抗旱两手抓。一方面，为预防旱情再发展，督促西江天生桥一级、龙滩、百色等骨干水库和珠海当地水库保留足够蓄水量，指导东江枫树坝、新丰江、白盆珠三大水库和韩江棉花滩等骨干水库尽快回蓄水位，以备极端不利旱情情况下应急补水，保障香港、澳门和珠江三角洲地区供水安全；另一方面，严防旱涝急转，密切关注雨情、水情、汛情、旱情，强化"四预"措施，科学调度水利工程，适时派出工作组加强检查指导，坚决做好防范应对工作，继续为维持平稳健康的经济环境、国泰民安的社会环境贡献水利力量。

第六节　协调督导　确保抗旱保供水工作落实到位

水利部以及广东、福建、广西等省（自治区）党委、政府高度重视珠江流域（片）旱情，全力做好抗旱保供水协调督导工作。水利部加强抗旱保供水工作的指导支持，派出多个工作组协调督促旱区落实抗旱保供水措施，支持广东、福建等受旱地区做好抗旱应急水源工程建设工作；广东、福建、广西高位推动抗旱保供水工作，多次专题会议部署，密切跟踪旱情发展，全面掌握旱情趋势和影响，加强对旱情严重地区的工作指导；珠江防总、珠江委发挥统筹协调作用，加强与气象、电网、航运等部门沟通协调，先后派出 13 批次工作组深入旱区和咸潮影响区域，了解一线供水需求，研判供水形势，督促指导基层落实各项措施。此外，珠江委纪检组加强纪律监督，把抗旱保供水工作当作政治监督的重中之重，切实发挥监督保障执行作用；各级水利部门协同抗旱，督促各单位全力配合蓄水保水，采取有效措施，确保了香港、澳门、金门等地供水安全，确保了珠江三角洲和粤东闽南城乡居民用水安全。

一、水利部协调督导

2022 年 2 月 9—12 日，刘伟平副部长率队赴广东、福建省调研抗旱保供水工作，先后到珠海、广州、东莞、河源以及漳州、泉州、厦门等地调研指导抗旱保供水工作（图 3-3）。刘伟平对珠江流域（片）抗旱保供水工作给予充分肯定，指出近期珠江委、广西、广东、福建等省（自治区）贯彻落实珠江流域（片）抗旱保供水有关工作要求，远近结合，多措并举，有效保障了前一阶段抗旱保供水工作，特别是保障了春节期间供水安全。刘伟平要求，下一阶段继续精细调度当地、近地、远地"三道防线"水库，确保城乡供水安全。

图 3-3　2022 年 2 月 12 日刘伟平副部长在福建一线
检查指导抗旱保供水工作

2021 年 11 月 29 日—12 月 4 日，水利部防御司督察专员顾斌杰率工作组赴广东省、福建省检查指导抗旱保供水工作（图 3-4）。工作组听取了广东省以及福建龙岩、漳州两市抗旱保供水工作情况汇报，实地察看广东汕尾引黄应急供水、揭阳普宁乌石水厂应急供水、汕头三洲榕南干渠应急引水工程现场，以及福建棉花滩水库、峰头水库运行、东山岛外饮水第二水源工程建设等情况，了解各应急供水工程建设进展，以及永定区湖坑镇人饮困难、小流域断流等其他受旱情况，要求加快推动抗旱应急保供水项目实施，做好应急方案及应对措施，千方百计保障百姓饮水安全。

二、广东省协调督导

广东省委、省政府高度重视抗旱保供水工作，省委书记李希作出指示批示，要求多措并举、科学调度水资源，确保人民群众用水安全；时任广东省省长马兴瑞多次深入旱区一线调研指导抗旱保供水工作；省长王伟中多次召开省政府常务会议，部署落实供水保障措施，并深入受旱地区调研指导；常务副省长张虎、时任省委常

图 3 - 4　2021 年 12 月 4 日水利部防御司督查专员顾斌杰调研
东山岛外饮水第二水源工程

委叶贞琴专门对抗旱工作作出批示，提出具体要求；副省长孙志洋多次专题研究部署，并赴新丰江水库等一线指导应急调度工作（图 3-5）。

图 3 - 5　2022 年 1 月 25 日广东省副省长孙志洋在一线
调研指导抗旱保供水工作

三、福建省协调督导

福建省委、省政府高度重视抗旱工作，省领导多次作出批示，要求各部门抓紧研究解决措施，着力解决群众生产生活用水问题；福建省副省长康涛多次参加珠江流域（片）抗旱专题会商（图 3-6），进一步落实抗旱保供水工作。

图 3-6 2021 年 12 月 31 日福建省副省长康涛参加水利部
珠江流域（片）抗旱专题会商

四、广西壮族自治区协调督导

2021 年 10 月 30—31 日，广西壮族自治区党委书记刘宁实地考察桂中乐滩引水灌区工程建设推进情况，要求自治区有关部门和来宾市加强统筹协调，采取有力措施，加快推进项目建设，在保证质量和安全的前提下，确保工程早日实现既定目标，充分发挥效益，造福当地群众。

2021 年 11 月 3 日，广西壮族自治区党委书记刘宁，自治区党委副书记、自治区主席蓝天立，自治区副主席方春明一行来到珠江委，研讨强化珠江流域综合治理，商谈推进平陆运河、环北部湾广西水资源配置工程、桂中治旱乐滩水库引水灌区等重大工程建设以及流域水资源统一调度等事宜。

五、珠江委协调督导

（一）深入一线

2022 年 1 月 30 日，春节假期前一天，王宝恩主任带队赴东深供水工程、东莞市第三水厂等地调研，检查指导春节期间抗旱保供水工作（图 3-7），要求突出抓好"第一道防线"蓄水工作，科学精细实施水资源调度；统筹考虑当前和后期用水需求，提高用水效率；加强风险管控，细化完善抗旱保供水应急方案，做好关键时期新丰江水库死库容运用方案，确保城乡居民供水安全。

2021 年 11 月 23—24 日，珠江委赴广东、福建开展旱情调研工作。调研组实地察看广东梅州市五华县自来水厂、益塘水库，福建龙岩市棉花滩水库、漳州市峰头

图 3 - 7　2022 年 1 月 30 日王宝恩主任调研东莞市第三水厂

水库，深入了解广东、福建旱情及抗旱工作部署情况，要求强化节水意识，提高水资源利用率；加强旱情监测，加快推进抗旱应急项目建设；统筹调配水资源，千方百计增加可用水量。

为进一步保障抗旱保供水工作落实到位，12 月 15 日，珠江委赴揭阳等地进行抗旱保供水工作检查（图 3-8），要求加快应急工程建设，全力确保城乡供水安全。

图 3 - 8　2021 年 12 月 15 日珠江委在一线调研指导抗旱保供水工作

（二）沟通协调

2021 年 7 月 16 日，珠江委赴珠江流域气象中心开展枯水期水量调度工作调研
（图 3 - 9），双方就流域中长期气象预报形势以及流域气象、水文预报融合进行深入
沟通交流，为 6 月提前研判出"珠江流域（片）汛期当汛不汛、后汛期和枯水期持续
偏枯"不利形势的预测结论，提早谋划部署供水保障工作提供了坚实的技术支撑。

图 3 - 9　2021 年 7 月 16 日珠江委赴珠江流域气象中心
开展枯水期水量调度工作调研

2021 年 7 月下旬，珠江委赴珠海向澳门、珠海等地通报珠江流域前期雨水情、
后期雨水咸情预测以及枯水期水量调度工作部署、调度安排，研究部署下一阶段工
作（图 3 - 10）。会议指出，要根据上下游水库蓄水、珠澳需水和枯水期水雨咸情预
测情况，组织编制 2021—2022 年度珠江流域枯水期水量调度实施方案；在确保防洪

图 3 - 10　2021 年 7 月 27 日珠江委向澳门、珠海等地通报
枯水期水量调度工作

安全的前提下，组织实施流域骨干水库和珠海当地水库汛末蓄水，为枯水期调度储备水源，在调度关键期要做好补水调度和抢淡工作。同时，各方要积极落实《粤港澳大湾区水安全保障规划》目标任务，加强水量调度工作基础研究，推进完善珠澳供水安全保障体系，全面提升澳门等地水安全保障能力。

2021年9月16日，珠江委与珠江航务管理局座谈交流枯水期水量调度工作（图3-11），双方就流域雨水情、枯水期水量调度工作形势与进展，以及枯水期水量调度期间航运需求等方面做深入探讨与交流，达成流域统一调度，兼顾航运需求的共识。

图3-11　2021年9月16日珠江委与珠江航务管理局座谈交流
枯水期水量调度工作

2021年10月26日，澳门附近水域水利事务管理联合工作小组第七次会议在广西大藤峡水利枢纽召开。珠江委及澳门海事及水务局双方就澳门供水工作、珠江流域枯水期水量调度等工作进行探讨交流，进一步深化枯水期水量调度等工作协作机制。

（三）供水检查

2021年10月，珠江委赴广东、福建等地开展水量调度实施及抗旱保供水情况调研（图3-12）。调研组实地察看了普宁市麒麟镇主要供水水源蔡口水库、东龙潭水库，丰顺县主要供水水源虎局水库，高陂水利枢纽和棉花滩水库等，了解揭阳市、梅州市区域降雨、水库蓄水、主要水利工程运行调度以及枯水期水量调度计划和调度指令执行、抗旱保供水应对措施等情况，就水量调度实施及抗旱保供水工作中存在的问题与相关单位进行座谈讨论，要求地方水行政主管部门要严格执行水量统一调度指令，精细调度，科学增加蓄水，合理安排用水，强化节约用水管控，有序开展抗旱保供水工作。

2021年12月14—17日，珠江委派出工作组赴梅州、潮州、揭阳和汕头等地，

图 3－12　珠江委赴广东、福建等地开展水量调度实施及抗旱保供水调研

察看当前受旱情影响的农村供水及农田灌溉受旱情影响情况，并对当地农村饮水问题开展了复核。工作组要求加强水资源调度，进一步推进规模化供水，积极应对持续干旱，保障农村供水安全；不断优化社会用水结构，加快节水型社会建设。

2022 年 1 月 5—7 日，为深入了解各地水源储备、城乡供水、抗旱抗咸应急措施等情况，珠江委赴珠海、中山、广州等地调研抗咸保供水工作开展情况。调研组现场察看了珠海平岗泵站、竹银水库、中山铁炉山水库、马角水闸、大丰水厂取水口、广州刘屋洲取水口、清源水厂和新塘水厂，要求密切监视雨水咸情发展，进一步细化实化精准化旱情应对方案和措施，筑牢抗旱保供水"第一道防线"；加强城乡供水管网爆管等突发事件应急预案，提高风险防控和应急处置能力。

图 3－13　珠江委工作组开展农村饮水安全督导检查

2022 年 2 月 23 日—3 月 4 日，珠江委再次派出两个工作组督导检查广东省湛江、清远、揭阳、潮州、河源、梅州 6 市 12314 平台举报的农村供水问题（图 3－13）。通过入户调查、现场查勘供水设施、与三级责任人交谈、与市县镇座谈，复核问题、原因，动态清零农村供水问题，督促地方保障农村抗旱保供水。工作组要求切实增加

可供水源，坚持"先用活水、后用死水"的原则，落实优先保障生活用水；加强监测预报，积极开展人工增雨作业，提高抗旱保供水能力；提高群众节约用水意识，确保分时段供水和轮流供水等应急响应机制得到严格执行。

（四）政治监督

面对珠江流域（片）"秋冬春连旱、旱上加咸"的不利形势，珠江委纪检组闻令而动，按照水利部党组的决策部署和驻水利部纪检监察组关于紧盯旱涝灾害严峻形势靠前监督压实责任的工作要求，把抗旱保供水工作作为政治监督的重中之重，立足监督首责，切实发挥监督保障执行作用。

跟进监督，压紧压实主体责任。纪检组派人全过程参加水利部、珠江委关于珠江流域（片）抗旱保供水工作的历次专题会商会，及时跟进了解流域水雨情、旱情、咸情和抗旱保供水形势任务，制定务实管用的监督工作方案和措施，确保以精准有力的监督督促相关责任部门及单位不折不扣落实水利部党组决策部署和委党组各项工作要求。纪检组多次到珠江委水旱灾害防御部门及相关支撑单位检查调研抗旱保供水"四预"措施落实、抗旱"四预"平台建设和调水实施进展及成效情况，要求相关部门及单位始终把保障群众饮水安全放在首位，加强组织领导，层层压实责任；严格值班值守纪律，密切关注流域雨水咸情和水库调度运行情况，强化预报预警，做好信息报送；做细做实"四预"措施，滚动优化调度方案，立足最不利情况，提早研究应急预案；加强与各省（自治区）相关责任部门的沟通协调，相互配合，全力有序做好水利抗旱保供水各项工作。

靠前监督，深入一线督导检查。为详细了解珠江流域枯水期水量调度进展和实施成效，珠江委纪检组赴珠海等地对珠江流域枯水期水量调度实施情况开展实地督导检查（图 3-14）。检查组深入竹银、竹仙洞等当地供水骨干水库，认真了解水库日常运行维护、抽蓄水和安全管理情况，以及竹银水库二期工程建设推进情况，现场对平岗、广昌等重要抽水泵站机组运行和水质检测情况进行检查，并对水库及泵站管理单位提出具体指导意见：一要进一步强化责任意识和督导检查，确保上级调度指令得到迅速有效执行，同时督促好相关地方及单位认真落实水资源储备、节约用水、风险管控等各项措施；二要认真做好水质监测，确保监测数据反馈畅通，为上级水利部门细化实化避咸、挡咸、压咸措施提供支撑，确保取用水水质安全；三要加强输水管道的日常巡检，防止出现因爆管等问题影响正常供水的情况，保证供水设施安全；四要稳步推进竹银水库二期工程建设，加快补齐软硬件短板，不断增强供水保障能力。

联动监督，积极构建监督合力。珠江委纪检组联合广东省纪委监委驻水利厅纪检监察组共同对东江流域抗旱保供水工作开展督导检查（图 3-15）。检查组先后赴深圳、东莞、河源等地，分别察看了东深供水原水生物硝化处理站、金湖泵站、深圳

图 3-14　2021 年 11 月 4 日珠江委纪检组督导广东珠海供水安全保障工作

水库、新丰江水库等重要供水工程，详细了解旱情发生以来区域降雨、水库蓄水、工程调度运行、水质监测以及水质净化、供水保障措施落实等情况，并就枯水期水量调度、抗旱保供水应急处理、水质监测保障、节水措施等方面的重要问题与地方水行政主管部门及工程运行管理单位进行深入交流。督导组对各相关部门及单位提出具体督导意见：一要提高政治站位，严肃调度纪律，严格执行水量统一调度指令，通过"三道防线"精细调度，全力保障供水沿线城乡居民用水安全；二要切实做好供水设施管理及维护保障，落实值班值守制度，加强安全生产管理，确保重要供水工程站点运行不出问题；三要加大对重要供水水源的水资源保护力度，加强水质管理，扎实做好水质监测和净化工作，避免出现水污染事件；四要统筹考虑当前和后期用水需求，进一步完善优化"四预"措施，科学调度骨干水库补水。

图 3-15　2021 年 11 月 19 日珠江委纪检组与广东省
纪委监委驻水利厅纪检监察组联合督导

六、有关省（自治区）水利厅协调督导

（一）广东省水利厅

2021年10月27日，广东省水利厅厅长王立新率队赴汕尾市调研粤东水资源配置和今冬明春抗旱工作（图3-16）。王立新要求，汕尾要加快制定水资源配置设计方案，推进前期工作，科学配置水资源，为汕尾发展及人民基础生活提供坚实保障；要推进蓄水工程建设，畅通内外水资源补给，解决水资源时间分布不均和总量不足问题；要提升水利管理水平，提高水资源保障能力和抗风险能力，切实保障人民群众饮水需求和饮水安全。广东省水利厅其他厅领导也多次赴抗旱一线协调指导。据统计2021—2022年旱情期间，广东省水利厅共派出20余次工作组检查指导抗旱保供水工作，有力保障了供水安全。

图3-16　2021年10月27日广东省水利厅厅长
王立新调研汕尾市抗旱工作

（二）福建省水利厅

2021年10月26—27日，福建省水利厅厅长刘琳带队赴漳州市调研水资源保障工作（图3-17），要求立足水资源特点和产业发展需求，抢抓机遇，加快完善资源配置骨干网，通过境内蓄引、湖库连通、境外补水等措施，积极构建"一横两纵三库四连通"的现代水网，着力提升供水保障能力。为现场解决群众生活生产用水困难，福建省水利厅其他厅领导深入旱区实地调研。2021—2022年枯水期，福建省水利厅先后共派出10批次、100多人次深入旱区一线检查指导抗旱保供水工作。

（三）广西壮族自治区水利厅

2021年11月9—10日，广西壮族自治区水利厅厅长杨焱到融水县定点帮扶村调

图 3-17　2021 年 10 月 26 日福建省水利厅厅长刘琳调研
漳州市水资源保障工作

研指导乡村振兴工作（图 3-18），协调解决帮扶工作中出现的问题，要求坚决守住不发生规模性返贫的底线，特别要关注农村供水问题，有效保障农村饮水安全，让广大农村群众喝上"放心水"，不断提高群众生活水平。广西壮族自治区水利厅其他厅领导也靠前指挥，现场督导旱情防御工作。2021—2022 年枯水期，自治区水利厅累计派出 9 个抗旱工作组赴百色、河池、来宾、南宁、贺州、柳州等地指导抗旱保供水工作。

图 3-18　2021 年 11 月 10 日广西壮族自治区水利厅厅长杨焱调研
融水县农村饮水安全工作

第四章

科学开展流域统一调度

2021—2022 年珠江流域（片）旱情主要发生在广东省东部和福建省南部，影响香港、澳门、金门和粤港澳大湾区、粤东闽南等地城乡居民供水安全。面对严重干旱，在水利部的正确领导下，珠江防总、珠江委会同广西、广东、福建等省（自治区）有关部门，坚持以流域为单元，统筹流域全局，强化流域水量统一调度，科学精细实施水工程联合调度，系统整合流域与区域水资源配置工程体系，从当地、近地、远地构筑了西江、东江、韩江供水保障"三道防线"，关键时期，开展"千里调水压咸潮"特别行动，形成了全流域、大空间、长尺度、多层次的供水保障格局，确保了包括香港、澳门在内的粤港澳大湾区以及闽南、粤东等地城乡居民供水安全。

第一节　统筹全局　构筑抗旱保供水"三道防线"

面对珠江抗旱保供水严峻形势，水利部党组高度重视，多次会商部署珠江抗旱保供水工作。2021 年 10 月 29 日在珠江抗旱保供水会商会上，国家防总副总指挥、水利部部长李国英提出构建梯次供水保障"三道防线"的战略举措，要求强化流域水资源统一调度，确保珠江三角洲供水安全。珠江委严格落实水利部部署要求，逐流域逐区域梳理，按照当地、近地、远地构筑了西江、东江、韩江供水保障"三道防线"。

一、西江流域抗旱保供水"三道防线"

为保障澳门、珠海等地供水安全，西江以珠海竹银水库及南北水库群等当地水库为"第一道防线"，中下游大藤峡水利枢纽为"第二道防线"，中上游天生桥一级、光照、龙滩、百色等骨干水库为"第三道防线"，如图 4-1 所示。

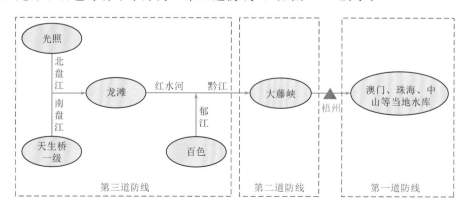

图 4-1　西江流域"三道防线"示意图

（一）第一道防线

1. 澳门、珠海供水系统

澳门特别行政区城市供水 90% 以上的原水由广东珠海供给。澳门、珠海供水系统中主要供水水库包括南库群、北库群及竹银水库。北库群有大镜山、凤凰山、梅溪 3 座水库，总库容 2556 万 m^3，总兴利库容 1819 万 m^3，最大供水水库为凤凰山水库，兴利库容 876 万 m^3；南库群有南屏、竹仙洞、蛇地坑、银坑等 4 座水库，总库容 855 万 m^3，设计兴利库容 714 万 m^3；竹银水库总库容 4018 万 m^3，兴利库容 3811 万 m^3，竹银水库配套工程月坑水库总库容 315 万 m^3，兴利库容为 280 万 m^3，竹银水源工程总库容为 4333 万 m^3，总兴利库容 4091 万 m^3。

竹银水源系统建成后，现状承担澳门及珠海供水的取水泵站主要有广昌、平岗、竹洲头 3 座，转抽泵站有南沙湾和洪湾 2 座，此外，应急从中珠联围取水的有裕洲泵站。广昌泵站于 1995 年建成，现状取水能力为每日 270 万 m^3。平岗泵站建于 1994 年，于 2006 年扩建后，总取水能力为每日 140 万 m^3。竹洲头泵站取水规模每日 80 万 m^3，咸潮来临时，配合竹银水库向澳门、珠海供水。当受咸潮影响时，广昌泵站首先受到影响，然后平岗泵站受到影响，竹洲头泵站最后受到影响。广昌泵站无法直接从河道取水时，作为转抽泵站使用。

2. 中山市供水系统

中山市现有集中式供水厂 26 个，总供水能力每日 283.5 万 m^3，实际供水量约为每日 190 万 m^3，主力水厂取水口主要分布于磨刀门水道、西海水道、东海水道、鸡鸦水道和小榄水道，仅有 17 座水库具备供水能力，总库容不足 8000 万 m^3。中山市供水受咸潮影响的主要有三乡、神湾、坦洲等南部 3 个镇。三乡镇主要供水水厂为南龙水厂，取水口位于磨刀门水道，现状供水规模每日 10 万 m^3；神湾镇主要供水水厂为南镇水厂，取水口也位于磨刀门水道，现状供水规模每日 13 万 m^3；坦洲镇主要供水水厂为坦洲水厂，取水口位于西灌渠，现状供水规模每日 15 万 m^3。三乡镇和神湾镇现状供水管网已连通，三乡镇与坦洲镇部分管网连通。受咸潮影响时，三乡镇和神湾镇内主要供水水厂无法从磨刀门取水，通过供水调度，能基本满足三乡和神湾两镇 10 天用水需求。坦洲镇主要供水水厂坦洲水厂从中珠联围内西灌渠取水，西灌渠通过联石湾、灯笼和大涌口等水闸置换渠内水体，以供坦洲镇水厂取水使用，受咸潮影响时，各水闸将不能开闸置换围内水体，坦洲镇供水安全受到威胁。

（二）第二道防线

目前正在建设中的大藤峡水利枢纽位于广西桂平市黔江彩虹桥上游 6.6km 的峡谷出口处，开发任务以防洪、航运、发电、水资源配置为主，结合灌溉等综合利用效益。坝址集水面积为 19.86 万 km^2，水库设计正常蓄水位 61.00m，汛限水位

47.60m，水库总库容为 34.79 亿 m^3，其中兴利库容 15 亿 m^3，具有日调节能力。大藤峡水利枢纽工程于 2014 年开工建设，总工期为 9 年，一期工程于 2020 年 3 月下闸蓄水，二期工程计划于 2023 年年底前完工。经一期工程蓄水验收后，2021—2022 年枯水期，大藤峡水利枢纽水位可蓄至 52.00m。

（三）第三道防线

天生桥一级水电站位于贵州省安龙县与广西壮族自治区龙林县交界的南盘江干流上，电站以发电为主，兼有防洪、拦沙、航运及旅游等综合利用效益。坝址集水面积 5.01 万 km^2，多年平均流量 612m^3/s。水库正常蓄水位 780.00m，死水位 731.00m，总库容 102.6 亿 m^3，兴利库容 57.96 亿 m^3，死库容 25.99 亿 m^3，属年调节水库。

光照水电站位于贵州省关岭县与晴隆县交界的北盘江干流中游光照河段，是北盘江上最大的一个梯级水电站，也是北盘江干流茅口以下梯级水电站的龙头电站，电站开发任务是"以发电为主，航运次之，兼顾灌溉、供水及其他"。坝址以上集水面积 1.35 万 km^2，多年平均流量 257m^3/s。水库正常蓄水位 745.00m，死水位 691.00m，总库容 32.45 亿 m^3，兴利库容 20.37 亿 m^3，属年调节水库。

龙滩水电站坝址位于广西天峨县境内，具有较好的调节性能，发电、防洪、航运等综合利用效益显著。坝址集水面积为 9.85 万 km^2，占红水河流域面积的 71.2%，占西江流域面积的 28%，坝址多年平均流量 1610m^3/s。水库正常蓄水位 375.00m，死水位 330.00m；总库容 188.1 亿 m^3，兴利库容 111.5 亿 m^3，死库容 50.60 亿 m^3，属不完全年调节水库。

百色水利枢纽位于郁江上游右江河段，工程任务以防洪为主，兼有发电、灌溉、航运、供水等综合效益。坝址集水面积 1.96 万 km^2，多年平均流量 263m^3/s。百色水利枢纽正常蓄水位 228.00m，死水位 203.00m，总库容 56.6 亿 m^3，死库容 21.8 亿 m^3，兴利库容 26.2 亿 m^3，属不完全多年调节水库。

西北江主要骨干水库工程特性见表 4-1。

表 4-1 西北江主要骨干水库工程特性

水库名称	所处河段	集水面积/万 km^2	调节性能	总库容/亿 m^3	兴利库容/亿 m^3	正常蓄水位/m	死水位/m
天生桥一级	南盘江	5.01	年调节	102.6	57.96	780.00	731.00
光照	北盘江	1.35	年调节	32.45	20.37	745.00	691.00
龙滩	红水河	9.85	不完全年调节	188.1	111.5	375.00	330.00
岩滩	红水河	10.66	日调节	33.86	10.52	223.00	212.00

续表

水库名称	所处河段	集水面积 /万 km²	调节性能	总库容 /亿 m³	兴利库容 /亿 m³	正常蓄水位 /m	死水位 /m
百色	右江	1.96	不完全多年调节	56.6	26.2	228.00	203.00
大藤峡	黔江	19.86	日调节	34.79	15	61.00	47.60
长洲	浔江	30.86	日调节	56	3.4	20.60	18.60
飞来峡	北江	3.41	不完全年调节	19.04	3.15	24.00	18.00

二、东江流域抗旱保供水"三道防线"

为保障香港、广州、深圳、东莞等地供水安全，东江以香港、广州、深圳、东莞等当地水库为"第一道防线"，中下游剑潭水利枢纽为"第二道防线"，中上游新丰江、枫树坝、白盆珠等水库群为"第三道防线"，如图 4-2 所示。

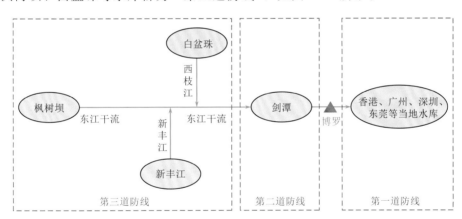

图 4-2 东江流域"三道防线"示意图

(一) 第一道防线

1. 东莞供水体系

东莞市现状以东江干支流主力水厂、东深供水工程等引提水工程供水为主，引提水工程供水量占全市总供水量的 94.7%，蓄水工程供水量仅占全市总供水量的 3.1%。东莞市已建水库工程 123 宗（含粤港供水管理的雁田水库和与惠州共管的石鼓水库），周边设有水厂（包括可复产水厂）的水库有 29 座，总兴利库容为 1.60 亿 m³，水厂总规模每日 156.8 万 m³。其中 17 座水库位于东部片区，总兴利库容为 0.80 亿 m³，周边水厂总规模每日 121 万 m³，只供东部片区用水；12 座水库位于中西部片区，总兴利库容为 0.83 亿 m³，周边水厂总规模每日 35.8 万 m³，可供大朗、虎门、长安、大岭山镇部分区域用水。东莞市共有供水水厂 40 座，合计规模每日 659 万 m³，除上述水库周边的水厂外，其余水厂基本由东江干支流取水，极度依赖东江干支流水源。东莞市东江与水库联网工程一期已建成但未投运，珠江三角洲水资源配置工程尚在建设中，东西江双水源的供水格局尚未建成。东莞市可利用的库容不足，应急备用能力不足。

2. 深圳供水体系

深圳市本地水资源匮乏，现状供水以东深供水工程、深圳东部供水工程等外调水工程为主，外调水工程供水量占总供水量的90%以上，蓄水工程供水量仅占全市总供水量的5.5%。

东深供水工程建成于1965年3月，是向香港、深圳以及工程沿线东莞市城镇提供东江原水的跨流域大型调水工程，工程由东莞市桥头镇取东江水，交水点为深圳水库。

深圳水库是东深供水工程的重要节点，是深圳、香港两地最重要的饮用水库，供水占香港总用量的70%，占深圳用水量的40%。水库总库容为4497万 m^3，兴利库容2421万 m^3，正常蓄水位27.60m，死水位19.00m。工程设计供水规模为每年24.23亿 m^3，设计流量为100m^3/s，其用水量分配为：香港11.0亿 m^3，深圳8.73亿 m^3，东莞4.0亿 m^3，沿途损耗和机动富余水量为0.5亿 m^3。

深圳东部供水工程东起惠州市水口街道办廉福地的东江左岸和马安镇老二山的西枝江左岸，西至深圳市宝安区，输水线路终点为松子坑水库，工程一期于2001年12月建成通水，二期于2010年11月建成通水，最大输水流量为30m^3/s，设计年总供水能力为7.2亿 m^3。

深圳市重要供水工程珠江三角洲水资源配置工程尚在建设中，蓄水工程也有赖于外调水充库，在遭遇连续干旱时，市内水库蓄水量无法保证。

3. 广州东部供水体系

广州东部以东江北干流为主要水源，通过新塘水厂、西洲水厂等引提水工程供水，引提水工程供水量占总供水量的90%以上。

4. 香港供水体系

香港水源系统由本地集水区收集的雨水、从广东输入的东江水，以及冲厕用的海水三部分组成，2020年供水量分别占比17%、59%及24%。东江是向香港供水的最主要水源，通过东深供水工程供给。东深供水工程北起东莞桥头镇，南至深圳水库，其主线绵延68km，担负着香港、深圳以及工程沿线东莞八镇三地2400多万居民生活、生产用水重任。

（二）第二道防线

剑潭水利枢纽工程位于东江干流下游泗湄洲，是一座改善东江水环境、发电、兼顾航运、改善城市供水和农田灌溉条件的大型水利枢纽工程。坝址以上集水面积

2.53万km²，多年平均流量790m³/s，水库正常蓄水位10.50m，死水位10.00m，兴利库容0.14亿m³，总库容1.16亿m³，属日调节水库。

（三）第三道防线

新丰江水库位于东江支流新丰江上，是一座以防洪、供水为主，兼顾发电、航运、防咸、灌溉等综合利用效益的枢纽工程，是东江调节能力最好的水库。坝址以上集水面积0.5734万km²，多年平均流量190m³/s，水库正常蓄水位116.00m，死水位93.00m，兴利库容64.91亿m³，总库容138.96亿m³，属多年完全调节水库。

枫树坝水库位于东江上游龙川县境内，是一座以防洪、供水、灌溉为主，兼顾发电、航运等综合利用效益的水利枢纽工程。坝址以上集水面积0.515万km²，多年平均流量127m³/s，水库正常蓄水位166.00m，死水位128.00m，兴利库容12.49亿m³，总库容19.32亿m³，属年调节水库。

白盆珠水库位于东江支流西枝江上游的惠东县白盆珠境内，是一座以防洪为主，兼有发电、灌溉及改善航运等综合利用效益的枢纽工程。坝址以上集水面积0.0856万km²，多年平均流量35m³/s，水库正常蓄水位76.00m，死水位62.00m，兴利库容4.05亿m³，总库容12.2亿m³，属多年调节水库。

东江主要骨干水库工程特性见表4-2。

表4-2　　　　　　　　　　　东江主要骨干水库工程特性

水库名称	所处河段	集水面积/万km²	调节性能	总库容/亿m³	兴利库容/亿m³	正常蓄水位/m	死水位/m
新丰江	新丰江	0.5734	多年调节	138.96	64.91	116.00	93.00
枫树坝	东江	0.515	不完全年调节	19.32	12.49	166.00	128.00
白盆珠	西枝江	0.0856	多年调节	12.2	4.05	76.00	62.00
剑潭	东江	2.5325	日调节	1.164	0.1419	10.50	10.00

三、韩江流域抗旱保供水"三道防线"

为保障潮州、汕头等地供水安全，韩江以潮州供水枢纽及当地水库为"第一道防线"，中游高陂水利枢纽为"第二道防线"，福建棉花滩和广东长潭、益塘、合水、双溪、青溪等水库群为"第三道防线"，如图4-3所示。

（一）第一道防线

韩江下游及其三角洲当地供水体系由潮州供水枢纽及河口水闸构成，包括12个灌区、城市引水、农村饮水安全等工程，涉及潮州、汕头和揭阳三市。潮州供水枢纽工程是大（1）型水利枢纽，坝址位于韩江下游潮州市湘子桥下游东溪、西溪两溪口附近，坝址以上集水面积为2.91万km²；枢纽由东溪、西溪2座拦河闸坝，设计水

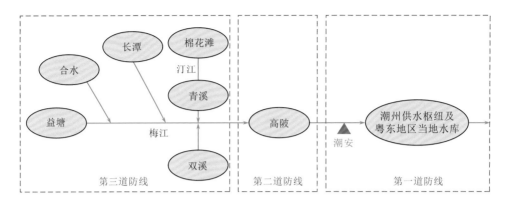

图 4-3　韩江流域"三道防线"示意图

库库容达 4900 万 m^3。河口五闸是指韩江的 5 条入海水道上的水闸，即北溪上的东里桥闸、东溪上的莲阳桥闸、外砂河上的外砂桥闸、新津河上的下埔桥闸和梅溪上的梅溪桥闸。韩江下游的东溪和西溪在江东围下由蓬洞河沟通，北溪和东溪在隆都下由南溪沟通，5 条入海水道与蓬洞河、南溪共同构成了一个水力联系紧密的三角洲网河区。潮州供水枢纽与韩江出海口五闸控制运用，调配东溪、西溪、北溪水量，改善供水条件，可有效缓解韩江三角洲地区城镇生活及工农业用水紧缺的矛盾。工程受水区包括潮州、汕头、揭阳三市，年均可调配东溪和北溪水量 6 亿 m^3，增加东溪、北溪工业生活用水量约 2.44 亿 m^3。此外，韩江下游及三角洲还建有 5 座跨流域调水工程，分别为南澳引韩供水工程、揭阳引韩供水工程、潮阳引韩供水工程、引韩济饶供水工程、韩江榕江练江水系连通工程，受水区为粤东地区，总设计调水规模 50.44 m^3/s。

（二）第二道防线

高陂水利枢纽位于广东省梅州市大埔县韩江干流上，距大埔县城 15km，坝址以上集水面积 2.66 万 km^2，多年平均流量 710 m^3/s，是一座以防洪、供水为主，兼顾发电和航运等综合利用的大型水利枢纽。水库正常蓄水位 38.00m，总库容 3.66 亿 m^3，兴利库容 0.85 亿 m^3。工程建成后，通过调蓄枯水期径流，与棉花滩水库、潮州供水枢纽及河口五闸等工程联合运用，提高下游及三角洲地区的供水保证率。

（三）第三道防线

棉花滩水库位于福建省龙岩市永定区汀江干流棉花滩峡谷河段中部福至亭处，下游距广东省界 1km，工程任务以发电、防洪为主。坝址以上集水面积 0.7907 万 km^2，占汀江流域面积的 67%，多年平均流量 232 m^3/s。水库正常蓄水位 173.00m，总库容 20.35 亿 m^3，兴利库容 11.22 亿 m^3，属不完全年调节水库。

益塘水库位于广东省梅州市五华县潭下、转水两镇境内，距县城 20km。工程水库由潭下水库和矮车水库通过竹山里连通渠连接组成，坝址以上集水面积 0.0251 万 km^2（其中：潭下库 213km²，矮车库 38km²），多年平均流量 8.24m³/s。水库正常蓄水位 153.00m，总库容 1.66 亿 m³，兴利库容 1.07 亿 m³。工程任务以防洪为主、结合灌溉、发电和综合利用。

合水水库位于广东省梅州市兴宁市城区宁江上游。坝址以上集水面积 0.0578 万 km²，多年平均流量 13.6m³/s，是一座以防洪为主，具有灌溉、供水、发电等综合效益的水库。水库正常蓄水位 138.00m，死水位 132.50m；总库容 1.16 亿 m³，兴利库容 0.41 亿 m³。

长潭水库位于广东省梅州市蕉岭县长潭镇梅江支流石窟河上，坝址以上集水面积 0.199 万 km²，多年平均流量 55.7m³/s，是一座以发电为主，兼顾灌溉、航运、防洪等综合利用的大（2）型水库工程。水库正常高水位 148.00m，总库容 1.72 亿 m³，兴利库容 0.545 亿 m³，属季调节水库。

韩江主要骨干水库工程特性见表 4-3。

表 4-3　　　　　　　　　　韩江主要骨干水库工程特性

水库名称	所处河段	集水面积/万 km²	调节性能	总库容/亿 m³	兴利库容/亿 m³	正常蓄水位/m	死水位/m
棉花滩	汀江	0.7907	不完全年调节	20.35	11.22	173.00	146.00
益塘	矮车河	0.0251	年调节	1.66	1.07	153.00	133.00
合水	宁江	0.0578	年调节	1.16	0.41	138.00	132.50
长潭	石窟河	0.199	不完全年调节	1.72	0.545	148.00	136.50
高陂	韩江	2.66	日调节	3.66	0.854	38.00	28.00
青溪	汀江	0.9157	日调节	0.85	0.17	73.00	69.00
双溪	梅潭河	0.1095	不完全年调节	0.946	0.14	154.00	133.50

第二节　前蓄后补　实施流域水库群联合调度

依据流域雨水情、咸情、工情条件，以流域为单位，实施水库群联合调度，督促、指导"第一道防线"，抢抓抽蓄淡水时机，通过蓄水补库调度，实现"灌满门前水缸"，提升供水保障能力；"第二道防线"是关键，西江大藤峡、东江剑潭、韩江高陂水利枢纽随时保持高水位运行，在下游可能出现咸潮或抽取淡水紧张时，结合潮汐动力、径流条件和不利气象条件等因素，精准预演调度方案、提前实施压咸补淡应急补水调度，确保有充足的淡水按时、保质、保量地到达下游取水口。"第三道防线"的西江龙滩、东江新丰江、韩江棉花滩水库，作为全流域抗旱保供水的战略支援措施，持续向下游补水，为"第二道防线"水库群补充淡水，维持整个供水保障系统的正常运行。在发生极端不利条件、突发事件时及时启动流域骨干水库应急补水调度，充分发挥已建、在建水库（水电站）的水资源配置、发电、航运、水生态安全方面的综合效益。

一、西江流域

（一）蓄水阶段

1. 中上游天生桥一级、光照、龙滩、百色、大藤峡等主力水源水库

（1）汛期加大拦洪，利用雨洪资源。珠江委提前研判西江流域汛期来水偏枯形势，为了保障枯水期供水安全，并统筹电网 2021 年汛期发电需求，于 2021 年 6 月起即开始将防洪调度与蓄水调度相结合，为 2021—2022 年枯水期抗旱保供水的成功打下了坚实的基础。2021 年 6—7 月，西江流域上游骨干水库群抓住西江洪水过程，天生桥一级、光照、龙滩、百色 4 座水库拦蓄洪量 42.95 亿 m³。然而，受 2021 年汛期降雨偏少的影响，8 月 1 日，天生桥一级、光照、龙滩、百色 4 座骨干水库总蓄水量 163.55 亿 m³，总有效蓄水量 54.18 亿 m³，总有效蓄水率仅 25%，为 2014 年以来同期最少。

（2）汛末提前蓄水，储备抗旱水源。为充分储备枯水期水量调度水源，珠江委于 2021 年 8 月初组织实施了龙滩、岩滩、百色等水库汛末蓄水调度。8 月 6 日，珠江委向中国南方电网有限责任公司发出《珠江委关于骨干水库保水蓄水调度建议的函》，建议西江上游天生桥一级、龙滩等水库近期以保水蓄水调度为主；8 月底，龙滩水库水位按不低于 356.00m 控制，天生桥一级水库适当增蓄，为枯水期综合调度储备水源。此外，2021 年 8 月珠江委组织编制了《2021—2022 年珠江枯水期水量调度实施方案》，批复了《2021 年龙滩、岩滩水电站汛末联合调度蓄水方案》以及《百色水利枢纽 2021 年汛末蓄水方案》，龙滩、百色等水库在满足防洪安全的前提下尽可能抬高库水位，提高流域洪水资源化利用效率，以保证枯水期粤港澳大湾区供水安全。通过实施汛末蓄水调度，至 10 月 1 日，天生桥一级、光照、龙滩、百色 4 座骨干水库总有效蓄水量 114.46 亿 m³，总有效蓄水率达 53%，较 8 月 1 日增加约 60.28 亿 m³，为后续抗旱保供水调度储备了水源。

为了保障澳门及珠江三角洲地区供水安全，珠江委 2021 年 8 月上旬批复了《大藤峡水利枢纽 2021 年汛末蓄水方案》，并于 8 月 16 日起执行。大藤峡水利枢纽于 8 月 20 日蓄至正常蓄水位 52.00m，死水位 47.60～52.00m 之间的蓄水量约 4 亿 m³。当流域遭遇特枯来水或者突发事件时，可启用大藤峡水利枢纽配合龙滩向下游应急补水。

2. 下游珠海、中山等受水区当地供水水库

（1）珠海市当地供水系统。2021年8月15日，珠海主要供水水库有效蓄水量为1739万 m^3，其中北库群有效蓄水量为1269万 m^3，有效蓄水率为69%；南库群有效蓄水量为260万 m^3，有效蓄水率仅为36%；竹银水库有效蓄水量210万 m^3，有效蓄水率仅为5%，总体蓄水量较少。面对来水偏枯、蓄水不足的形势，根据《2021—2022年珠江枯水期水量调度实施方案》要求，10月14日，竹银水库的水位达到45.17m，完成"竹银水库在确保工程安全的前提下于10月15日前蓄至45.00m"的目标任务；10月10日，北库群有效蓄水率87%，提前完成"10月底前，北库群有效蓄水率不低于80%"的目标任务；10月31日，南库群有效蓄水率100%，完成"南库群（南屏、竹仙洞水库）蓄满"的目标任务。11月1日，珠海主要供水水库有效蓄水共为5877万 m^3，其中北库群有效蓄水为1619万 m^3，南库群有效蓄水为514万 m^3，竹银水库有效蓄水3744万 m^3。珠海市当地水库几乎处于"蓄满"状态，为迎接枯水期供水调度做好了充足准备。

（2）中山市当地供水系统。针对2021年严峻旱情形势，为保障供水安全，中山市水务局提前谋划，主动应对，6月29日组织召开全市防咸抗旱工作会议，7月15日印发《中山市供水水库水资源调度方案（2021年）》，"一库一策"指导17座供水水库科学调度，保障抗咸水量充足。因及时介入、精准调度，进入枯水期时，在全流域旱情的前提下，本地供水水库总蓄水量达4556万 m^3，较2020年同期增加16%，为抗咸应急供水储备了充足水源。

（二）补水阶段

1. 第三道防线：天生桥一级、光照、龙滩、百色等主力水源水库

枯水期调度期间，天生桥一级、光照、龙滩、百色水库向下游阶段性补水。2021—2022年枯水期天生桥一级、光照、龙滩、百色水库蓄水、补水情况统计见表4-4。2021年10—11月，四大骨干水库主要以蓄水为主，期间天生桥一级、光照、龙滩、百色4座骨干水库累计蓄水31.92亿 m^3；2021年12月—2022年2月，4座骨干水库分别向下游补水12.92亿 m^3、8.81亿 m^3、3.50亿 m^3。2021年12月—2022年1月，梧州站天然平均流量分别为1920m^3/s、2540m^3/s，经过天生桥一级、光照、龙滩、百色4座骨干水库的科学调度，实测流量分别为2380m^3/s、2850m^3/s，与天然流量相比，分别增加了460m^3/s、310m^3/s，为有效压制咸潮创造了有利条件。

2. 第二道防线：大藤峡水库

为筑牢西江抗旱保供水"第二道防线"，尽可能提高大藤峡水库调蓄能力，大藤峡公司于2022年1月组织论证了应急蓄水提高至53.00m的可行性（于2月13日蓄至52.97m）。2022年1—2月，大藤峡水库完成3次应急调水任务。第一次调水时间为1月17—21日，持续时间5天，调水期间日均入库流量1846m^3/s，日均出库流量

1910m³/s，总计出库水量 8.12 亿 m³，补水量为 2765 万 m³，最大水位降幅 1.30m；第二次调水时间为 1 月 29 日—2 月 3 日（春节期间），持续时间 6 天，调水期间日均出库流量 2450m³/s，总计调水水量 12.71 亿 m³；第三次调水时间为 2 月 13 日 17 时至 2 月 18 日（元宵节期间），持续时间 5 天，总计出库水量 16.69 亿 m³，补水量近 2 亿 m³。3 次应急调水有效保障了春节、元宵节前后澳门、珠海及中山等粤港澳大湾区城市的供水需求。

表 4-4　　　　　　　　　　骨干水库蓄水、补水情况统计表

水库	项目	2021 年 10 月	2021 年 11 月	2021 年 12 月	2022 年 1 月	2022 年 2 月
天生桥一级	入库流量/(m³/s)	334	385	286	303	366
	出库流量/(m³/s)	195	235	329	293	405
	蓄/补水量/亿 m³	−3.70	−3.94	1.21	−0.29	1.10
光照	入库流量/(m³/s)	147	71	73	95	113
	出库流量/(m³/s)	51	57	31	219	305
	蓄/补水量/亿 m³	−2.58	−0.52	−1.17	3.69	4.72
龙滩	入库流量/(m³/s)	615	579	611	884	1260
	出库流量/(m³/s)	466	470	984	1030	1110
	蓄/补水量/亿 m³	−3.99	−2.81	10.07	3.98	−3.45
百色	入库流量/(m³/s)	369	299	114	151	195
	出库流量/(m³/s)	39.3	65	191	191	233
	蓄/补水量/亿 m³	−8.62	−5.77	2.81	1.43	1.13
合计蓄/补水量/亿 m³		−18.88	−13.04	12.92	8.81	3.50
梧州	实测流量/(m³/s)	2620	3610	2380	2850	6500
	天然流量/(m³/s)	3340	4120	1920	2540	6380
	实测−天然/(m³/s)	−720	−510	460	310	120

注："−"为蓄水，"+"为向下游补水。

3. 第一道防线：珠海、中山等受水区当地供水水库

（1）珠海市当地供水系统。考虑到北库群补库能力较为有限，而竹银水库具有补库快、调节库容大的特点，在珠海当地供水调度过程中，充分发挥竹银水库的补库调节能力，优先利用竹银水库供水。2021—2022 年调度期珠海供水水库蓄水情况及主要泵站取淡情况统计见表 4-5。从整个调度期来看，竹银水库在 2021 年 10 月 25 日蓄至最高水位 49.06m，12 月开始供水，根据咸潮周期变化规律，动态优化取、供、蓄调度过程。整个调度期，直接向澳门供水的竹仙洞水库维持高水位运行，优先为澳门提供优质原水。

表 4-5　　　　调度期珠海供水水库蓄水情况及主要泵站取淡情况统计　　　单位：万 m^3

时　间	珠海主要水库蓄水量变化量				合计向外供水	泵站取淡量		用水总量	
	北库群	南库群	竹银水库	合计		竹洲头	平岗	珠海主城区	澳门
2021 年 10 月	387	265	1481	2133	434	1290	2986	2010	787
2021 年 11 月	-34	-61	10	-85	610	1258	2184	2076	813
2021 年 12 月	-217	-60	-1184	-1461	2197	1275	947	2116	823
2022 年 1 月	-103	45	510	452	1233	2119	1867	1874	783
2022 年 2 月	-52	-129	685	504	319	1538	1629	1585	685
合　计	-19	60	1502	1543	4794	7481	9612	9661	3891

注："+"为补库，"-"为向外供水。

北库群和南库群主要供水期为 11 月至翌年 2 月。调度期内，平岗泵站从河道取水 9612 万 m^3，竹洲头泵站从河道取水 7481 万 m^3，有效保证了珠海主城区 9661 万 m^3、澳门 3891 万 m^3 的用水需求。

（2）中山市当地供水系统。联网联调，保障区域供水安全。在氯化物含量超标期间，全禄水厂、南龙水厂和南镇水厂分别通过岚田水库、龙潭水库、古宥水库和南镇水库应急取水，有效保证了水厂的正常供水；大丰水厂氯化物含量超标期间，通过联网供水调度，加大长江水厂和全禄水厂的供水量，保障了服务区域供水正常；为保障不间断供水，铁炉山水库于 12 月 19—26 日分 3 次向坦洲水厂取水口补水超 10 万 m^3，保障了坦洲镇供水安全。

二、东江流域

（一）蓄水阶段

1. 中上游新丰江、枫树坝、白盆珠、剑潭等水库

东江新丰江、枫树坝、白盆珠（以下简称三大库）等水库群在满足流域供水和压咸要求的同时，汛期尽最大可能减少泄水，抢蓄水量，保障大旱之时流域有水可调、有水可供。2021 年 6—9 月，新丰江、枫树坝、白盆珠等水库以蓄水为主，通过严控新丰江、枫树坝、白盆珠等水库群出库流量，取消水库发电考核，适时停机蓄水，充分储备枯水期水量调度水源。2021 年新丰江、枫树坝、白盆珠水库累计停止发电时长分别为 38 天、67 天、9 天，节约了大量宝贵的水资源。3 座骨干水库蓄水、补水情况统计见表 4-6。6—9 月，新丰江、枫树坝、白盆珠 3 座骨干水库累计增蓄水量 12.13 亿 m^3。9 月 30 日，3 座骨干水库总蓄水量 60.29 亿 m^3，可利用水量 12.70 亿 m^3，为后续抗旱保供水调度储备了一定的水源。剑潭水利枢纽位于博罗上游约 3km 处，具有压咸水量快速达到下游的地理优势，在汛末，剑潭水利枢纽蓄水至正常蓄水位，为压咸补淡调度做好准备。

2. 东江流域下游及东江三角洲城市供水系统

东江流域下游及东江三角洲城市，通过河库联调减耗、抢抓降雨补库、错峰抢淡蓄水等调度措施加强境内水库蓄水保水。

（二）补水阶段

1. 第三道防线：新丰江、枫树坝、白盆珠水库

2021—2022 年枯水期，新丰江、枫树坝、白盆珠等水库以补水为主，累计出库水量约 21.87 亿 m^3，约占博罗站流量的 62.7%。在旱情发展过程中，东江流域供水形势一度十分严峻。2022 年 1 月 21 日，东江流域三大水库（新丰江、枫树坝、白盆珠）可调水量为 2.98 亿 m^3，其中库容最大的新丰江水库可调水量仅 0.84 亿 m^3。为满足东江流域供水需求，经专题会议研究、现场查勘、制定方案、专家研判，决定于 2022 年 1 月 28 日启用新丰江水库死库容。新丰江水库在死水位以下累计运行 25 天。动用新丰江水库死库容 0.82 亿 m^3，确保了东江流域及对香港供水安全。2022 年 2—3 月，东江流域出现了一次持续性大范围强降雨过程，旱情得到缓解，骨干水库抓住降雨过程，多措并举储备水源，3 座骨干水库累计增蓄水量 8.11 亿 m^3，骨干水库蓄水、补水统计见表 4-6。

此外，压咸保供水期间，东江流域应急将天堂山、显岗、联和、水东陂等 4 座水库纳入抗旱统一调度，织密"第三道防线"，增加流域可调度水量，提升应急供水能力。2022 年 1 月 4—6 日，4 座水库增加下泄流量约 15 m^3/s；1 月 29 日—2 月 4 日，增加下泄流量至 20 m^3/s，提高了下游博罗断面下泄流量目标保障程度。

2021 年 11 月—2022 年 1 月，博罗天然月均流量分别为 56.6 m^3/s、115 m^3/s、75.1 m^3/s，经过"第三道防线"水库的科学调度，实测流量分别为 223 m^3/s、224 m^3/s、244 m^3/s，与天然流量相比，分别增加了 166 m^3/s、109 m^3/s、169 m^3/s，确保了东江流域及对香港供水安全。博罗站断面流量统计见表 4-7。

2. 第二道防线：剑潭水利枢纽

2021—2022 年枯水期，剑潭水利枢纽充分发挥其距离东江三角洲取水口近、压咸反应速度快的优势，压咸期间结合每日两次涨落潮，实施"时调度"，优化不同时段补水流量，最大程度减小咸潮影响。调度期间，剑潭水利枢纽抓住下游咸情和旱情有所缓解，流域降雨、区间来水增加的有利时机，视情况回蓄水量至高水位运行，为应对下一轮咸潮影响做好准备，有效保障了流域供水安全，特别是 2022 年元旦、春节及元宵节期间的供水安全。

3. 第一道防线：东江流域下游及东江三角洲城市供水系统

东江下游东莞、深圳、广州等地市供水多以引提水为主，旱情影响期间，各地市辖区内水库抓住时机抢淡蓄水，尽可能"灌满门前水缸"，增加有效蓄水量，以满足

表 4-6　骨干水库蓄水、补水情况统计表

骨干水库		2021年4月	2021年5月	2021年6月	2021年7月	2021年8月	2021年9月	2021年10月	2021年11月	2021年12月	2022年1月	2022年2月	2022年3月
新丰江	入库流量/(m³/s)	40	88.2	207	83.9	127	57.3	36.7	29.1	30.8	23.3	133	154
	出库流量/(m³/s)	168	91.3	44	77.6	21.1	40.3	58.7	124	87.6	144	64.5	44.6
	蓄水/补水量/亿m³	3.32	0.08	-4.22	-0.17	-2.84	-0.44	0.59	2.46	1.52	3.23	-1.66	-2.93
枫树坝	入库流量/(m³/s)	41.1	66	85.2	35.5	63.8	21.9	16.7	27.3	11.6	12.7	99.6	108
	出库流量/(m³/s)	43.8	74.3	40	29.2	1.63	5.96	13.9	43.8	59.2	56.6	37.9	48.6
	蓄水/补水量/亿m³	0.07	0.22	-1.17	-0.17	-1.67	-0.41	-0.07	0.43	1.27	1.18	-1.49	-1.59
白盆珠	入库流量/(m³/s)	2.13	3.18	12.1	8.27	23.1	10	18.6	4.8	5.15	4.43	19.8	17.9
	出库流量/(m³/s)	5.54	4.54	4.73	5.06	2.37	2.07	4.97	8.76	7.93	7.71	10.1	10.2
	蓄水/补水量/亿m³	0.09	0.04	-0.19	-0.09	-0.56	-0.21	-0.37	0.10	0.07	0.09	-0.23	-0.21
三大水库蓄水/补水量合计/亿m³		3.48	3.48	0.34	-5.59	-0.42	-5.06	-1.06	0.15	2.99	2.87	4.50	-3.38

注："-"为蓄水，"+"为向外补水。

表 4-7　博罗站断面流量统计表

控制断面		2021年4月	2021年5月	2021年6月	2021年7月	2021年8月	2021年9月	2021年10月	2021年11月	2021年12月	2022年1月	2022年2月	2022年3月
博罗	天然流量/(m³/s)	240	251	609	220	460	178	193	56.6	115	75.1	553	588
	实测流量/(m³/s)	234	221	346	188	237	115	292	223	224	244	370	366
	实测流量-天然流量/(m³/s)	-6	-30	-263	-32	-223	-63	99	166	109	169	-183	-222

应急期间辖区内的用水需求，确有需要时动用本地水库供水。为优先保障香港供水，考虑到香港超 70% 的用水量取自东江，广东省东江沿线取水口按 10% 压减取水量，并保持深圳水库高水位运行。以旱情影响最严重的东莞市为例，介绍"第一道防线"调度过程。东莞市现状供水以东江干流提水为主，辖区内水库为辅，辖区内东江与水库联网工程一期已建成，但由于各种原因尚未投运供水。东莞市具有供水条件的水库有 31 座，其中 13 座水库有补水工程，兴利库容 8665 万 m³。对于无补水工程的 18 座水库，自 9 月 23 日起，开展科学调度，蓄水保水，适度限制取水，将库水位蓄至目标水位。对于有补水工程的 13 座水库，分类分批开展水库补水工作，第一阶段（9 月 23 日至汛期结束），当预报东江沿线水厂不受咸潮影响时，应用江库联网工程水库、东深供水工程等工程对沿线水库补水，将松木山、黄牛埔、虾公岩、契爷石等重要中型水库和五点梅水库蓄至正常蓄水位，其余小型水库补水至汛限水位；第二阶段（汛期结束后），对未达正常蓄水位的水库，全面启动补水工作，直至补水至正常蓄水位。在抗旱保供水期间，严格控制水库出库流量。优先安排包括东深供水工程在内的引提水工程从河道取水，减少从水库取水。2021 年 12 月—2022 年 1 月，东莞本地水库共开展了三轮蓄水工作，共计增蓄水量约 1162 万 m³，其中松木山水库增蓄水量约为 1030 万 m³，东深片水库增蓄水量约为 132 万 m³。通过对本地水库进行补水，增加了本地水库蓄水量，有效增强了本地水库的应急保障能力。

东江流域各地市落实取水互济、管网互通、厂网互联等措施，实施供水一张网。广州市各供水单位全力做好供水应急调度工作，制定"一厂一策"分时段精准分压供水调度。水厂实行错峰取水，利用退潮时段抢取淡水，提前做好清水池蓄水并保持高水位运行；在咸潮峰值期间停止取水，启动其他区域水厂互济调度每日 32 万 m³，保障咸潮期间居民用水。深圳市基本实现区域内水库、管网互联互通，其规模达到日供水总量的 98.2%。供水企业制定"一厂一策"，分 4～6 个时段精准分压供水调度。东莞市受咸潮影响的水厂通过清水池蓄水、错峰取水、择优取水等措施，最大限度维持正常供水，并安排上游 12 个取水口取水补供下游咸潮严重影响区域（6 个取水口），保障下游日供水量约 200 万 m³ 的正常供水。实施应急水厂复产，应急恢复水库周边已关停的 8 间村级水厂，增加本地水源利用途径。

三、韩江流域

（一）蓄水阶段

1. 中上游棉花滩、合水、益塘、长潭、高陂等水库

为确保韩江流域及粤东地区枯水期供水安全，在分析研判出 2021 年韩江流域汛期当汛不汛、后汛期和枯水期持续偏枯的情况下，珠江委及时组织韩江流域水库提前蓄水。9 月 1 日，棉花滩、合水、益塘、长潭等水库总蓄水量 10.98 亿 m³，总有效

蓄水量 4.44 亿 m^3，总有效蓄水率为 33.5%，较 7 月 1 日增加约 1.21 亿 m^3，为后续抗旱保供水调度储备了一定的水源。为了保障韩江下游及粤东地区供水安全，珠江委要求高陂水利枢纽尽可能保持高水位运行。高陂水利枢纽于 2021 年 9 月 30 日蓄至正常蓄水位 38.00m，有效蓄水量 0.92 亿 m^3。

2. 下游潮州供水枢纽等当地供水水库

当潮州供水枢纽日均来水流量超过 85m^3/s 时，水库维持正常蓄水位 10.50m，为后期来水偏枯时保障下游供水安全做好储备。为应对流域干旱，揭阳市采用应急措施，将双坑等 5 座小水库的死库容抽往翁内水库集中供水，减少渗漏、蒸发等损失水量；通过人工增雨等措施提高水库蓄水量。潮州市为确保"细水长流"，各水库以回蓄水位为原则，凤凰、凤溪等水库限电保水，汤溪水库按照"一库一策"的工作要求提前做好水库的回蓄工作。

（二）补水阶段

1. 第三道防线：棉花滩、合水、益塘、长潭等水库

棉花滩、合水、益塘、长潭等水库在 2021 年 9 月—2022 年 2 月向下游阶段性补水。2021 年 9—10 月，4 座骨干水库分别向下游补水 3942 万 m^3、3958 万 m^3；2021 年 11 月，益塘、合水、长潭水库主要以补水为主，期间累计向下游补水 633 万 m^3，棉花滩水库抓住降雨的有利时机蓄水，11 月蓄水 1970 万 m^3；2021 年 12 月—2022 年 1 月 4 座骨干水库分别向下游补水 502 万 m^3、3139 万 m^3。经过益塘、合水、长潭、棉花滩 4 座骨干水库的科学调度，长治（溪口）站月均实测流量均在 44m^3/s 以上，维系了河道系统生态平衡，潮安站实测流量均在 102m^3/s 以上，月均流量除 2022 年 1 月略低于最小下泄流量 128m^3/s 以外，其他月份均在 128m^3/s 以上，保障了韩江流域中下游地区取用水需求。骨干水库蓄水、补水情况统计见表 4-8。

表 4-8 骨干水库蓄水、补水情况统计表

水库	项　目	2021 年 9 月	2021 年 10 月	2021 年 11 月	2021 年 12 月	2022 年 1 月	2022 年 2 月
益塘	入库流量/(m^3/s)	5.1	2.1	1.5	1.4	1.9	8.1
	出库流量/(m^3/s)	2	2	2	2	2	2
	蓄/补水量/万 m^3	−814	−26	131	158	26	−1602
合水	入库流量/(m^3/s)	2.89	0.68	1.27	3.65	1.44	11.8
	出库流量/(m^3/s)	2.8	2.69	2.07	1.99	2	4.95
	蓄/补水量/万 m^3	−24	528	210	−436	147	−1799
长潭	入库流量/(m^3/s)	15.4	7.87	6.31	8.6	6.4	35.8
	出库流量/(m^3/s)	15.6	7.83	7.42	4.67	4.59	32.6
	蓄/补水量/万 m^3	53	−11	292	−1032	−475	−841

续表

水库	项　目	2021 年 9 月	2021 年 10 月	2021 年 11 月	2021 年 12 月	2022 年 1 月	2022 年 2 月
棉花滩	入库流量/（m³/s）	81	32.5	55.3	38.8	31.8	173
	出库流量/（m³/s）	99	45.7	47.8	45.7	44.9	50.5
	蓄/补水量/万 m³	4728	3467	−1970	1812	3441	−32175
合计蓄/补水量/万 m³		3942	3958	−1337	502	3139	−36417
潮安	实测流量/（m³/s）	239.8	188.7	159.7	139.5	120.2	524

注："−"为蓄水，"+"为向外补水。

2. 第二道防线：高陂水利枢纽

2021 年 10 月—2022 年 2 月，高陂水利枢纽完成了三次动态调度补水任务。第一次补水时间为 12 月 13—21 日，持续时间 9 天，补水期间日均入库流量 92.1m³/s，日均出库流量 118.4m³/s，向下游补水 2044 万 m³，保障了潮安断面日均流量均在 128m³/s 以上；第二次补水时间为 12 月 28 日至翌年 1 月 12 日，共计 16 天时间，补水期间日均入库流量 107.9m³/s，日均出库流量 120.3m³/s，总计补水量 1714 万 m³；第三次补水时间为 1 月 17—22 日，持续时间 6 天，补水期间日均入库流量 84.7m³/s，日均出库流量 111m³/s，向下游补水 1365 万 m³，有效保障了潮安断面日均流量不低于 102m³/s，以满足下游粤东地区取用水需求。当流域遭遇特枯来水，预计潮安断面可能无法满足调度目标需求时，高陂水利枢纽视下游供水形势启动动态调度。

3. 第一道防线：潮州供水枢纽等当地供水水库

2022 年 1 月 12 日—2 月 7 日，潮州供水枢纽平均来水流量为 77m³/s，且来水量持续偏低，通过控制东溪下泄流量为 20~31m³/s，西溪下泄流量为 40~54m³/s，严格按照批复的用水计划或取水许可量进行取水，保障了韩江东溪、西溪下游的供水安全。同时，潮州供水枢纽保持高水位运行，既保证潮州供水枢纽以上引韩济饶、揭阳引韩、韩江榕江练江水系连通工程的取水需求，也保障在上游来水减少时，下游供水安全以及潮州供水枢纽以下潮阳引韩、南澳引韩调水工程的取水需求。揭阳实施应急调水，在最旱时期，通过龙颈等水库实施应急调水 9000 万 m³，确保供用水正常，实施周边应急调水，从潮州、汕头及揭阳市区一、二水厂等调水每日 8.2 万 t，有效保障揭东区、空港经济区的用水需求。

四、调度小结

2021—2022 年珠江流域（片）呈现"秋冬春连旱、旱上加咸"的不利局面，严重威胁着粤港澳大湾区、粤东、闽南等地城乡供水安全。龙滩、天一、光照、百色、新丰江、棉花滩等调蓄能力强的水库位于流域上游，而受旱情影响的区域主要位于下游地区，如果依靠上游骨干水库向下游直接补水压咸，面临着补水演进时间长、咸潮影响复杂、精准压制咸潮难度大等难题。

针对"秋冬春连旱、旱上加咸"的不利供水形势和精准压制咸潮难度大的问题，水利部科学整合流域各层次水资源配置工程体系，充分发挥流域水工程群供水合力。珠江委会同广西、广东、福建省（自治区）水利厅逐流域逐区域梳理，按当地、近地、远地构筑了西江、东江、韩江供水保障"三道防线"，实施以流域为单元的水量统一调度。从整个调度过程来说，各水库补水时机和补水方式精准高效，有效压制了咸潮影响，提高了旱情影响区供水保障能力，确保了香港、澳门的供水安全，确保了粤港澳大湾区城乡居民的供水安全。

同时，通过强化监测预报预警，为后续提早实施蓄水调度、编制抗旱方案预案、科学实施压咸补淡应急调度等工作争取了提前量；通过珠江流域抗旱"四预"平台支撑会商决策，准确演算咸潮上溯影响和应急补水压咸"窗口期"，滚动优化"最不利情况下坚守底线"的调度方案，进一步确保了调度成效。通过流域水资源配置工程体系联合调度，累计向西北江三角洲澳门和珠海主城区等地供水 1.4 亿 m³，其中向澳门供水 3891 万 m³；累计向东江三角洲东莞、广州东部等地供水 9.2 亿 m³；累计向韩江三角洲汕头、潮州、揭阳等地供水 5.8 亿 m³，保障了流域供水安全。

第三节　关键节点　开展"千里调水压咸潮"特别行动

2022 年元旦、春节、元宵等关键节点前后正值天文大潮，同时受电网负荷减少、农民工返乡、突发疫情等因素影响，供水形势紧张，为了充分保障祥和的节日氛围，水利部视频连线有关省（自治区）和珠江委会商研判，组织开展"千里调水压咸潮"特别行动。

一、西江流域

（一）元旦期间

1. 形势分析

2021 年 12 月，西江来水与 2020 年同期相比偏少 3 成，与 2019 年同期相比偏少近 1 成。12 月 30 日，利用气象预报数据模拟珠江流域枯水期（12 月底至翌年 3 月底）来水预报情况，预报龙滩平均入库流量 369m³/s，大藤峡平均入库流量 988m³/s，龙滩—梧州区间天然平均流量 1367m³/s，梧州预报将于 1 月 25 日出现最小流量 1410m³/s，预计梧州断面流量将有 56 天低于 1800m³/s。

2021 年 12 月 24 日 8 时，天生桥一级、光照、龙滩和百色水库总有效蓄水量为

137.3 亿 m^3，总有效蓄水率 64%；大藤峡水利枢纽有效蓄水量为 3.77 亿 m^3；珠海南库群、北库群和竹银水库有效蓄水量分别为 361 万 m^3、1479 万 m^3 和 2810 万 m^3，总有效蓄水量为 4650 万 m^3，竹银水库水位为 41.30m。

受台风"雷伊"影响，12 月 18—20 日珠江河口实测风级达 6 级以上，三灶站实测潮差分别较预测值增加了 30cm、10cm、19cm，外海潮汐动力增强。受外海潮汐动力及风力增强的双重影响，12 月 18—20 日磨刀门水道持续受强咸潮影响，其中珠海平岗泵站实测氯化物含量明显增强，持续全天不可取淡；中山全禄水厂 18—19 日咸潮影响增强，日超标时数分别增加至 16 小时和 11 小时。

结合来水、台风影响及潮汐情况，预计 12 月 24 日以后，珠海平岗泵站、竹洲头泵站将持续出咸，12 月 27 日前后 2 天，平岗泵站、竹洲头泵站开始全天不可取淡，咸潮影响范围预计上溯至中山市稔益水厂以上，珠海主城区以及澳门的供水形势严峻。

2. 调度思路

通过西江"第三道防线"和"第二道防线"的调度，控制元旦期间梧州断面流量不小于压咸流量 2100m^3/s，发挥"第一道防线"调蓄作用，保障元旦节假日期间粤港澳大湾区，特别是澳门、珠海、中山等地的供水安全。此外，在保证供水安全的前提下，尽可能地减少上游水库消耗量，保留上游水库群蓄水量，为后续春节、元宵节供水安全提供保障。

3. 调度预演

为了应对台风"雷伊"以及外海潮汐动力对西北江三角洲地区供水的影响，2022 年元旦前，珠江委组织会商，对元旦期间澳门、珠海供水安全保障工作进行了部署。结合当时"三道防线"蓄水情况和后期水情预报，综合考虑供水、发电、航运、生态等用水需求，拟定以下两种工况进行预演分析：

（1）工况一：龙滩水库在元旦节前后按照 1000m^3/s 出库流量控制；统筹后期供水形势，进行中长期预演，考虑春节期间用电负荷下降，龙滩水库 1 月 29 日—2 月 7 日按 600m^3/s 出库控制，2 月 8—15 日按 800m^3/s 出库控制，2 月 16 日后按 1000m^3/s 出库控制。天一、光照、百色、大藤峡等其他梯级水库按照发电计划运行。

经预演调度后，西江控制断面梧州流量在 1690～2800m^3/s 之间，元旦期间梧州流量满足压咸流量 2100m^3/s，1 月 30 日—2 月 3 日梧州流量小于压咸流量 2100m^3/s，2 月 4—11 日小于非汛期生态流量 1800m^3/s；珠澳供水系统平岗泵站平均取淡概率 40%，至 2 月底珠澳供水系统总对外供水 9102 万 m^3，其中泵站取水 7546 万 m^3，供水水库对外供水 1556 万 m^3，2 月底主要供水水库还有有效蓄水 3556 万 m^3。

（2）工况二：保障梧州站日均流量不低于 1800m^3/s，压咸期不低于 2100m^3/s 压咸流量，在工况一调度方案的基础上，结合雨水情、咸潮预测，应急调度大藤峡水利枢纽集中补水，天一、光照、百色等其他梯级水库按照发电计划运行。

经预演调度后，西江控制断面梧州流量在 $1810\sim2800\mathrm{m}^3/\mathrm{s}$ 之间，元旦期间梧州流量满足调度需求。

通过对比工况一与工况二两种调度方案，工况一调度方案存在部分时间段梧州流量小于 $1800\mathrm{m}^3/\mathrm{s}$，工况二调度方案则满足调度要求，且调度后大藤峡水利枢纽水位可以回到调度前的水平，以便做好下一次应急补水的前期准备工作。

4.调度实施

根据预演结果，珠江委于 12 月中旬根据实时水库蓄水情况以及预报来水情况，并结合电网对龙滩水电站调度运行要求制定了龙滩运行调度优化方案：龙滩水电站12 月中旬出库流量 $1000\mathrm{m}^3/\mathrm{s}$，12 月下旬出库流量 $1200\mathrm{m}^3/\mathrm{s}$，后期出库流量 $1000\mathrm{m}^3/\mathrm{s}$。在实时调度运行中，2021 年 12 月 24 日—2022 年 1 月 7 日龙滩水库平均出库流量 $1110\mathrm{m}^3/\mathrm{s}$，百色水库平均出库流量 $200\mathrm{m}^3/\mathrm{s}$，天生桥一级水库平均出库流量 $229\mathrm{m}^3/\mathrm{s}$，光照水库平均出库流量 $62\mathrm{m}^3/\mathrm{s}$，天生桥一级、光照、龙滩、百色 4 座骨干水库累计出库水量 16.9 亿 m^3。

"第二道防线"大藤峡水利枢纽在 2021 年 12 月 24 日—2022 年 1 月 7 日期间平均出库流量 $1540\mathrm{m}^3/\mathrm{s}$，出库水量 19.8 亿 m^3，经过西江上游骨干水库群"第三道防线"以及"第二道防线"的精准调度，梧州站在元旦前后平均流量达到了 $2200\mathrm{m}^3/\mathrm{s}$，满足压咸流量要求。

由于咸潮加剧，珠海利用"第一道防线"当地水库群积极向外供水，在 2021 年 12 月 26 日—2022 年 1 月 5 日期间北库群、南库群以及竹银水库共计向珠海、澳门补水 790 万 m^3。2022 年 1 月 6—12 日，上游水库群调水成功压制了珠江三角洲河口咸潮，珠海当地政府抓紧取淡机会，北库群、南库群以及竹银水库通过泵站取水，在保证珠海、澳门供水需求的前提下共计蓄水量 613 万 m^3，为应对后续咸潮的不确定性做出了保障。

（二）春节期间

1.形势分析

2022 年春节前夕，据气象水文部门预测，1 月 27—28 日以及 2 月 1 日前后珠江流域将有一场自西向东的降雨过程，但因前期持续干旱，江河来水偏枯，下游河口咸潮依然活跃，粤港澳大湾区部分主要取水口仍将受到不利影响。据预测，2022 年 1 月 13 日—3 月 31 日龙滩水电站平均入库流量 $495\mathrm{m}^3/\mathrm{s}$，大藤峡水利枢纽平均入库流量 $1370\mathrm{m}^3/\mathrm{s}$，梧州预报最小流量 $1470\mathrm{m}^3/\mathrm{s}$（2 月 18 日），预计有 20 天流量低于 $1800\mathrm{m}^3/\mathrm{s}$。

2022 年 1 月 13 日 8 时，天生桥一级、光照、龙滩和百色水库总有效蓄水量为 126.6 亿 m^3，总有效蓄水率为 59％；大藤峡水利枢纽有效蓄水量为 4.44 亿 m^3；珠海南库群、北库群和竹银水库有效蓄水量分别为 452 万 m^3、1269 万 m^3 和 2653 万 m^3，总有效蓄水量为 4375 万 m^3，竹银水库水位为 40.03m。

受西江天然来水持续偏枯叠加天文大潮的影响，2022 年 1 月咸潮影响范围不断扩大，春节前一个潮周期中山稔益水厂共超标 2.5 小时，珠海平岗泵站和中山马角水厂分别连续 6 天和 10 天全天氯化物含量超标。预测磨刀门水道各主要取水口取淡概率严重不足，且伴随着前期持续干旱，江河底水低，下游河口咸潮依然活跃，主要取水口将受到更不利影响。

此外，春节期间电网负荷减少，加之 2022 年 1 月中旬局部地区突发疫情，大多数居民就地过年，西北江三角洲地区供水需求增加，从而进一步加大了供水的压力。受严峻的水情、咸情以及疫情影响，珠海、澳门等地区的供水形势愈发紧张。

2．调度思路

面对春节期间严峻的水情、咸情、疫情影响以及电网负荷减小，通过西江流域上游骨干水库群调度，控制梧州流量不小于 2100m^3/s。保证春节期间澳门、珠海、中山等地的供水安全，并在节假日后对"第二道防线"大藤峡水利枢纽进行回蓄，"第一道防线"当地水库抓紧取淡蓄水，保障后续元宵节天文大潮期间的供水安全。

3．调度预演

为了应对春节期间咸潮影响，珠江委组织会商，对春节期间澳门、珠海供水安全保障工作进行了部署。在前期调度基础上，结合"三道防线"蓄水情况和后期水情预报，综合考虑供水、发电、航运、生态等用水需求，拟定以下两种工况进行预演分析：

（1）工况一：龙滩水电站后续出库流量按 1000m^3/s 控制，其中春节期间 2 月 1—7 日按照 600m^3/s 出库，2 月 8—15 日按照 800m^3/s 出库；长洲、大藤峡水库保持高水位运行；天一、光照、百色等其他水库按照发电计划运行。

经预演调度后，工况一梧州断面 1—2 月的月均流量分别为 2170m^3/s、1890m^3/s；当下游取淡正常时，珠澳供水系统各月均不缺水，供水水库补水 1089 万 m^3。

（2）工况二：龙滩水电站后续出库流量按 1000m^3/s 控制，其中春节期间 2 月 1—7 日按照 600m^3/s 出库，2 月 8—15 日按照 800m^3/s 出库；考虑中山市取水需求，大藤峡 1 月 17—28 日按 1900m^3/s 出库，长洲 1 月 17—22 日按 2300m^3/s 出库；天一、光照、百色等其他水库按照发电计划运行。

经预演调度后，工况二梧州断面 1—2 月的月均流量分别为 2210m^3/s、1960m^3/s；当下游取淡正常时，珠澳供水系统各月均不缺水，供水水库补水 904 万 m^3。

通过对比工况一与工况二两种调度方案，工况一调度方案存在部分时间段梧州流量小于 1800m^3/s，工况二调度方案满足调度要求，且能够兼顾中山市取水需求。

4. 调度实施

2022年1月13日，珠江委下发《2021—2022年枯水期水量调度通知（一）》，要求在建的大藤峡水利枢纽1月17—21日日均出库流量按1900m³/s控制。大藤峡水利枢纽调度期间蓄水、补水阶段运行过程如图4-4所示，调水开始前水库水位为51.53m，调水结束后库水位为51.45m，调水期间最高库水位为51.96m（1月17日6时），最低库水位为50.67m（1月19日23时），补水量为1.3亿m³，最大水位降幅1.30m。调水期间日均入库流量1846m³/s，日均出库流量1910m³/s，总计出库水量8.12亿m³。

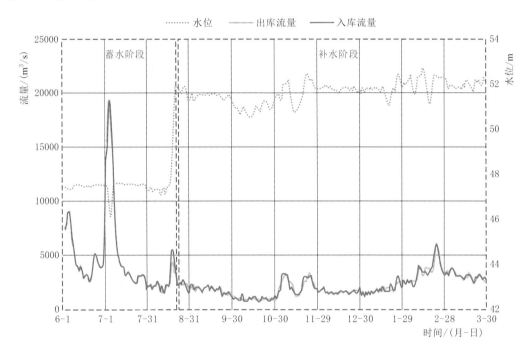

图4-4　大藤峡水利枢纽蓄水、补水阶段运行过程图

完成上次应急调水后，2022年1月20日，珠江委下发《2021—2022年枯水期水量调度通知（四）》，要求大藤峡水利枢纽1月21日20时起逐步回蓄，出库流量按日均不小于1300m³/s控制，26日前回蓄至51.80m以上，并保持高水位运行，为春节期间应急调度做好准备。通过实施调度后，梧州实测流量能够满足2100m³/s压咸流量需求。马角水闸、平岗泵站、竹洲头泵站调度后取淡概率分别为16%、71%、93%，分别比调度前增加了13%、22%、25%，实测磨刀门水道最远咸界控制在中山稳益水厂下游，全禄水厂仅有2天出咸，有效保障了澳门、珠海、中山供水安全。

为了有效保证春节期间供水，2022年1月28日珠江委发出《2021—2022年枯水期水量调度通知（六）》和《2021—2022年枯水期水量调度通知（七）》，要求大藤峡水利枢纽、长洲水利枢纽1月29日—2月3日出库流量分别按日均不低于1800m³/s、

2300m³/s控制。调度期间，上游天生桥一级、光照、龙滩、百色水库平均出库流量分别为307m³/s、350m³/s、1030m³/s、174m³/s，龙滩水库调度期间蓄水、补水阶段运行过程如图4-5所示；大藤峡水利枢纽在调度期间平均出库流量2450m³/s，总计出库水量12.71亿m³。经实施调度后，梧州实测流量能够满足2100m³/s压咸流量需求。马角水闸、平岗泵站、竹洲头泵站调度后取淡概率分别为58%、97%、100%，分别比调度前增加了25%、39%、18%，实测磨刀门水道最远咸界控制在竹洲头泵站下游，有效保障了澳门、珠海、中山供水安全，并在保证春节期间供水的情况下珠海北库群、南库群以及竹银水库通过泵站取淡，累计取水324万m³，共计增蓄水量247万m³，为后续元宵节期间供水安全打下基础。

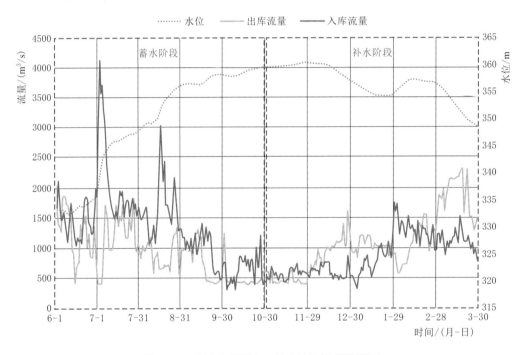

图4-5 龙滩水库蓄水、补水阶段运行过程图

（三）元宵期间

1. 形势分析

元宵节前后，珠海、中山、广州等地区迎来务工人员返工潮，生产及生活用水量快速上升，同时正值天文大潮期间，中山马角水闸氯化物含量持续超标，且预报珠江河口将有持续6～7级偏北到东北风，外部因素叠加不利气象因素使得磨刀门水道咸潮影响加剧。结合雨水情、咸情、风力影响，预测元宵节前后西江咸潮上溯最远距离可达30km，珠海、中山、广州等地部分地区正常供水可能受到影响，特别是中山马角水闸氯化物含量持续超标（最大氯化物含量可达3000mg/L），中山市坦洲镇供水安全存在一定风险。2022年元宵节期间，西江降雨来水持续偏少，加之咸潮上溯

强劲，且农民工陆续返程返工，供水需求增多，西江三角洲供水面临"一少一强一多"三因素耦合的严峻供水形势。

2. 调度思路

元宵节期间面临"一少一强一多"的严峻供水形势，调度要求及时精准实施压咸补淡应急补水调度，保证梧州断面流量大于压咸流量（2100m³/s），以全力保障城乡居民生活用水安全为目标。首先，准确研判元宵节前后珠江口咸潮上溯影响的范围和程度；其次，精准演算咸潮影响供水时间和应急补水水头到达取水口所需时长；最后，确定压咸补淡应急补水的启动时间和流量，确保有效压制咸潮。

3. 调度预演

考虑潮汐动力、潮位、潮差等因素，经多次会商研判后确定，西北江三角洲压咸补淡窗口期为2月17—19日前后。上游来水长途奔袭至下游取水口需要一定时间，西江大藤峡水利枢纽补水3天左右可到达下游取水口。上游大藤峡水库最佳调度时机为2月14日左右。

结合"三道防线"蓄水情况和后期水情预报，综合考虑供水、发电、航运、生态等用水需求，拟定了一种调度方案进行预演分析：龙滩水电站2月15日前按800m³/s控制，2月16—28日按1000m³/s控制；大藤峡2月13—18日按加大450m³/s出库流量向下游补水；飞来峡水库按不小于300m³/s控制；天一、光照、百色等其他水库按照发电计划运行。

经预演调度后，梧州流量高于压咸流量（2100m³/s）；马角水闸最大氯化物含量1868mg/L，全天超标11小时；平岗泵站最大氯化物含量199mg/L，全天可取水。能够有效保障珠海、澳门中山市供水安全。

4. 调度实施

2022年2月13日，珠江防总办公室于下达《2021—2022年枯水期水量调度通知（八）》，启动珠江流域西江应急补水调度，调度要求大藤峡水利枢纽2月13日17时至18日20时，出库流量按平均不低于3500m³/s控制，北江飞来峡水利枢纽14日起出库流量按日均不低于300m³/s控制配合西江水库群。

调度期间，上游天生桥一级、光照、龙滩、百色水库平均出库流量分别为253m³/s、222m³/s、1307m³/s、174m³/s；大藤峡水利枢纽在调度期间平均出库流量3552m³/s。上游水库群补水流量于2月16日夜间到达中山市马角水闸，来自西江的淡水奔流数个昼夜，在广东省中山市磨刀门水道马角水闸以下河段与咸潮"短兵相接"。16日23时前后，磨刀门水道马角水闸出现最高潮位，并叠加不利取淡的6～7级东北风。来自大藤峡水利枢纽的优质淡水提前2小时抵达马角水闸附近，成功压制了涨潮及大风带来的影响。

经过本次应急补水调度后，中山市马角水闸氯化物含量33mg/L、珠海市平岗泵站氯化物含量 10mg/L，远低于国家标准 250mg/L，磨刀门水道咸界下移约 11km，珠海市平岗泵站全天可抽取优质淡水，供澳门原水氯化物含量均远低于 100mg/L；珠海市当地水库群持续抢抽淡水、回蓄补库，各水库均维持高水位运行，可确保澳门、珠海正常供水 50 多天。中山市马角水闸可全天置换优质淡水，围内西灌渠持续存蓄 150 万 m³ 氯化物含量在 50mg/L 以下的淡水，可有效保障中山市坦洲镇供水安全。

二、东江流域

（一）元旦期间

1. 形势分析

受东江流域持续干旱影响，2021 年 9 月 1 日—12 月 23 日博罗断面平均流量仅为 182m³/s，较多年同期偏少 68%。其中，元旦节前 12 月 1—23 日博罗站平均流量为 228m³/s，较多年同期偏少 40%。

东江三大水库蓄水较多年平均严重偏少，12 月 24 日，东江枫树坝、新丰江、白盆珠三座水库总蓄水量为 54.15 亿 m³，有效蓄水量为 6.53 亿 m³，有效蓄水率仅 8%，有效蓄水量较近 10 年同期少蓄 43.30 亿 m³，较 2008 年以来同期少蓄 40.19 亿 m³（偏少约 86%）。

由于上游来水偏少、水库蓄水不足、潮汐动力增强等影响，东江三角洲咸潮影响程度明显增强，2021 年 9 月 1 日—12 月 23 日，东莞市第二、第三水厂，广州新塘、新和水厂均出现不同程度的氯化物含量超标，总超标天数分别为 50 天、32 天、20 天、8 天，总超标时数分别为 360 小时、185 小时、47 小时、24 小时，平均取淡概率分别为 87%、93%、97%、99%。

根据预测，2022 年 1 月上旬东江流域降雨正常略偏少，三大水库至博罗断面区间来水较多年同期将偏少约 8 成，且将遭遇天文大潮。此次天文大潮呈现"夜潮大、峰值高、持续时间长"等特点，东江流域防咸抗旱保供水形势严峻。

2. 调度思路

针对元旦期间的旱情形势，通过科学调度东江流域"第三道防线""第二道防线"，确保博罗控制断面流量不小于 212m³/s，同时充分发挥"第一道防线"供、蓄水能力，全力抗旱保供水，保障香港、深圳、广州、东莞等地元旦期间的供水安全，兼顾流域内生态、发电、航运等多方需求。

元旦期间，东江水量调度原则上按照《广东省东江流域 2021 年冬—2022 年春枯水期水量调度计划》执行，实际调度根据流域水雨情及东江三角洲取水口氯化物含量监测情况每日动态调整"第三道防线""第二道防线"下泄流量。在氯化物含量指标较高且威胁取水、影响供水安全时，加大"第三道防线""第二道防线"水库出库流量；在氯化物含量指标较低且预测无天文大潮影响时，减少"第三道防线""第二道防线"

出库流量，尽可能多地回蓄水量，储备后期压咸水量。东江干流其他各梯级电站维持正常蓄水位运行，按"来多少放多少"的原则进行调度。"第一道防线"注重蓄水保水调度，充分抢淡蓄水，在东江干流无法取水时，保障沿线各城市供水安全。

3. 调度预演

根据 2021 年 12 月 31 日李国英部长主持召开的珠江流域抗旱专题会商会的部署，在雨情、水情、咸情预测预报成果基础上，进行动态预演，准确研判元旦前后珠江口咸潮上溯影响的范围和程度，确定了压咸补淡应急补水的启动时间和流量，形成了科学有效的调度方案，并根据滚动的预报水情不断优化方案。

元旦期间，"第三道防线"新丰江、枫树坝、白盆珠水库按日均出库流量 $65\sim135\mathrm{m^3/s}$、$55\sim95\mathrm{m^3/s}$、$5\sim15\mathrm{m^3/s}$ 进行控制，"第二道防线"剑潭水利枢纽充分发挥反调节作用，按日均出库流量 $190\sim280\mathrm{m^3/s}$ 进行控制，并根据雨情、水情、咸情动态调整出库方案。另外，天堂山、显岗、联和、水东陂水库 1 月 4—6 日期间分别按日均出库流量不小于 $12\mathrm{m^3/s}$、$3\mathrm{m^3/s}$、$1.3\mathrm{m^3/s}$、$3\mathrm{m^3/s}$ 进行控制，同时确保至 1 月 11 日可调水量不少于 7800 万 $\mathrm{m^3}$、2900 万 $\mathrm{m^3}$、2900 万 $\mathrm{m^3}$、2600 万 $\mathrm{m^3}$。"第一道防线"东江下游及三角洲各地市水库全力抢淡蓄水，提高应急供水能力，以满足本地用水需求。

4. 调度实施

新丰江、枫树坝、白盆珠等 3 座骨干水库实施"日调度"，逐级加大下泄流量，3 座骨干水库最大下泄流量合计约 $250\mathrm{m^3/s}$。2022 年 1 月 1—10 日，新丰江、枫树坝、白盆珠 3 座骨干水库共计出库水量 1.72 亿 $\mathrm{m^3}$，其中补水量 1.42 亿 $\mathrm{m^3}$。同时，统筹东江沿线天堂山、显岗、联和、水东陂等 4 座水库，实施分区压咸调度措施，按预演进行调度。

剑潭水利枢纽实施"时调度"，为有效压制咸潮，逐级加大下泄流量。2022 年 1 月 1—10 日期间，剑潭水利枢纽最大出库流量约 $280\mathrm{m^3/s}$，平均出库流量约 $242\mathrm{m^3/s}$，出库总量 2.09 亿 $\mathrm{m^3}$，保障了博罗控制断面下泄流量不小于 $212\mathrm{m^3/s}$ 的要求，成功防御 2022 年首次咸潮。

东江下游各地市通过抢淡补蓄、联调稳供、信息通报等措施，上下联动，有效保障供水安全。调度期间，优先保障东深供水工程取水，保持深圳水库高水位运行，确保对香港供水安全。同时，广州、东莞等地抓住时机抢淡补蓄，2022 年 1 月 10 日，广州、深圳、东莞等市大中型水库有效蓄水量分别为 2.59 亿 $\mathrm{m^3}$、2 亿 $\mathrm{m^3}$、0.97 亿 $\mathrm{m^3}$。咸潮影响期间，广州市实施西水东调向黄埔区每天应急调水 10 万 $\mathrm{m^3}$，刘屋洲防咸储水池应急工程储水 3 万 $\mathrm{m^3}$，保障供水安全；东莞市加强厂网取水点咸潮监测，每日分析研判，实时指导水厂调度，采取错峰补水、清水池调蓄供水以及上游水厂满负荷抽水等措施，维持厂网取水总量，联网稳供。

（二）春节期间

1.形势分析

受东江流域持续干旱影响，2021年9月1日—2022年1月20日博罗断面平均流量仅为190m³/s，较多年同期偏少约64%。其中，春节前2022年1月1—20日博罗站平均流量为234m³/s，较多年同期偏少约36%。

东江三大水库蓄水较多年平均严重偏少，1月24日8时，东江枫树坝、新丰江、白盆珠三座水库总蓄水量为50.00亿m³，有效蓄水量为2.38亿m³，有效蓄水率仅3%，有效蓄水量较2008年以来同期少蓄38.00亿m³（偏少约94%）。库容最大的新丰江水库接近死水位。

2022年1月是本轮旱情中东江三角洲受咸潮影响最严重的时期。2022年1月1—20日，东莞市第二、第三水厂，广州新塘、西洲、新和水厂均出现不同程度的氯化物含量超标，其中东莞市第二、第三水厂总超标天数分别为20天、18天，总超标时数分别为189小时、98.5小时，平均取淡概率仅分别为61、79%，低于9月以来的平均值。

根据预测，三大水库至博罗断面区间来水较多年同期将偏少约6成，且春节珠江河口将遭遇天文大潮，预测1月30日—2月5日天文大潮期咸潮将分别影响东江南支流的东莞市第二、第三水厂及东江北干流的刘屋洲取水口及新和水厂，东江流域防咸抗旱保供水形势依然严峻，城乡供水保障任务依然艰巨。

2.调度思路

春节期间，人员流动大，城乡供水需求突出，且局地出现突发性疫情，供水安全保障要求高。通过科学调度东江流域"第三道防线""第二道防线"，确保博罗控制断面下泄流量不小于212m³/s，其中1月29日—2月3日（天文大潮期间）不小于280m³/s，同时充分发挥"第一道防线"供、蓄水能力，水库蓄水量维持与节前基本持平，全力抗旱保供水，保障香港、深圳、广州、东莞等地春节期间的供水安全，兼顾流域内发电、航运、生态等多方需求。

春节期间，东江水量调度进一步考虑少动用新丰江水库死库容，科学统筹流域实际，调度"三道防线"，及时启用"第三道防线"新丰江、枫树坝、白盆珠等水库，实施东江水库群应急调度，启用"第二道防线"剑潭水利枢纽发挥反调节作用，东江干流其他各梯级电站维持正常蓄水位运行，东江下游及三角洲各地市运用"第一道防线"蓄水保水，保障春节期间东江下游及三角洲各地市和香港的供水安全。春节期间预报有降雨过程，在降雨期间减少水库下泄流量，尽可能多地回蓄水量。

3.调度预演

根据2022年1月27日水利部副部长刘伟平主持召开的珠江流域抗旱会商会的安排部署，在雨情、水情、咸情预测预报成果基础上，进行动态预演，准确研判春节前后珠江口咸潮上溯影响的范围和程度，确定了压咸补淡应急补水的启动时间和流量，形成了科学有效的调度方案。

春节期间，"第三道防线"新丰江水库2月1—4日、5—10日期间将日均出库流量分别控制在 $180\sim260\mathrm{m}^3/\mathrm{s}$、$90\sim180\mathrm{m}^3/\mathrm{s}$，枫树坝、白盆珠水库2月1—10日按日均出库流量 $30\sim60\mathrm{m}^3/\mathrm{s}$、$5\sim15\mathrm{m}^3/\mathrm{s}$ 进行控制。"第二道防线"剑潭水利枢纽充分发挥反调节作用，按日均出库流量 $212\sim438\mathrm{m}^3/\mathrm{s}$ 进行控制，并根据雨情、水情、咸情及时调整出库方案；天堂山、显岗、联和、水东陂水库在2月1—4日期间分别按日均出库流量不小于 $12\mathrm{m}^3/\mathrm{s}$、$3\mathrm{m}^3/\mathrm{s}$、$1.3\mathrm{m}^3/\mathrm{s}$、$3\mathrm{m}^3/\mathrm{s}$ 进行控制，并确保2月11日可调水量分别不少于7200万 m^3、2600万 m^3、2800万 m^3、2150万 m^3。"第一道防线"东江下游及三角洲各地市水库抢抓降雨时机蓄水，同时全力抢淡蓄水，提高应急供水能力，以满足无法从东江取水时的本地用水需求。

4. 调度实施

基于压咸补淡动态预演结果，珠江防总办公室于2022年1月13日下达《2021—2022年枯水期水量调度通知（三）》，通知建议东江博罗站2月按月均流量不小于 $212\mathrm{m}^3/\mathrm{s}$ 控制，1月29日—2月3日按日均流量不小于 $280\mathrm{m}^3/\mathrm{s}$ 控制。通过科学调度"三道防线"，确保博罗下泄流量达到控制目标，有力压咸避咸，有效蓄水保水，保障珠江三角洲城乡用水和对香港供水安全。

新丰江、枫树坝、白盆珠等3座骨干水库实施"日调度"，动态调整下泄流量。春节期间，3座骨干水库累计补水量1.6亿 m^3。2月1—3日，东江流域出现一次降雨过程，东江三大水库至博罗区间来水增大，为节约宝贵水资源，新丰江水库2月1—6日实施出库流量动态调减，出库流量从 $230\mathrm{m}^3/\mathrm{s}$ 渐进降至 $31\mathrm{m}^3/\mathrm{s}$，共节约水量0.68亿 m^3。2月10日8时，新丰江水库总蓄水42.67亿 m^3（水位92.81m），较节前1月31日8时增蓄0.19亿 m^3（当时水位92.70m）。受降雨和调度共同作用，2月1—10日东江博罗控制断面日均流量 $303\mathrm{m}^3/\mathrm{s}$，有效缓解了珠江河口咸潮影响，有力保障了主要江河沿线各地市取水供水需求。

根据珠江委调度指令关于博罗断面下泄流量的要求，剑潭水利枢纽2月1—10日按日均下泄流量不小于 $212\mathrm{m}^3/\mathrm{s}$ 控制，其中，2月1—3日，按日均下泄流量不小于 $280\mathrm{m}^3/\mathrm{s}$ 控制。经统计，2月1—10日，剑潭水利枢纽最小下泄流量为 $212\mathrm{m}^3/\mathrm{s}$，平均下泄流量约为 $303\mathrm{m}^3/\mathrm{s}$，下泄水量2.62亿 m^3，保障了博罗断面日均下泄流量满足控制指标的要求，有效缓解了河口咸潮影响，确保了春节期间城乡居民供水安全。

针对春节期间的降雨过程，下游地区抢抓降雨时机，围绕水库蓄水量维持与节前基本持平的目标，有力蓄水保水。2022年2月10日，广州、深圳、东莞等市的大中型水库蓄水较节前略增或基本持平。春节期间，东江三角洲各地市供水安全平稳，广州东部取水口、东莞5个取水口氯化物超标累计时长分别仅有3小时、43.5小时

（东莞主力水厂第三水厂最大连续超标时长控制在 2 小时以内），保障了供水安全。

（三）元宵期间

1. 形势分析

东江三大水库蓄水量较春节前夕大幅减少，2 月 6 日 8 时，东江枫树坝、新丰江、白盆珠 3 座水库总蓄水量为 49.14 亿 m^3，较春节前夕（1 月 24 日 8 时）减少了 0.86 亿 m^3。库容最大的新丰江水库仍处于死水位以下运行，库水位为 92.76m。随着后期水位进一步降低，水库设施设备安全和工程安全将面临较大风险。

元宵节前夕，1 月 29 日—2 月 5 日，东莞市第二、第三水厂，广州市新塘、西洲、新和水厂均出现不同程度的氯化物含量超标，其中东莞市第二、第三水厂总超标天数均为 5 天，总超标时数分别为 32.5 小时、14 小时，平均取淡概率仅分别为 83%、93%，与 9 月以来的平均值基本持平。

根据预测，元宵节前后东江三大水库至博罗断面区间来水仍持续偏少，较多年同期将偏少约 2～4 成，且将遭遇天文大潮，咸潮上溯呈强劲态势，旱情咸情形势严峻。同时，元宵节前后，东江流域广州、深圳东莞等地区迎来务工人员返工潮，生产和生活用水量将大幅上升，东江三角洲地区供水安全面临"一少一强一多"三因素耦合的不利形势，东江下游三角洲地区供水安全仍存在较大风险。

2. 调度思路

元宵期间，大量外来务工人员返程复工，生产生活用水需求陡增，供水形势严峻。通过科学调度东江流域"第三道防线"、适时启用"第二道防线"，确保博罗控制断面下泄流量不小于 $212m^3/s$，其中元宵节前后 2 月 14—19 日（天文大潮期间）不小于 $280m^3/s$，同时充分发挥"第一道防线"供、蓄水能力，尽量增蓄水量，全力抗旱保供水，保障香港、深圳、广州、东莞等地元宵节期间的供水安全，兼顾流域内发电、航运、生态等多方需求。

元宵节期间，东江水量调度综合考虑东江咸潮影响趋势，以及连旱特枯年景下可持续保障东江流域及对香港供水安全应尽可能节约水库水资源、少动用新丰江水库死库容等因素，科学统筹流域实际，调度"三道防线"。"第三道防线""第二道防线"调度根据流域雨水情及东江三角洲取水口氯化物含量指标监测情况每日动态调整，东江干流其他各梯级电站维持正常蓄水位运行，"第一道防线"注重蓄水保水调度，充分抢淡蓄水，确保在东江干流无法取水时，确保各地供水安全。各调度水库抢抓降雨有利时机，做好水库蓄水保水。

3. 调度预演

为应对元宵节期间"一少一强一多"的严峻形势，经多次会商确定，元宵节期间东江三角洲压咸补淡窗口期为 2 月 15—19 日前后。剑潭水利枢纽补水 12 小时可到达下游取水口。

2月11—20日，调度"第三道防线"新丰江、枫树坝、白盆珠水库，控制博罗断面下泄流量不小于212m³/s，并根据雨水情、咸情动态调整出库方案；其中2月14—19日（天文大潮期间）控制博罗断面下泄流量不小于压咸流量280m³/s。"第二道防线"剑潭水利枢纽充分发挥枢纽反调节作用，并于13日启动东江压咸补淡应急补水，2022年2月14—19日出库流量按日均280m³/s左右控制。"第一道防线"东江下游及东江三角洲各地市水库全力抢淡蓄水，提高应急供水能力，以满足无法从东江取水时的本地用水需求。

预演调度前和调度后两种方案，调度前按照最不利条件，综合考虑水雨情、咸情等因素，预演结果显示东莞第三水厂最大氯化物含量602mg/L，超标6小时；调度后，东莞第三水厂最大氯化物含量332mg/L，全天超标3小时；刘屋洲最大氯化物含量324mg/L，全天超标2小时，咸潮影响降低，可保障供水安全。

4.调度实施

元宵节期间，珠江河口遭遇天文大潮，根据2022年1月13日、2月13日下达的《2021—2022年枯水期水量调度通知（三）》《2021—2022年枯水期水量调度通知（九）》，东江博罗站2月按月均流量不小于212m³/s控制，2月14—19日剑潭水利枢纽出库流量按日均280m³/s左右控制，确保东江三角洲压咸效果，东江沿线各地市停止非供水取水口取水，确保沿线及下游供水区域抢蓄优质足量淡水，全面保障东江三角洲城乡用水和对香港供水安全。

新丰江、枫树坝、白盆珠等3座骨干水库实施"日调度"，综合考虑元宵节期间流域的水情、工情、咸情等实际情况，动态调整水库出库流量。元宵节前后，2月11—18日，"第三道防线"以补水为主，新丰江、枫树坝、白盆珠3座骨干水库共计补水量约0.33亿m³。元宵节后2月18—22日，东江流域出现大范围降雨过程，流域内河源、惠州、深圳、东莞、广州均有降雨，三大水库至博罗区间来水增大，东江三大水库抢抓降雨时机蓄水。新丰江水库自2月18日开始压减出库流量蓄水保水。2022年2月21日8时，3座骨干水库蓄水量50.15亿m³，有效蓄水量2.55亿m³；其中，新丰江水库水位于21日9时回蓄至死水位93.00m。

元宵节天文大潮期间，剑潭水利枢纽实施"时调度"。根据珠江防总调度指令"剑潭水利枢纽2月14—19日出库流量按日均280m³/s左右控制"要求，综合考虑各种因素，剑潭水利枢纽向下游集中补水，2月11—20日，剑潭枢纽最大出库流量约488m³/s，累计出库水量2.25亿m³，保障博罗断面流量满足控制指标的要求，有效压制了咸潮，为东深供水和东江流域沿线东莞、广州等城市提供了优质足量淡水，确保了城乡居民供水安全。

咸潮影响期间，广州东部、东莞抢抽淡水。同时，各地市抢抓降雨有利时机，做好水库蓄水保水，香港及广州、东莞、深圳等地市水库蓄水均有增长。广州市有供水任务水库有效蓄水量较元宵节前增蓄 0.14 亿 m^3，刘屋洲储水池储水 3 万 m^3。深圳市 12 座有供水任务水库蓄水量 1.17 亿 m^3，较节前增蓄 0.03 亿 m^3。东莞市 28 座有配套水厂的水库有效蓄水 0.97 亿 m^3，较节前增蓄 0.01 亿 m^3。

三、韩江流域

(一) 元旦期间

1. 形势分析

受台风"雷伊"和冷空气共同影响，2021 年 12 月 19—20 日，梅江、汀江中下游、韩江、粤东沿海部分地区出现一次较强降雨过程。12 月 21 日 8 时，棉花滩、高陂、合水、益塘、长潭 5 座水库总蓄水量为 9.77 亿 m^3，有效蓄水率为 27%。

根据来水预报，前期降雨影响消退后，元旦期间韩江棉花滩水库入库流量将持续低于 $40m^3/s$，预计下游潮安断面日均流量将持续低于最小下泄流量指标 $128m^3/s$。

2. 调度思路

根据水库蓄水情况，调度尽量满足下游生活、生态、生产等用水要求，实现"高效、协作、节约、安全"的供水效果，保障韩江流域的供水和生态安全，兼顾航运、发电等多方需求。

考虑到韩江流域持续的旱情以及后期预测可能发生特枯来水等情况，调度期间存在较多不确定因素，后期调度思路以抓牢"三道防线"为主，强化受水区当地水库蓄水工作，"第一道防线"潮州供水枢纽保持蓄满状态；"第二道防线"高陂水利枢纽等距离下游较近的水库尽可能保持高水位运行；"第三道防线"棉花滩、合水、益塘、长潭等水库合理安排出库，向下游补水。综合考虑近期与中长期供水安全，韩江流域调度暂时破坏最小下泄流量指标，破坏深度原则上不超过 20%，相应控制指标为长治（溪口）断面 $44m^3/s$、潮安断面 $102m^3/s$，保障供水、生态的同时，尽量节省库水，以保障后期供水需求。

3. 调度预演

结合骨干水库蓄水情况和后期水情预报，考虑以下两种预演工况：

(1) 工况一：棉花滩水库按不低于 $36m^3/s$ 出库控制，高陂水利枢纽按不低于 $96m^3/s$ 控制出库，其他梯级水库不拦蓄来水。

经预演调度后，长治（溪口）断面日均流量在 $42\sim43m^3/s$ 之间，不满足控制指标要求；潮安断面日均流量在 $102m^3/s$ 以上；棉花滩水库补水量 0.33 亿 m^3，补水后 2 月底库水位为 151.58m，有效蓄水量 1.58 亿 m^3，高陂水库补水量 0.02 亿 m^3，补水后 2 月底库水位为 38.00m，有效蓄水量 0.94 亿 m^3。

(2) 工况二：棉花滩水库按日均流量不低于 $44m^3/s$ 出库控制，高陂水利枢纽按不低于 $116m^3/s$ 出库控制，其他梯级水库不拦蓄来水。

经预演调度后，长治（溪口）断面日均流量在 $45\sim51\mathrm{m^3/s}$ 之间，潮安断面日均流量在 $102\mathrm{m^3/s}$ 以上；棉花滩水库补水量 0.60 亿 $\mathrm{m^3}$，补水后 2 月底库水位为 150.67m，有效蓄水量 1.31 亿 $\mathrm{m^3}$，高陂水库补水量 0.36 亿 $\mathrm{m^3}$，补水后 2 月底库水位为 34.06m，有效蓄水量 0.57 亿 $\mathrm{m^3}$。

经综合研判认为，工况二调度方案的实施可保障长治（溪口）断面日均流量不小于 $44\mathrm{m^3/s}$，潮安断面日均流量不小于 $102\mathrm{m^3/s}$。可保障韩江流域元旦期间供水安全，满足 2 月底前用水需求。

4. 调度实施

根据调度预演结果，珠江委于 2021 年 12 月 18 日下发《珠江委关于调整棉花滩水库 2021 年 12 月 21 日至 2022 年 1 月 20 日水量调度指令的通知》，要求棉花滩水库日均出库流量按 $36\mathrm{m^3/s}$ 控制，2022 年 1 月 20 日前水库蓄水位不低于 151.00m；同时向广东省水利厅发出《珠江委关于调整韩江流域 2021 年 12 月 21 日至 2022 年 1 月 20 日水量调度指令的通知》，要求高陂水库在保障安全前提下日均出库流量按不小于 $96\mathrm{m^3/s}$ 控制，2022 年 1 月 20 日前水位不低于 37.00m，长潭、合水、益塘水库日均出库流量按合计不小于 $8\mathrm{m^3/s}$ 控制，其他梯级水电站根据来水下泄，不得截流，保证潮安断面流量不低于 $102\mathrm{m^3/s}$。最终元旦期间潮安断面日均流量均高于 $102\mathrm{m^3/s}$，满足了韩江中下游地区居民取用水需求。2022 年 1 月 20 日，棉花滩水库水位为 152.03m，相应蓄水量 7.47 亿 $\mathrm{m^3}$，高陂水库水位为 37.23m，相应蓄水量 0.86 亿 $\mathrm{m^3}$。水量调度指令的及时调整，为特枯来水年抗旱保供提供了水源保障。

（二）春节、元宵期间

1. 形势分析

受台风"雷伊"降雨影响，2021 年年底韩江流域和粤东等主要受旱地区旱情得到一定缓解，但降雨历时较短，未根本改变旱情形势。1 月 13 日，棉花滩水库有效蓄水为 1.79 亿 $\mathrm{m^3}$，有效蓄水率仅 16%，长潭、益塘、合水等水库群总有效蓄水量 1.73 亿 $\mathrm{m^3}$，有效蓄水率 57.3%；高陂水利枢纽库水位 37.16m（正常蓄水位 38.00m），可调水量 8056 万 $\mathrm{m^3}$。

根据韩江流域未来（至 2 月底）来水预报，预测韩江棉花滩水库入库流量将持续低于 $45\mathrm{m^3/s}$，预计潮安断面日均流量将持续低于最小下泄流量指标 $128\mathrm{m^3/s}$。

2. 调度思路

水利部多次会商提出抗旱保供水部署要求，保障春节、元宵期间的供水安全，临近春节，调度思路应从最坏处着想，向最好处努力，夯实"三道防线"供水保障措施，"第一道防线"潮州供水枢纽维持正常蓄水位，以满足库区主要取水口的取水要求；"第二道防线"高陂水利枢纽等距离下游较近的水库尽可能保持高水位运行，必要时向下游调水保障韩江下游及三角洲用水需求；"第三道防线"棉花滩、合水、益塘、长潭等水库合理安排出库，仍按长治（溪口）断面日均流量不低于 $44m^3/s$、潮安断面日均流量不低于 $102m^3/s$ 控制。

3. 调度预演

结合骨干水库蓄水和后期水情预报情况，考虑两种预演工况：

（1）工况一：棉花滩水库日均流量按不低于 $36m^3/s$ 控制出库，高陂水利枢纽按不低于 $96m^3/s$ 控制出库，其他梯级水库不拦蓄来水。

经预演调度后，工况一长治（溪口）断面日均流量在 $42\sim43m^3/s$ 之间，不满足控制指标要求；潮安断面日均流量在 $102m^3/s$ 以上；棉花滩水库补水量 0.37 亿 m^3，补水后 2 月底库水位为 151.74m，有效蓄水量 1.6 亿 m^3，高陂水库补水量 0.32 亿 m^3，补水后 2 月底库水位为 33.10m，有效蓄水量 0.48 亿 m^3。

（2）工况二：棉花滩水库日均流量按不低于 $44m^3/s$ 控制出库，高陂水利枢纽 1 月 20 日前按不低于 $96m^3/s$ 控制出库、1 月 20 日后按不低于 $101m^3/s$ 控制出库，其他梯级水库不拦蓄来水。

经预演调度后，工况二长治（溪口）断面日均流量在 $45\sim51m^3/s$ 之间，潮安断面日均流量在 $102m^3/s$ 以上；棉花滩水库补水量 1.03 亿 m^3，补水后 2 月底库水位为 151.22m，有效蓄水量 1.06 亿 m^3，高陂水库补水量 0.05 亿 m^3，补水后 2 月底库水位为 37.79m，有效蓄水量 0.92 亿 m^3。

经综合研判认为，工况二方案的实施可保障长治（溪口）断面日均流量不小于 $44m^3/s$，潮安站日均流量均维持在 $102m^3/s$ 以上，2 月底，棉花滩水库、高陂水利枢纽分别尚余有效蓄水 1.06 亿 m^3、0.92 亿 m^3，仍可为应对旱情持续到 3 月的补水留有余地。

4. 调度实施

珠江委于 2022 年 1 月 14 日分别发出关于调整棉花滩水库、韩江流域 2022 年 1 月 16 日—2 月 15 日水量调度指令的通知，要求棉花滩水库日均出库流量按 $44m^3/s$ 控制，2 月 15 日前水库蓄水位不低于 151.00m，高陂水库 1 月 20 日前日均出库流量按不小于 $96m^3/s$ 控制、1 月 20 日后日均出库流量按不小于 $101m^3/s$ 控制，2 月 15 日前水位不低于 37.50m，长潭、合水、益塘水库日均出库流量按合计不小于 $8m^3/s$ 控制，其他梯级水电站根据来水下泄，不得截流，保证潮安断面流量不低于 $102m^3/s$。截至 2022 年 2 月 15 日元宵节当天，棉花滩水库水位为 154.70m，相应蓄水量 8.32 亿 m^3，高陂水库水位 37.73m，相应蓄水量 0.94 亿 m^3。通过精细化调度韩江流域水库，精打细算用好了每一方水，最终春节、元宵期间潮安断面日均流量均高于 $102m^3/s$，保障了春节、元宵期间韩江流域的供水安全，并为后续供水储备了水源。

第五章

守土尽责汇聚抗旱合力

2021—2022年珠江流域（片）遭遇了罕见旱情。按照水利部统一部署，珠江防总、珠江委和有关省（自治区）通力协作，积极行动，靠前作为，聚焦重点领域和重要环节，加强旱情监测和分析研判，强化流域统一调度，形成抗旱保供水最大合力；受旱区各地通过抓好骨干水库蓄水保水调水、加快应急工程建设、优化供水调度、加强应急送水和节水宣传等措施，千方百计保障城乡居民用水安全，确保人民群众喝上"安全水""放心水"。

第一节　使命担当　落实抗旱保供水措施

2021—2022年珠江流域（片）旱情主要影响西北江三角洲、东江中下游及三角洲和韩江及粤东闽南地区。其中西北江三角洲主要影响范围包括广东省珠海、中山等，东江中下游及三角洲主要影响范围包括为广东省广州（主要影响广州东部地区）、深圳（主要水源为东江）、东莞、惠州和河源等地；韩江及粤东闽南地区主要影响范围包括广东省汕头、潮州、梅州、汕尾、揭阳和福建省厦门、漳州、泉州、龙岩等地。

一、西北江三角洲地区

（一）广东省珠海市

1. 旱（咸）情形势

2021年，受流域降雨和来水持续偏少影响，磨刀门水道咸潮活动频繁，珠海广昌泵站、联石湾水闸出咸时间提前至6月21日、8月3日（一般为9月或10月上旬），为有咸情监测记录以来最早，珠海市抗咸保供水形势异常严峻。

2. 工作部署

珠海市政府负责同志多次组织会议，对珠海市2021—2022年枯水期保障供水形势进行了分析研判，要求做好在最不利情况下坚守供水安全底线的各项工作准备，确保珠澳居民生产生活及农村用水安全。

珠海市水务局未雨绸缪、提前部署，采取预判会商、提前补库、跨市协调、加强巡检维护、加快推进水资源配置工程等措施，全力做好枯水期珠澳供水调度工作。一是会同水文、气象等部门加强会商预判，提前做好枯水期供水保障准备工作。2021年8月初编制完成《2021—2022年度珠澳咸期供水调度预案》，比往年提早1个月。二是加强供水设施的巡查、维护力度，确保供水设施设备的安全运行，紧急情况下做到万无一失。三是强化与中山市水务部门的合作，充分利用前山河流域7座水闸联调以及内河涌的调蓄作用，提供应急水源保障。

3. 抗旱（咸）应对措施

（1）强化调水蓄水。2021 年后汛期，在确保水库安全运行的前提下，珠海主城区重点供水水库提前按照后汛期动态水位做好水库回蓄工作。同时，加强与珠江委、广东省水利厅的汇报沟通，了解上游水情及流域调度情况，科学调整调度方案，实现抢淡概率最大化。2021 年 10 月 10 日北库群有效蓄水率 87%，10 月 14 日竹银水库蓄水水位蓄至 45.17m，均提前完成蓄水目标任务。

（2）强化工程建设。完成新旧广昌泵站出站管联通，使原水调度方式更灵活，提高供水稳定性；桂山岛海水淡化水厂正式投运，缓解桂山岛的供水压力；加快推进南区水厂第二条原水管和出厂管工程建设，提高南区水厂事故保障率。

（3）强化节水先行。对用水量较大的用户实施计划用水管理，征收超计划加价水费等管理手段，使用水大户节约用水。同时，利用电视广告媒体、微博微信新媒体向市民宣传节水知识，并大力推广中水、雨水等非常规水资源的应用，在全市形成节约用水的良好氛围。

（二）广东省中山市

1. 旱（咸）情形势

2021—2022 年，受流域降雨和来水持续偏少的影响，磨刀门水道咸潮活动频繁。中山马角水闸 2021 年 8 月底首次出现氯化物含量超标，最长持续超标时长达 559.1 小时，累计超标时长 2069.8 小时，氯化物含量最高值达 7801mg/L；马角水闸 23 天不能开闸对西灌渠生态补水，接近历史最长 28 天不能开闸纪录；中山市共有 7 个水厂取水受影响。

2. 抗旱（咸）应对措施

为破解咸潮期供水被动局面，中山市水务局提前谋划，加强管控，坚持抗旱与防咸两手抓原则，统筹工程与非工程措施，合力破解咸潮困境。

（1）提前谋划，加大水库蓄水应急抗咸。针对严峻的咸情形势，中山市水务局提前组织召开全市防咸抗旱工作会议，及早印发《中山市供水水库水资源调度方案（2021 年）》，“一库一策”指导 17 座供水水库科学调度，进入枯水期时本地供水水库有效蓄水量达 4556.25 万 m³，为抗咸应急供水提供了水源。

（2）聚焦重点，指导咸潮影响重点区域抗咸调度。针对受咸潮影响最严重的片区，要求做好极端条件下的供水应急预案，视情况启动送水车临时送水、停止生产供水等措施。深入坦洲水厂调研，组织研究部署咸潮突发事件等情况下的应对措施，编制《坦洲镇抗咸工作预案（2021 年修订）》，做实做细供水应急保障工作。此外，要求辖区内供水企业进一步落实供水应急预案，尤其针对咸潮问题，制定行之有效的具体措施。

（3）多措并举，有效开展抗咸保供水工作。密切监测咸潮动态，加强水情、咸情信息收集；认真落实防旱抗咸工作旬报制度，每旬及时报送相关信息；加快推进坦洲、三乡、神湾等南部三镇取水口上移工程，紧跟工程建设进度，针对坦洲段铁炉山隧洞顶管工程进度较慢问题，多次召开工作协调会及专家研讨会，督促施工单位加快施工进度，确保工程尽早完成；组织开展原水及供水管网连通工程，构建全市联网调度、互联互备的供水格局，进一步保障供水安全。

二、东江中下游及三角洲地区

（一）广东省广州市

1. 旱（咸）情形势

2021 年 9 月—2022 年 3 月，广州市共受 9 次咸潮影响，影响范围主要是广州东部地区。刘屋洲取水口原水氯化物含量超过 250mg/L 的总天数为 49 天，总时长 157.75 小时，日最高超标时长 6.8 小时（2022 年 1 月 22 日），氯化物含量最高值 860mg/L（2022 年 1 月 15 日）；水厂累计暂停取水 163.12 小时，影响取水量 196.29 万 m^3，影响取水量日最高值 24.5 万 m^3（2021 年 12 月 8 日），黄埔区、天河区等部分区域出现水压降低或短时停水等情况。

2. 工作部署

2021 年 12 月，广州市组织召开全市三防工作会议，部署防旱抗旱工作，强调要做好"抗大旱、抗长旱"准备，全力打赢防旱抗旱攻坚战，加强旱情监测分析，做好节水、保供水工作。

2021 年 12 月 8 日，广州市正式成立抗旱防咸保供水应急指挥部，先后两次召开市抗旱防咸保供水应急指挥部会议，并组织开展 2021 年全市抗旱防咸保供水应急演练。12 月 13 日、12 月 19 日，广州市水务局先后两次组织召开抗旱防咸保供水工作专班会议，印发《2021—2022 年广州市东江抗旱防咸保供水工作方案》，方案明确了加快建设应急工程、优化供水应急调度、加大抗旱节水宣传、适时启动预警响应等 16 项工作措施。

3. 抗旱（咸）应对措施

（1）主要抗旱（咸）措施。2021—2022 年枯水期，广州市抓住东江流域调水的有利时机，精细调度，抢淡蓄水。组织各供水单位对供水水压、水量、水质进行分析，全力做好供水应急调度工作。同时，制定"一厂一策"分时段精准分压供水调度，水厂实行错峰取水，利用退潮时段抢取淡水，提前做好清水池蓄水并保持高水位运行；在咸潮峰值期间停止取水，启动多水厂联合补水措施，保障咸潮期间居民用水。元宵节东江流域应急调水压咸补淡期间，刘屋洲储水池储水 3 万 m^3，可保障广州市东部应急供水 8 小时。

（2）应急工程建设。广州市通过建设刘屋洲水源泵站应急蓄水建设工程、穗云水厂至黄埔区抗旱应急供水管建设工程等应急工程，实现广州市东部与其他区域水厂间互济调度，补充保障东部供水。

1）刘屋洲水源泵站应急蓄水建设工程（详见本章第二节）。

2）穗云水厂至黄埔区抗旱应急供水管建设工程。黄埔区应急建设了穗云水厂至黄埔区抗旱应急供水管工程，工程从流溪河畔的穗云水厂新建长约 3.9km 的供水管至黄埔区九龙大道，于 2022 年 3 月 4 日正式通水运行，每日可新增供水 8 万 m^3，有效解决了黄埔区中新知识城的供水缺口。

（3）其他应急措施。

1）储备抗旱应急物资。制定物资储备计划，储备水厂制水抢险物资和必要的仪器检测设备、交通通信工具等。

2）保障重点人群用水。共摸查养老院、敬老院、福利院等重点场所 258 个、用水困难人群 4.5 万人，及时制定供水应急保障措施，最大限度保障居民生活用水。

3）保障应急供水。建立农村饮水安全管理责任体系，全面排查受旱人口及范围，建立问题台账和风险清单，编制应急供水预案。2021 年年底，广州市组织打深水井 24 口，惠及 7 个镇街、20 个村、3.2 万人，有效解决了春节和旱季时期村民的缺水问题。

（二）广东省深圳市

1. 旱情形势

深圳市本地水占比较少，其原水主要水源 90% 以上引自东江。2021—2022 年，东江流域遭遇了严重旱情，深圳市自产水明显减少，深圳旱情为 2004—2005 年之后最重，深汕特别合作区旱情为 1962—1963 年之后最重，严重影响深圳市的供水安全。

2. 工作部署

深圳市政府多次研究抗旱保供水工作，召开市政府常务会议，审议通过《深圳市抗旱保供水工作方案》，为抗旱保供水工作提供政策支持；成立抗旱保供水专班，多次实地调研、研究部署抗旱保供水工作。各级各部门按照"行业牵头、各区负责、条块结合、齐抓共管"的原则，瞄准目标要求，扎实做好抗旱保供水工作。

2021 年 11 月 17 日，深圳市启动抗旱Ⅳ级应急响应。深圳市水务局制定印发《深圳市抗旱保供水工作方案》，明确自 2021 年 12 月 1 日—2022 年 3 月 31 日，全市每日压减水量应不低于 50 万 m^3 的保供水目标；市区两级政府成立抗旱保供水专班，全面实施深圳市抗旱保供水工作。

深圳市水务局加强抗旱保供水督查指导，制定抗旱保供水下沉督办协调工作方案，成立以局领导为组长的督查工作小组，每周分片区开展抗旱保供水督查工作，压实各区、各行业主体责任，形成督办协调合力。

3. 抗旱应对措施

（1）主要抗旱措施。

1）优化措施减少耗水。制定"一厂一策"，优化水厂调度措施，精准调控用水高低峰供水压力，采取有效措施压减水厂自用水率；加强自来水漏损控制，优化消火栓定期排放和水池清洗频次，强化停水管理；加强管线巡查，提高抢修及时率，减少爆管、漏水事故发生频次。

2）全面开展行业分质供水。建设河道、非饮用水源水库、再生水厂临时取水点，通过移动式泵车或增设临时取水泵站，实现绿地浇洒、道路及地面冲洗等市政自来水使用非常规水资源替代。

3）全面强化节水。推动全市全面完成节水型器具改造工作，宣传鼓励居民家庭用户使用节水器具，倡导一水多用；建立节水管理制度，推动用水大户利用再生水；开展节水专项监督检查，严查节水措施落实情况；加强单位用户计划用水管理，严格下达年度用水计划，强化经济杠杆对用水行为的调节作用。

（2）应急工程建设。为保障深汕特别合作区居民群众度过安静祥和的春节，满足居民的基本用水需求，深圳市水务局组织实施赤石河应急引水工程应急供水，成立联合工作小组，制定应急供水工作方案。经过3天3夜的连续奋战，实现工程应急完工通水。

（3）其他应急措施。

1）全方位宣传节水惜水。发布节约用水倡议，倡议全社会节约用水，提高全社会节水意识；开设"节水典范城市·先锋榜"专栏，树立一批节水惜水的典范，呼吁全社会共同参与节水。

2）应急送水与人工增雨。通过组织20多台送水车给居民送水、购买抗旱设备抽水、组织实施4次人工降雨等方式，结合分片区、分时段供水，优化供水网络，深汕特别合作区生活生产基本用水得到有效保障。

（三）广东省东莞市

1. 旱（咸）情形势

2021年，东莞市降水量1426mm，较多年平均偏少2成，其中有6个月降水量偏少60％以上；东江三大水库坝下至博罗站区间平均来水较多年平均偏少7成，东江控制站博罗站年平均流量较多年平均偏少6成。受降雨、径流偏少影响，东莞市咸潮呈现出现时间早、影响时间长、氯化物指标高、上溯距离远、影响水厂规模大、影响范围广等特点，严重威胁供水安全。

2. 工作部署

东莞市委、市政府高度重视，主要负责同志多次听取抗旱压咸保供水工作专题汇报并作出工作部署，并成立东莞市抗旱压咸保供水领导小组，强化抗旱压咸保供水相关工作的统筹领导、协调联动。

东莞市水务局结合抗旱防咸保供水形势，研究制定了"1＋6"抗旱工作方案，按照"加强监测、减少需求、增加供给、互联互通、加强保障"的工作思路，从应急供水调度、水质监测、增加水库蓄水、村级水厂复产、有序用水管控、抗旱宣传等六方面细化工作部署；组建抗旱压咸保供水工作专班，开展旱情咸情专题研究和综合研判；健全完善抗旱压咸保供水工作机制，建立"时监测、日会商、日报送"制度和专班工作例会制度，编制《旱情简报》《旱情周报》《旱情月报》等合计 158 期，召开会商会 100 余次，召开工作例会 50 余次，及时分析咸潮发展趋势，动态调整抗旱压咸保供水各项措施。根据旱情发展形势，东莞市水务局于 2022 年 1 月 21 日启动水务抗旱Ⅳ级应急响应。

3. 抗旱（咸）应对措施

（1）主要抗旱（咸）措施。

1）强化本地水库蓄水保水。通过蓄水补库调度，抓住东江压咸补淡的有利时机抢淡蓄水，实现"灌满门前水缸"；同步做好应急水厂复产工作，应急恢复水库周边已关停的 8 间村级水厂，落实水厂设备维修和调试工作，增加本地水源利用途径。

2）强化水厂取供水联合调度。指导受咸潮影响的水厂强化生产调度，通过清水池蓄水、错峰取水、择优取水等措施，最大限度维持正常供水，降低入户管网水氯化物含量。此外，2021 年 10 月完成第四水厂取水口迁移工程，减少咸潮对第四水厂的影响。

3）加密应急期水质监测频率。建立共 76 个监测点的应急水质监测网络，组建东江三角洲咸潮自动监测网、江库水质监测网和供水系统水质监测网"三张网"，通过加强水质监测研究咸潮规律，精确监测数据，指导上游及本地水源取供水调度。

4）加大有序用水管控力度。研究制定用水管控方案，发出核减用水计划和用水管控的有关通知，明确压减目标，管控对象和工作职责；指导各镇街落实节水措施，采取降压供水、压减用水计划、推广使用再生水等方式促进共同抗旱节水，每天可减少供水约 6%，每日节水约 27 万 t。

（2）其他应急措施。

1）积极回应公众关切。通过政务网站每日发布东江沿岸水厂咸潮检测情况和供水覆盖范围，第一时间接收群众反映关于咸潮、停产、减压等方面的信访投诉和业务咨询，及时化解群众担忧。

2）加强宣传和科普节水。及时发布"东江流域遭遇特枯水情，东莞千方百计保供水安全"专题新闻报道；开设每周节水微课，并通过微信公众号推送节水科普文章 12 篇；向社会发出《东莞市节约用水倡议书》，营造全民共同抗旱防咸的社会氛围。

（四）广东省惠州市

1. 旱情形势

2021 年，惠州市平均降水量较多年平均偏少近 4 成，江河来水持续偏少。至

2022 年 3 月初，全市蓄水总量 7.36 亿 m^3，较多年同期偏少 2‰；4 座大型水库蓄水总量 4.1 亿 m^3；22 座中型水库蓄水总量 1.926 亿 m^3；481 座小型水库蓄水总量 1.33 亿 m^3，其中有 54 座小型水库水位低于死水位。

2. 工作部署

惠州市委、市政府高度重视防旱抗旱工作，明确要求加强蓄水保水，做好供水水源的科学调控和有效管理，全力保障群众生活用水需求。惠州市水务局多次召开会商会议，发出派出工作组等有关通知，指导县区做好防旱抗旱工作。各县区根据本地抗旱实际，投入抗旱物资和经费，通过启用备用水源、打井取水、清洗村民原有水井、抽取河（库）水、限制高耗水行业等措施，全力保障群众生活用水和春耕用水。

3. 抗旱应对措施

（1）加强会商，密切关注水雨情及旱情动态。惠州市水利局与气象、水文等部门建立了密切的会商研判机制，及时掌握水雨情及旱情动态，分析形势，部署抗旱工作，并根据会商结果，调整优化调度方案。重点关注实时需水量、取用水量、取水口水位，尤其是水库蓄水及水位降落情况等，科学做好水资源调度和优化配置，尽可能发挥水资源的最大效益。

（2）科学调度，充分发挥水工程蓄水保水效益。2021 年汛期，全市各级水利部门统筹防汛与蓄水，组织各水库管理单位，在确保防洪安全、工程安全的前提下，发挥水库调蓄功能，提高抗旱水源保障能力。自 2021 年 10 月起，将白盆珠水库、天堂山水库、显岗水库、联和水库、水东陂水库纳入东江流域枯水期统一调度，通过科学调度与管理，充分发挥了蓄水保水效益。

（3）合理分配，切实强化水资源管理。全市各级水利部门按照"统筹兼顾、优化配置"和"先生活用水、后生产用水"的原则，强化计划用水，做好冬春用水计划，完善、细化各类水利工程水量调度方案，发挥水资源的最大效益。进一步协调电网，同时要求具有供水任务的水库及时制定用水计划，切实发挥现有蓄水作用。

（4）加强落实节水工作，提升节水效率。至 2021 年 12 月底，全市 6 个县（区）高标准完成节水型机关达标创建工作，有效推动了全社会节水。同时，提升重点领域用水效率，实施了一大批中小型灌区节水改造工程，高耗水行业节水改造成效显著，全市城市供水管网平均漏损率明显下降。此外，将节水工作落实到国土空间规划、城市建设和管理各环节，大力推动优水优用、循环循序利用。

（五）广东省河源市

1. 旱情形势

2021 年，河源市全年平均降水量 1030.9mm，较多年平均偏少 42%，为 1960 年以来第二少。2021 年 10 月—2022 年 1 月，新丰江、枫树坝两座水库平均入库流量及东江河源水文站平均流量较多年同期偏少 5～7 成。至 2021 年 10 月底，河源市约

17.8 万人饮水受到不同程度影响。

2. 工作部署

河源市委、市政府把实施农村集中供水全覆盖攻坚行动作为抗旱保供水主要抓手，至 2021 年年底，全市完成了 52.24 万农村人口集中供水全覆盖攻坚任务，成功解决了城乡保供水特别是春节保供水问题。

2021 年 8 月，河源市水务局按照"先生活、后生产、抓重点、顾一般"的原则，组织编制了防旱抗旱工作方案，并于 11 月 23 日 12 时启动水利抗旱Ⅳ级应急响应，成立抗旱保供水专项工作小组，用好节水办、河长办等工作抓手，形成抗旱合力。

3. 抗旱应对措施

（1）全面加强水库、电站蓄水和调度工作。多次组织召开专题会议，加强统筹谋划、协同配合、会商研判，充分利用汛期降雨有利时机，在确保防洪安全的前提下，积极组织水库回蓄。同时加强与电网沟通协商供水水库减少发电。此外，抓住机会实施人工增雨，全年实施人工增雨作业 30 次、发射人工增雨火箭弹 120 枚、飞机增雨作业 5 次。

（2）认真做好新丰江水库死水位以下市区供水应急方案。广东省水利厅于 2022 年 1 月 28 日启用新丰江水库死库容，为应对水位下降可能带来的市区水厂取水困难，河源市组织召开专题会议研究，制定市区供水应急保障工程方案，通过实施一系列应急工程，确保市区供水安全。

（3）及时开展应急水源和备用水源工程建设。积极争取和统筹各级各类资金，实施 4 个重点抗旱应急水源工程。各县区组织镇村启用和新建引调提水工程 81 处、抗旱井 57 口、蓄水池 55 处、其他应急水源 20 处。全市共投入抗旱资金 3992 万元，抗旱设备 1640 台，抗旱人数 9.5 万人，累计解决饮水困难人口 7.5 万人。

（4）多措并举开展农业抗旱确保粮食产量。通过对重点灌区持续推进续建配套、节水改造、干支渠修复，并结合高标准农田建设和撂荒地复耕，加快田间节水设施建设，以及引导农民适度减少高耗水作物，扩大低耗水作物种植比例，同时采取编制灌区水库用水计划实施强制节水等措施，河源市 2021 年粮食总产量较 2020 年增加 9941t。

三、韩江及粤东闽南地区

（一）广东省汕头市

1. 旱情形势

2021 年，汕头市平均降水量为 846.8mm，较多年平均偏少 45%，其中中心城区和南澳县年降水量均为有资料以来最少。干旱最严重的时候，潮阳、潮南两区 8 座中型水库库容最低只有 648 万 m³，仅占正常库容的 4.3%，供水形势极为严峻。

2．工作部署

旱情发生以来，汕头市委、市政府高度重视，多次召开会议研究部署潮阳、潮南两区抗旱保供水工作。汕头市水务局认真履职，迎难而上，加强汇报沟通和协调指导，进一步挖潜供水水源，多措并举抓好保供水工作。根据《汕头市水务局水旱灾害防御工作规则（试行）》，汕头市水务局于 2021 年 11 月 5 日启动水利抗旱应急Ⅳ级应急响应。

3．抗旱应对措施

（1）主要抗旱措施。

1）科学蓄水保水，加强供水保障。密切关注水雨情，抓住降雨有利时机加强水库蓄水保水工作，千方百计增加蓄水量。同时，各地各部门落实应急抗旱物资和人员队伍，视旱情发展态势，及时采取应急供水措施，保障群众基本生活用水需求。

2）调配水源，积极深挖供水潜力。汕头市加大从市中心城区向潮阳、潮南两区的调水力度，至 2022 年 3 月共调水 5970 万 m^3，有效缓解了供水压力。潮南区千方百计挖掘水源，铺设引水管道，从有灌溉功能的水库调水至水厂，作为备用水源补充水源供给。

3）加大投入，实施应急供水措施。潮南区铺设引韩连接管道，增大抽水能力；潮阳区启动建设三洲榕南干渠抗旱应急引水工程；贵屿镇、谷饶镇、铜盂镇 3 镇建设连通引韩供水管网工程，提高供水安全保障能力。各地各单位通过多种渠道筹集抗旱资金，落实各项抗旱措施，千方百计缓解旱情影响。

（2）应急工程建设。汕头市三洲榕南干渠抗旱应急引水工程（详见本章第二节）。

（3）其他应急措施。

1）制定方案，动态调整供水计划。潮阳、潮南两区制定了抗旱保供水应急预案，动态调整供水计划。潮阳区采用有效供水措施，以节保供，尽可能保障群众日常生活用水需求。

2）摸清行业情况，削减高耗水行业用水。旱情出现苗头时，汕头市便向 62 家洗车场暂停供水，并对印染园区宾馆限制供水，削减印染工业园区供水量。潮阳区梳理辖区内高耗水企业名录，对高耗水行业和用水大户加大节水力度。

3）强化引导，努力营造节水氛围。加大节约用水宣传力度，通过网络、新闻媒体等各种渠道宣传节水，多次向社会发出《节约用水倡议书》，呼吁广大市民朋友珍惜水资源，保护水资源。持续开展节水宣传进社区、进企业、进单位、进学校等，多渠道、多方式开展节水宣传，努力营造良好节水舆论氛围。

（二）广东省潮州市

1．旱情形势

2021 年，潮州市平均降水量 1234mm，较多年平均偏少 28％。至 2022 年 2 月 28

日，全市山塘水库总蓄水量 2.14 亿 m³，较多年同期少 9%；有效蓄水量约 1.82 亿 m³，较多年同期少 10.8%。全市受旱农作物面积约 15.39 万亩，饮水受影响人口约 12.3 万人。

2. 工作部署

潮州市委、市政府高度重视防旱抗旱保供水工作，主要负责同志多次作出指示，并深入田间地头指导做好防旱保供水工作。潮州市多次召开全市抗旱专题工作会议，要求各级各相关部门要积极采取各种措施缓解旱情，有效保障群众用水需求，努力把损失降到最低程度。同时，将抗旱保供水工作纳入市政府 2022 年元旦春节期间重点工作。

潮州市水务局提前部署防旱抗旱工作，严密跟踪旱情，加强用水管理和水库调度，要求各水利工程提前做好供水计划，做好抗大旱的准备。针对旱情变化，潮州市水务局 2021 年 4 月制定水利抗旱保供水应急工作方案，要求各有关县区和相关部门细化供水计划，拟定后续抗旱方案；11 月制定今冬明春防旱保供水工作方案，进一步布置并指导抗旱工作。潮州市三防指挥部发挥统筹指挥作用，组织各县区各部门合力抗旱，先后两次启动防旱Ⅳ级应急响应。

3. 抗旱应对措施

（1）主要抗旱措施。

1）科学调度水工程。潮州市在汛期即启动蓄水保水计划，各县区结合实际，做好水工程的调度运行管理监督，有效调度，全力蓄水保水。加强对市管两座中型水库用水调度，先后协调减少水库发电。各中型水库以回蓄水位为主要目的，小流量补充河道水量，切实做到"细水长流"。

2）提前完成农村集中供水全覆盖。2021 年，潮州市水务局牵头各级开展调查摸底、统筹安排、分门别类开展工作。至 2021 年 6 月底，如期实现农村供水全覆盖目标，让百姓喝上安全水、放心水、幸福水。

（2）应急工程建设。饶平县为解决北部山区水资源匮乏问题，提高抗旱能力，县政府多方筹措资金，新建饶北水资源调配工程，涉及上饶、饶洋、新丰等 3 镇的水资源调配，受益人口约 20 万人，工程于 2021 年 11 月开工；同时，加快引韩济饶供水工程建设，配套新建饶平县钱东水厂，于 2021 年 11 月开工。引韩济饶供水工程建设完工后，将有效保证饶平县黄冈等镇 62 万人的用水需求。

（3）其他应急措施。

1）潮州市水务局购置 10 台抽水机下沉到受旱基层，保障群众饮水和农业生产用水。督促指导各县区加强农田水利基本建设，进一步提高现有水资源利用率。指导基层因地制宜采取临时引接调水、挖深水井、分时段供水等各种措施，解决饮水困难人口 23.2 万人，有效保障农村群众的饮水安全。

2）潮州市气象局加强人工增雨管理，抓住有利天气条件，适时开展人工增雨作业。2021年全市成功开展火箭人工增雨作业32次，发射增雨火箭133枚。潮州市农业农村局大力开展冬春农田水利基本建设，提高渠系利用系数，并指导做好农作物干旱防范和应对，适当调整农业种植结构，推广节水耐旱作物种植，提高农业生产综合能力。潮州市城市管理和综合执法局加强对城镇供水设备、管网的排查，及时消除安全隐患，确保城镇供水正常。

3）充分利用各种宣传媒体，加强宣传引导，在全社会大力开展节约用水、保护水资源宣传教育，使广大群众养成节约用水的习惯。发布《节约用水倡议书》，倡议广大市民珍惜水资源、保护水资源，争当节约用水的宣传者、文明用水的倡导者、科学用水的践行者。

（三）广东省梅州市

1. 旱情形势

2021年1月—2022年1月，梅州市平均降水量1082.1mm，较多年同期偏少34％。全市江河径流和水库蓄水量较往年同期大幅减少，2021年，梅江横山站和汀江溪口站年平均流量较多年同期偏少6～8成；至2022年1月底，全市水库蓄水量5.35亿 m^3，较多年同期偏少16％。

持续的干旱少雨气候，致使全市各地先后发生旱情，对部分群众生活用水和农业生产造成不同程度的影响。2021年4月中旬时全市共有15.45万人饮水受影响，丰顺、五华和蕉岭县城主要水源地供水不足；共有26.36万亩农作物用水受影响。

2. 工作部署

梅州市委、市政府高度重视防旱抗旱工作，主要领导多次作出批示指示，强调要坚持以人民为中心的发展思想，加强研判、落实责任、完善预案，把保障城乡饮水安全放到突出位置，确保群众生活用水安全。市政府分管领导主持召开会商会分析研判防旱形势，要求加强分析研判，把各项工作落实落细，保障群众生活用水安全，确保农业生产有序开展。梅州市水务局及早安排部署，组织全市水务部门全力落实水利防旱抗旱各项措施。加强与气象、水文等部门的沟通协调，分析研究梅州市旱情发展形势及应对措施，及早部署水利防旱抗旱工作。先后4次发出有关做好蓄水保水工作的通知，科学统筹做好防汛与蓄水保水工作。2021年10月制订今冬明春水利抗旱保供水责任分工方案，对抗旱保供水重点工作逐一明确了目标措施、时间节点和责任分工。梅州各地编制了防旱抗旱工作方案，全面落实防大旱、抗大旱的各项措施。受旱情影响较严重的梅州市五华县和丰顺县分别于2021年11月11日、11月13日及时启动了水利抗旱Ⅳ级应急响应。

此外，梅州市委、市政府主要领导、分管领导多次率队到抗旱重点地区检查指导，强调要落实责任、强化措施，千方百计保障城乡群众基本用水需求。梅州市水务局领导班子带队深入一线，指导基层开源节流并举，合理调配水资源，加快推进应急水源工程，确保群众正常生活用水需求。

3. 抗旱应对措施

（1）主要抗旱措施。

1）加强建设管理，发挥工程效益。梅州市通过积极推进农村集中供水工程和农田水利等民生水利工程建设，极大提高了城乡供水保障能力。先后完成704座水库除险加固，消除了安全隐患，恢复水库正常蓄水；同时下游农田灌溉和生产生活用水得到可靠的水源保证。在2021—2022年旱情期间，全市因旱饮水受影响的人数比1991年旱灾的144万人减少了9成，受旱耕地面积减少8成。

2）加强调度管理，努力增加水源。根据旱情态势，梅州市各级水务部门在确保防洪安全的情况下，精细调度全市各类水工程，科学蓄水保水，坚决避免弃水浪费。从2021年9月开始实施后汛期水库汛限水位动态调整，有效增加水库蓄水量。

（2）应急工程建设。

梅州市加快推进丰顺县应急抗旱工程建设（详见本章第二节），多措施保障县城和农村地区供水。此外，进一步加快丰顺县城新区供水工程建设，该工程从榕江支流八乡水汤西镇河段取地表水，于2022年6月底完工通水，一期工程建成后每日供水量达5万 m^3，有效保障了县城供水安全。

五华县2021年年底建成应急抽水泵将琴江水抽至蕉州河备用水源地，确保县城水厂水源充足，每天可增加取水量5万 m^3。

（3）其他应急措施。

1）抓住有利时机人工增雨。2021年2月1日—12月21日，全市共成功增雨作业64次，发射增雨火箭弹263枚，为近年最多，另外协助飞机人影作业16次。人工增雨为缓解梅州旱情起到了积极作用。

2）强化抗旱宣传引导节约用水。充分利用短信、微信、电视台、手机客户端、报纸、天翼大喇叭、张贴标语、组织宣传车等方式，引导全市人民自觉做好节水工作。

（四）广东省汕尾市

1. 旱情形势

2021年，汕尾市遭遇1963年以来罕见旱情，全年平均降水量1398mm，较多年平均偏少36%，为有气象记录以来第五少。2021年4月中旬前，全市供水紧张人口21.6万人；5月底前供水紧张人口降至6.64万人，其中农村人口0.64万人（海丰县0.3万人、陆河县0.34万人），城镇人口6万人（主要集中在海丰城东、海城等镇）。

2. 工作部署

汕尾市委、市政府高度重视防旱抗旱工作，主要领导、分管领导多次听取抗旱工作情况汇报，多次作出批示指示，市委常委会、市政府常务会、抗旱工作专题会多次专题研究部署抗旱工作。

汕尾市水务局加强组织领导，提前谋划，做好抗大旱抗长旱准备，加密旱情监测预报，精细化做好供水计划，切实加强水工程调度，扎实把抗旱各项工作落细落实，加快推进应急供水工程建设，强化应急供水措施，全力保障人民群众生活生产基本用水和重点用水需求。旱情期间共启动水利抗旱Ⅳ级应急响应 3 次，水利抗旱Ⅲ级应急响应 2 次。

3. 抗旱应对措施

（1）主要抗旱措施。汕尾市水务局构筑汕尾市抗旱保供水"三道防线"，打好抗旱保供水"组合拳"，全力保障群众生活用水。

1）第一道防线：节水和限水。重点保障公平水库供水区域枯水期供水安全。从 2021 年 10 月 1 日开始，削减农业灌溉用水在公平水库取水，改由附近河道取水或打井，在此基础上公平水库出库水量压减 10%，供水区域生活生产用水同步减少 10%，有效延长了供水时限。

2）第二道防线：引水和补水。启动汕尾市区抗旱抢险黄江引水工程，从黄江河引水至市区赤岭水库，每日引水可达 5 万 m³。同时，挖掘公平水库上游 3 座水库供水潜力向公平水库补水约 500 万 m³。

3）第三道防线：水库挖潜。挖掘公平水库死水位以下可供水量约 700 万 m³，作为市区第三道抗旱保供水防线。其他区域供水水源提前做好利用死库容的准备工作。

（2）应急工程建设。汕尾市区抗旱抢险黄江引水工程（详见本章第二节）。

（3）其他应急措施。汕尾市各有关单位加大节水限水力度，形成合力，协同抓好节水限水措施的落实。水务部门加强取水监管，执行计划用水管理。住建、供水部门多管齐下，进一步抓好供水管网漏损严重的问题整改，降低供水管网漏损率，提高水资源的利用率。住建部门加强供水精细化管理，进一步细化供水类型，严控高耗用水，管好重点行业节水。发改部门建立健全超额累进加价水价机制，抑制不合理的用水需求，促进工农业和居民节约用水。宣传、教育等部门加强节水宣传教育，充分利用各类媒体和传播手段，开展节约用水进公共机构、进企业、进校园、进社区、进家庭宣传活动。

（五）广东省揭阳市

1. 旱情形势

2021—2022 年，揭阳市降水量严重偏少，2021 年全市平均降水量 1317mm，较多年平均偏少 32%，为有记录以来第六少。主要江河来水也异常偏少，其中揭阳境内 4 个水文站 2021 年径流均较多年平均偏少 60% 以上。连续干旱造成 5 个县区 32 个镇本地供水水源出现短缺，受影响人口 302.6 万人；农业灌溉因旱受影响面积 30.12

万亩。

2. 工作部署

揭阳市领导 13 次主持召开抗旱专题会议，并多次到揭东区、普宁市现场调研，研究解决揭阳供水紧张状况的应急措施，强化统筹协调，应对全市抗旱保供水工作。

揭阳市水利局坚持"一月一会商"，召开抗旱会商会议 21 次，提前制定抗旱应急工作方案，编制"一库一策"原水供应计划，及时抓好全市抗旱保供水工作。组织编制全市水源供需分析报告，分时段编制了 13 期全市水源供需分析报告，为不同时段各县区水源调配和领导研判、决策提供科学论证依据。根据旱情发展形势，揭阳市水利局 2021 年 10 月 14 日启动水利防旱Ⅳ级应急响应。

揭阳市坚持"全市一盘棋"，实施用水最严管控措施，市级主要供水水库非生活用水需经严格审批，揭阳市水利局等相关部门不定期派出工作组到各地现场督查督导，优先保障生活用水需求，有力地确保了全市抗旱保供水工作大局。

3. 抗旱应对措施

（1）主要抗旱措施。

1）科学调蓄水库供水量"蓄"水，在最干旱时段，通过抽取双坑等 5 座水库死库容，增加翁内水库有效供水量。

2）实施应急调度"调"水，对龙颈上水库、横江水库多次实施应急调水，累计向榕江中下游应急调水 9000 万 m^3。每天从周边潮州、汕头及市区一、二水厂等应急调水 8.2 万 t，保障了揭东区和空港区的用水需求。

3）实施人工降雨"增"水。气象部门通过发射降雨弹组织人工增雨作业 12 次，同时，为有效增强人工增雨效果，积极向国家气象局申请，派一架飞机在揭阳实施为期两个月的人工增雨。

4）实施打井等应急措施"挖"水。通过打井抽取地下水、接引山泉水等方式挖掘可用水源，全市新增饮用深水井 23 口、抗旱灌溉井 1259 口、农业机电井 516 眼，有效缓解了群众生活用水和早稻、晚稻农业生产用水问题。

5）实施消防车应急"送"水。在最旱时期，为解决空港经济区登岗镇、砲台镇和普宁市麒麟镇无法供水等问题，组织消防部门实施消防车应急送水，最高峰每天送水约 230t，切实解决群众饮水困难，并利用媒体加强节约用水宣传，提高群众节水意识。

（2）应急工程建设。揭阳市实施普宁乌石水厂应急供水工程（详见本章第二节）。此外，为应急解决原揭东水厂供水范围居民正常用水，揭阳市组织实施揭东区供水应急调度管道建设工程，有力保障了揭东区、空港经济区 50 万群众正常用水，改变了揭东水厂原供水范围供用水紧张的局面。

（六）福建省厦门市

2021—2022年旱情期间，厦门市为保证城乡居民供水安全，主要抗旱措施有以下几个方面：

（1）加强水源调配。加大以北溪引水水源为主的集美区向同安区反向供应净水，启动翔安舫山反向供水泵站，从西水东调工程调用北引水源补充供应舫山水厂，启用莲花水库供水，与汀溪水库群共同担负同翔两区供水保障任务。

（2）实施应急引调水工程。先后建成汀溪隘头潭抽水工程、同安区竹坝水库至竹坝水厂应急提水工程、集翔泵站至西水东调泵站连通管工程、后埔应急加压泵站、美东加压泵站和舫山水厂扩容工程。

（3）多方补充农业灌溉用水。翔安区由财政资金补贴775.2万元，开挖机井646口。同安区提出农业抗旱用水申请，由河溪水库放水50万 m^3 至莲花水库，经莲花水库调至汀溪总干渠四林泵站下游，用于沿线农业抗旱。

（七）福建省漳州市

漳州市为有效应对2021—2022年干旱影响，保证城乡居民供水安全，主要抗旱措施有以下几个方面：

（1）坚持"预"字当先。迅速启动《水利抗旱预案》和抗旱Ⅱ级响应，加密下沉调研指导频度，累计派出专题工作组近百人次，建立水情日报机制，定期监测、分析、会商，向市防指和旱片各县发出旱情预警，在重要供水水库开展抗旱和防水华预演。

（2）坚持节蓄并重。指导旱片各县落实节水优先，根据福建省水利厅"保生活、保重点"的工作要求，组织划定"最小用水量"，精准节水配水。在用水上做"减法"，把每一滴水资源用在关键处。在保水上做"加法"，全力增加水库蓄水量。下发抗旱指导意见，并实地督促落实旱片内蓄水工程停止发电、优先取用河道水、整备启用应急水源、增打机井、拉送水等抗旱措施，将全市水库分布图与气象部门人影作业点有效衔接，抢抓时机实施人工增雨。

（3）坚持统筹调度。在摸清本底的基础上，针对漳州旱情主要集中区，梳理流域重要蓄水节点和输配水线路概化图，科学论证、精确推演水量变化，抓住重点、精准设定调度节点，增强水量调度科学性、精准度。

（4）坚持长远谋划。立足源头治理、系统治理，聚焦漳州东南部沿海资源性、工程性缺水并存的问题，全力推进九龙江调水工程和东山岛外引水第二水源工程建设（详见本章第二节）。

（八）福建省泉州市

泉州市为有效应对2021—2022年干旱期间的影响，保障城乡居民供水安全，主要抗旱措施有以下几个方面：

（1）加强水库与河道来水的动态供需管控，以山美水库为龙头，统筹调控，联合调度。通过山美水库至惠女水库连通工程，分三次从山美水库向惠女水库应急供水2072万 m³，极大缓解了惠安、泉港用水紧张问题。

（2）实施惠安县城市防洪和生态环境建设项目、惠东应急备用水库至中化原水输水项目，加快惠女总干渠整治，建设投资 1.54 亿元、长 6.4km 的应急输水管道工程。

（3）在石壁水库供水区（晋江、南安沿海乡镇）方面，实施泉安南路供水管道工程和双龙路供水管道工程，实现晋江市自来水公司和安平水厂、磁灶华源水厂供水管道互连互通。泉安南路供水管道工程和双龙路供水管道工程及时完工通水，有效缓解了晋江市安海镇和内坑镇的片区用水紧张问题。

（九）福建省龙岩市

2021—2022 年，龙岩市提早部署，积极谋划，主动作为，全力应对旱情影响，主要抗旱措施有以下几个方面：

一是深入实施城乡供水一体化。全力推进大水源大水厂大管网建设，集中解决偏远单村、供水薄弱村等水源工程突出问题。至 2022 年 1 月底，全市累计完成投资 48.76 亿元，占三年行动计划的 81.26%，新建扩建规模水厂 17 座，覆盖行政村 435 个。新建改建管网 2600km，覆盖人口 195 万余人，全市农村集中供水率达 95%、农村自来水普及率达 89%。同时，推进水务资源整合，全市 59 个国有乡镇水厂完成接收工作。

二是提前谋划及早部署应急抗旱。通过下达应急抗旱救灾补助资金、同省地矿局等部门合作等方式实施机井工程，重点向偏远山村、供水薄弱村倾斜，2021 年共完成 210 口机井建设，进一步提升了抗旱能力。同时，强化安全防范措施，对重点部位、管线加大巡检力度，完善抢修预案，消除各种安全隐患，全力保障春节期间用水需求。

三是全面做好供水保障服务。龙岩市水利局严格执行 24 小时值班和领导带班制度，成立供水应急保障小组，紧盯返乡人口较多地区、高海拔和偏远山区等供水薄弱环节，尤其是脱贫人口饮水安全保障，对发现的管网爆裂、异常漏水等情况，及时组织人员维修；出现供水紧张情况的，及时响应，通过间歇性供水、启动应急备用水源、及时抢修维修供水设施等方式妥善处理；对用水紧张的地区，通过微信、短信等方式，提醒群众节约用水、注意储水。

第二节　因地制宜　推进应急工程建设

2021—2022 年旱情影响期间，广东、福建等地加大投入抗旱资金，因地制宜，加快推进一批重点抗旱应急供水工程建设。其中，粤东地区四大抗旱应急工程——

汕头市三洲榕南干渠抗旱应急引水工程、汕尾市区抗旱抢险黄江引水工程、揭阳普宁市乌石水厂应急供水工程、梅州市丰顺县应急供水工程全部建成通水，每日新增供水能力约 28 万 m^3，有效解决了粤东地区 650 万人的饮水困难问题；漳州市东山县岛外引水第二水源工程实现应急通水，供水安全得到了保障，确保了经济社会正常运行。

一、广州市刘屋洲水源泵站应急蓄水建设工程

受降雨、来水连续偏少的影响，东江三角洲咸潮上溯逐渐加剧，2021 年 9 月起，广州市刘屋洲水源氯化物含量呈逐步升高趋势，严重影响广州市东部新塘水厂、西洲水厂的供水生产，甚至出现短时间停水的情况。为了保障增城区、黄埔区、天河区的居民生活用水和工业生产用水，广州市推进建设刘屋洲应急蓄水工程（图 5-1）。该工程利用现有鱼塘建设应急蓄水池 1 座（库容 10 万 m^3），铺设直径 1600mm 进水管 155m，直径 2200mm 出水管 1240m，建设提升泵设施 5 套。经过紧急施工，该工程完成了全部应急蓄水池 10 万 m^3 的建设，完成了全部管道设施、加压泵设施、供电设施的安装，投入试运行。该应急蓄水池 10 万 m^3 的规模，可同时满足新塘水厂、西洲水厂生产运行 2 小时的取水量，有效降低东江咸潮导致的供水影响。

图 5-1　广州市刘屋洲水源泵站应急蓄水建设工程

二、汕头市三洲榕南干渠抗旱应急引水工程

2021 年，汕头市遭遇有气象记录以来降水量最少的一年，以水库为主要水源供水的潮阳、潮南两区供水形势极为严峻。为切实保障"两潮"地区 330 多万群众的饮水安全，根据汕头市委、市政府工作部署，启动实施建设三洲榕南干渠抗旱应急引水工程。该工程立足"保生命水"，在三洲榕南干渠引水至飞英水库和河溪水库调蓄，

应急供原水给潮阳区飞英、第一和第二水厂，工程取水规模为每日 12 万 m³，投资匡算约 2.90 亿元。由于抗旱应急引水工程建设关系"两潮"地区几百万群众的饮水安全，工程建设时间紧、任务重，2021 年 10 月 15 日工程开工后，施工人员全力以赴，日夜兼程，加班加点增开工作面，于 12 月 30 日顺利建成通水，仅耗时 70 余天。

汕头市三洲榕南干渠抗旱应急引水工程在揭阳市榕江榕南总干渠入口处通过管道引水至飞英水库，由飞英水库排洪渠自流进入河溪水库调蓄，应急供原水给潮阳区飞英、第一、第二水厂。工程分两期实施，其中一期工程作为应急工程，在榕南南干渠现榕江水厂取水泵房附近新建每日 12 万 m³ 的取水加压泵房，在确保水质符合国家标准且监测达标的情况下取水，通过新建输水管道送水至飞英水库，新建加压泵站输水至飞英水库调蓄，经新建水库坝下涵管引水，通过长 6.54km 的飞英水库排洪渠自然过滤沉淀后，流入河溪水库，供原水给潮阳区各水厂，以应急解决供水水源不足的问题。

三洲榕南干渠抗旱应急引水工程顺利建成后，弥补了汕头市"两潮"地区日缺水量 12 万 m³ 的缺口，潮阳区飞英水库、河溪水库蓄水量逐渐增加，潮阳区飞英、第一和第二水厂及河溪镇村级水厂恢复正常生产，潮阳区供水全面恢复；同时，潮阳区全区也取消了"供三天停三天"的轮供措施，全面恢复正常供水。该工程的完工，有效保障了干旱期间群众的供水需求，受到了广大市民的广泛赞誉，维护了"两潮"地区经济社会发展稳定，取得了良好的社会效益。

三、汕尾市区抗旱抢险黄江引水工程

汕尾市委、市政府高度重视抗旱工作，2021 年 9 月 28 日市政府召开全市抗旱节水保供水推进会，要求加快实施汕尾市区抗旱抢险黄江引水工程，明确该工程作为抗旱应急抢险救灾项目由汕尾市水务局牵头实施。

汕尾市区抗旱抢险黄江引水工程位于汕尾市城区境内，工程主要任务是引黄江水入市区主要供水水厂新地水厂，并利用赤岭水库作为调蓄池，提升该调水工程的运行管控能力，保障汕尾人民正常的生产生活用水（图 5－2）。该工程在城区梧围村附近黄江河左堤新建抗旱应急临时泵站，装机两用一备（浮筒式潜水泵机组），设计扬程 50m，设计流量为 0.7m³/s，月平均抽水量 150 万 m³。泵站出水管驳接已

图 5－2　汕尾市区抗旱抢险黄江
引水工程（赤岭水库出水口）

建管道至成业路路口（该段已建管道总长 14.35km）；新建成业路口至赤岭水库库区进水管 0.51km；可在成业路口至新地水厂段未施工完工前，提前进行蓄水；再通过赤岭水库输水涵管出口接 0.35km 管道回成业路口，利用汕尾市应急水源工程在建的成业路口至新地水厂段管道供水至新地水厂供水。另于出水管临近赤岭水厂处加设长 24m 的管道分管（直径 600mm），引水入赤岭水厂，可恢复赤岭水厂正常生产。赤岭水厂供水规模为每日 1.5 万 m³，可经市区供水管网，现有直径 600mm 供水主管为红草工业园区供水，减轻市区向红草园区供水的压力。

该工程投入资金约 1000 万元，于 2021 年 10 月 5 日开工，2021 年 11 月 20 日顺利完工通水，输水规模为 0.7m³/s，每日从黄江引水约 5 万 m³，至 2022 年 5 月底向市区赤岭水库输水约 1000 万 m³，有效保障了汕尾市区的供水安全。

四、揭阳普宁市乌石水厂应急供水工程

2021—2022 年，揭阳普宁市干旱天气持续，降水量严重偏少，山塘水库蓄水量持续减少。特别是普宁市麒麟镇，该镇供水主要依靠东龙潭水库和蔡口水库，两座水库可用库容缺口较大；另外汤坑水厂和平头岭水厂均实行限产，汤坑水厂供水量由原来的每日 7 万 m³ 减少至 4.5 万 m³，平头岭水厂供水量由原来的每日 8 万 m³ 减少至 6.5 万 m³，普宁市抗旱保供水工作形势严峻。

为切实解决普宁市区及东部五镇特别是麒麟镇的供水安全，广东省委、省政府高度重视，及时启动实施了普宁乌石水厂应急供水工程。工程由三部分组成，即乌石水厂扩建工程、乌石水厂至普宁市区供水管网连通工程、汤坑水厂供水干管至麒麟镇管道连通工程。乌石水厂扩建工程由乌石水厂现有供水规模每日 2 万 t 扩建至 5 万 t。乌石水厂至普宁市区供水管网连通工程，建设内容为沿引榕干渠铺设，终点接入普宁市市区现有直径 1000mm 市政供水干管。应急供水管道直径 800mm，主要采用球墨铸铁管，全长约 17km。工程完成后，可将乌石水厂每日 4.6 万 t 的产能输送到市区，增加市区的供水量，以置换原汤坑水厂部分供水范围，实现增加市区和普宁东部五镇特别是麒麟镇的应急供水水量的供给。汤坑水厂供水干管至麒麟镇管道连通工程，拟新建汤坑水厂供水干管至麒麟镇连通管道，总长 11.9km。其中山家路口至练江水闸段直径 800mm，长 3.5km；南径镇至麒麟镇段直径 400mm，长 8.4km。

该工程于 2021 年 11 月 10 日动工建设，经参建各方共同努力，2021 年 12 月 30日汤坑水厂至麒麟镇段管网连通，2022 年 1 月 5 日提前实现向麒麟镇通水，有效解决麒麟镇、南径镇生活用水受影响人口 5 万人，群众日常生活用水全面恢复正常。乌石水厂至普宁市区供水管网连通工程于 2022 年 1 月 20 日实现全线通水，乌石水厂扩建于 2022 年 3 月 30 日完成并实现生产。

该工程建成通水后，有效解决了普宁市区及东部五镇特别是麒麟镇的用水需求，25万受影响人民群众的生活用水困难问题得到根本解决，当地老百姓从此喝上干净水、放心水。同时，普宁市东西部供水体系实现联通，形成多水源互联互备、供水一体化的水资源配置格局，有效提升了普宁市抗旱应急供水能力，保障了城乡供水安全。

五、梅州市丰顺县应急供水工程

2021年，梅州市丰顺县平均降水量较多年平均偏少3成，降水偏少导致县城可取水量严重不足，县城供水水源虎局水库最低时库容仅为21万 m^3（死库容20万 m^3），补充水源石联水库仅剩下死库容10万 m^3，水库供水基本枯竭，丰顺县遭受了严重的干旱，原水供应形势异常严峻。2021年1—5月，丰顺县采取了"停一天供一天"的供水方式。

为保障丰顺县城居民的正常生产生活，丰顺县及时制定落实县城区应急供水方案措施，加快推进丰顺县应急取水水源工程建设：一是建设虎局水库下游河道黄屋桥头应急取水点（图5-3），增加应急供水水源每日0.4万 m^3；二是建设象钩应急抽水泵站，打深水井17口，增加取水量至每日1.4万 m^3，增加浦河泵站取水量至每日1.2万 m^3；三是实施汤西调水工程，即从汤西镇级水厂

图5-3　丰顺县虎局水库下游河道
黄屋桥头应急取水点

调水至县城水厂，最大供水量每日1万 m^3。工程的完工，有效保障了县城供水安全。

六、漳州东山岛外引水第二水源工程

福建漳州东山县是个海岛县，岛上无江河，一直以来除自然降水外仅靠向东渠引水工程单一供水，人均水资源量445 m^3，仅为福建全省人均水资源量的12%，属极度贫水区。为了解决岛上群众生产生活用水，2016年12月东山县正式投建岛外引水第二水源工程。该工程是福建省重点项目，也是东山县为民办实事工程，主要从诏安县龙潭水库至东山县红旗水库建设约30km的引水管线，总投资5.65亿元，设计最大引水规模每日32万t，其中东山县和诏安县各引水每日16万t。

2021—2022年，漳州南部出现严重旱情，东山县岛外引水第一水源几次出现水源断流现象，岛内多方采取限水措施。为切实保障群众用水安全，东山县开启百日

攻坚，全力加快岛外引水第二水源工程建设，于 2022 年 1 月 5 日第二水源原水成功流入红旗水库，极大缓解了东山县生产生活用水极度紧缺现象，同时进一步解决了东山县水资源短缺问题，提高区域供水的安全可靠性，为东山县供水安全和经济社会高质量发展提供强有力保障。

第三节　多措并举　坚守抗旱保供水底线

2021—2022 年旱情影响期间，各级各有关部门坚守供水安全底线，通过采取拉水送水、人工增雨、使用再生水、挖掘应急水源等多种应急方式，多措并举确保生活生产用水，全力以赴保障人民群众用水需求。

一、拉水送水

（一）汕尾市海丰县运水车应急送水

2020 年至 2022 年春，广东省汕尾市遭遇连年罕见旱情，持续干旱无雨，径流严重偏少，供水水源告急。2021 年 4 月底前，汕尾市供水受影响人口一度达到 21.6 万人，缺水问题最为突出的是海丰县县城，海丰县主要供水水源地为青年水库和红花地水库。2021 年 4 月初，红花地水库干涸停止供水，青年水库成为海丰县城供水单一水源，县城部分区域出现了自来水断供的情况，部分高楼层住户和偏远农村约1200 人每天靠运水车供水。

面对严峻旱情，海丰县水务局先后启动水利抗旱Ⅳ级、Ⅲ级应急响应，制定落实了防旱抗旱工作方案；各单位各部门全力以赴，尽最大努力保障人民群众生活用水和农业用水需求。

自 2021 年 4 月 1 日—5 月 17 日的 47 天内，海丰县水务集团的 15 辆送水车共送水 4500 余车次，送水量近 5.2 万 t，每天解决 8.5 万人的用水问题（图 5-4）。此外，广东省水协、广州市自来水有限公司、珠海水务环境控股集团有限公司等也为海丰县抗旱支援送来了供水车，全力保障居民用水。

（二）深汕特别合作区送水入村

为保障城乡居民基本生活用水，广东省深圳市深汕特别合作区制定了应急送水保障工作方案，划分了 4 个送水片区，明确专人负责，精心部署应急送水保障工作。经深圳市三防指挥部大力协调，自 2021 年 5 月 18 日起，一支由深圳市水务局、市应急管理局、市消防救援大队、市水务集团，以及盐田区、光明区、大鹏新区应急管理局等单位 19 台消防车组成的应急送水支援队伍便持续开展送水入村工作，有效缓解了用水紧张的情况，深汕特别合作区人民群众的生活生产基本用水得到有效保障。

图 5-4　汕尾市海丰县抗旱应急送水

（三）惠东巽寮度假区消防车送水

2021 年，广东省惠州市惠东巽寮度假区受持续干旱极端天气影响，出现了较大的旱情。巽寮度假区行政辖区面积 105km²，全区已经建成大型旅游综合服务设施 21 家，其他各中低档酒店公寓、民宿 400 多家，共有客房 2.8 万间，2021 年 4—5 月，巽寮度假区正值旅游旺季，同时也是旱情最紧张的时刻，游客数量激增，用水问题更加突出。

为了解决村民们的饮水问题，当地政府采取了消防车送水等应急措施供水。由巽寮度假区管委会牵头，在各村、社区共设置了 11 个蓄水罐取水点，旱情期间村民不时会前来打水。通过采取应急送水方式，有效缓解了旱情影响，确保人民群众能喝上"放心水""安全水"，同时保障了度假区基本生产生活用水。

二、人工增雨

广东省河源市抓住机会实施人工增雨，2021 年全年实施人工增雨作业 30 次、发射人工增雨火箭弹 120 枚、飞机增雨作业 5 次。

2021 年 2 月 1 日—12 月 21 日，广东省梅州市共成功完成增雨作业 64 次，发射增雨火箭弹 263 枚，为近年最多，为缓解梅州旱情起到了积极作用。

广东省潮州市加强人工增雨管理，抓住有利天气条件，适时开展人工增雨作业，2021 年全市成功开展火箭人工增雨作业 32 次，发射增雨火箭 133 枚。

三、使用再生水

再生水，即污水或生活污水经处理后达到一定的水质标准，可在一定范围内重复使用的非饮用水。广东省深圳市大力推进节水型社会建设，城市再生水利用率显著提高，2020 年全市再生水利用量约为 13.7 亿 m^3，利用率达 72%，居广东省第一，走在全国前列。在 2021—2022 年抗旱保供水行动中，深圳市在原有的基础上，再增加 130 个再生水取水点，并要求全市道路冲洗、绿化浇洒用水 100% 采用再生水，每日可节约自来水约 8 万 m^3，再加上企业等用水大户使用再生水，每日共计可节约自来水约 10 万 m^3。

2021 年广东省广州市发布《节约用水倡议书》，倡议全行业提高用水效率，提高水的重复利用率，推进和落实再生水利用，市政绿化、环卫等单位选用再生水作业。按照《2021—2022 年广州市抗旱防咸保供水工作方案》要求，广州市 2021 年 12 月在综合评估道路交通安全等情况的基础上，向园林绿化、环卫、道路清洒等市政用水服务开放 15 处再生水取水点，每日可提供再生水 1.2 万 t。

第六章

科技支撑更精准有力

2021—2022 年枯水期，水利部与流域各省（自治区）相关水利部门的水文、科研、设计等技术支撑单位通力协作、联合作战，心怀"国之大者"，秉承科学家精神，全力做好流域压咸调度，在水文与咸情监测预报、抗旱"四预"平台调度决策支持、水工程调度方案基础支撑、通信网络及视频会议保障、支撑服务地方等环节应用了一批新方法、新技术、新设备，显著提升了抗旱保供水工作的科学性、时效性和精细化水平，为抗旱保供水工作提供了全过程、全方位的技术支撑，成效显著。

第一节　夯实基础　滚动预报雨水情

在 2021—2022 年珠江流域（片）特大干旱期间，珠江委水文局密切跟踪雨水情状况，科学布置测验频次，充分运用多种技术手段，严格把控测验质量，取得了准确可靠的雨水情监测数据。同时，珠江委水文局采用多种水文预报方法，按照由粗到细、由长期到中短期、由定性到定量的思路，开展重要控制断面的中长期来水预报，为水工程调度提供技术支撑。

一、雨水情监测及信息报送

雨水情测报是抗旱工作最基础的支撑，珠江流域（片）纳入珠江委雨水情自动测报系统的站点共 2990 处，涉及流域内 8 省（自治区）站点 2932 处、委属站点 58 处。2932 处站点中含水文站 266 处、水位站 121 处、水库站 1057 处、雨量站 1485 处、堰闸站 3 处；委属 58 处站点中含水文站 47 处、水位站 11 处，其中珠江三角洲及河口区站点 32 处、省（跨）界站 26 处。雨量站、水文站水文监测和信息报送是测站最基础的工作内容，水文测报的精度直接影响着防御工作决策，因在干旱的低水条件下水文站常规流量测验手段测量精度将降低，在迎战 2021—2022 年珠江流域（片）特大干旱期间，为解决低水测流的精度问题，珠江委水文局密切跟踪雨水情状况，科学布置测验频次，提前研究多种监测应对方案，充分运用多种技术手段，适时开展应急监测"以测补报"，作为对固定常设水文站测验的有效补充，取得了准确可靠的水文监测数据；运用无人测量船、高频走航式 ADCP、手持点流速仪 ADV 等现代化监测设备，加大监测频率，全方位多角度进行测量观测与校核，2021—2022 年珠江流域（片）枯水期水量调度实施过程中，在 25 处水文测站共计加测流量 600 余次，分析在线数据 78000 余组，定性分析 20 余次，上报数据 800 余份，及时修正流量流速关系曲线，确保低水位小流量监测精度。在咸潮上溯强劲期间同步开展珠江口门区域水量变化情况应急监测，及时上报珠江八大口门及石角咀落潮段水量监测数据，为水量调度提供了第一手数据。

二、雨水情预测预报

（一）长中短期相结合的水文预测预报方法

珠江流域（片）枯季径流预报范围广、无控区间大，受河道断面变化、水库电站众多、水文情势复杂等诸多因素影响，枯季径流预报难度大。珠江委水文局多年来对珠江流域（片）枯季降雨径流特性进行了深入研究，通过多种预测预报技术的有机结合，建立了具有珠江流域（片）特色的长中短期、大时空尺度相结合的枯季径流预测预报集成模型。该集成模型综合考虑了气象部门的预测结论、气候天气背景，集合了各类预报因子，挖掘出起关键作用的因子，以当前江河来水的实况作为模拟计算的初始状态，应用不同的方法进行预测预报，对各种预报结果进行综合分析和研判，结合专家经验，得出最优的预报成果。珠江流域（片）枯季径流预测集成模型流程如图 6-1 所示。

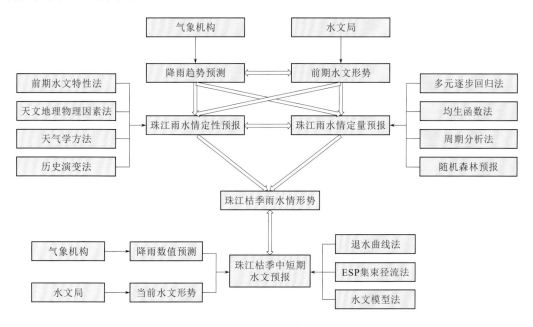

图 6-1　珠江流域（片）枯季径流预测集成模型流程图

通过多年的应用实践，珠江委水文局建立了珠江雨水情定性、定量预报技术。其中，珠江雨水情定性预报技术主要包括前期水文特性法、天文地理物理因素法、天气学方法、历史演变法；珠江雨水情定量预报技术主要包括多元逐步回归法、均生函数法、周期分析法、随机森林预报法。

目前，对于珠江流域（片）各控制断面未来 10～20 天的逐日来水过程预测，一般是在月来水预测的基础上，参考中央气象台、欧洲数值预报中心预见期内的降雨预报，采用相应的水文预报方法对预见期内的逐日来水过程进行预测。若预见期内无有效降雨，主要采用退水曲线法进行径流预测；若预见期内有降雨，则分别对中央气象台、欧洲数值预报中心的降雨数值预报进行面雨量计算，使用水文模型法预测各控制断面的逐日流量过程。

（二）精准预报枯季重要断面来水

根据珠江委工作统一部署，珠江委水文局于 2021 年汛前即开展西江、北江、东江、韩江等主要跨省江河的年度雨水情分析研判，为年度水量调度提供科学依据。2021 年 6 月下旬，珠江委水文局即着手开展后汛期及枯水期流域雨水情分析及预测工作，对流域主要分区降雨、重要断面来水进行了定性定量预测，准确预判"珠江片汛期当汛不汛、后汛期和枯水期持续偏枯"，为珠江委开展水库汛末蓄水工作提供决策依据。

进入枯水期，珠江委水文局每日对梧州、石角、博罗、潮安等重要断面，天生桥一级、光照、龙滩、百色、飞来峡、棉花滩等骨干水库水情进行实时监测，及时对西江流域、北江流域、东江流域、韩江流域雨水情进行滚动分析研判，不断提高预报精度，及时发布枯水预警。2021—2022 年枯水期，珠江委水文局先后对西江、北江流域开展 13 次月来水滚动预报，35 次逐潮周期的日过程来水滚动预报，合计发布预报 934 站次；对东江流域开展 5 次月来水滚动预报，3 次日过程来水滚动预报，合计发布预报 40 站次；对韩江流域开展 11 次月来水滚动预报，19 次日过程来水滚动预报，合计发布预报 240 站次，为珠江委实施枯水期水量调度提供技术支撑。

1. 西江

历年西江流域枯水期水文预报断面主要涉及天生桥一级水库、光照水库、龙滩水库、柳州、对亭、武宣、太平、京南、崇左、百色水库、贵港、金鸡、梧州、官良、南丰共 15 个断面。但 2021 年后汛期来水明显偏枯，汛末水库蓄水偏少，抗旱形势严峻，为更好地服务于枯水期精细化水量调度，珠江委水文局将 2021 年中长期水文预报方案进一步细化，涉及的预报断面增加至 50 余个，基本涵盖西江流域主要干支流的重要站点，如图 6-2 所示。

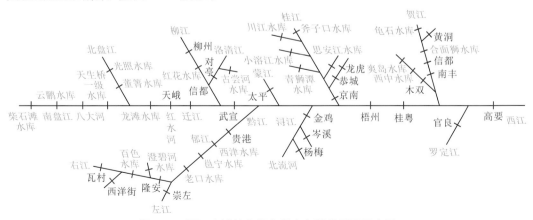

图 6-2 西江流域枯水期主要水文预报断面示意图

（1）长期雨水情形势研判。2021 年 6 月，珠江委水文局根据降雨及江河来水实况、降水预报，对各种预测预报方法的预测结论进行分析研判，预计西江流域后汛期降雨略偏少，天然来水偏少 2～3 成，枯水期降雨正常，西江天然来水为偏枯水年（$P=75\%$）的可能性较大，其中西江梧州水文站 2021 年 12 月—2022 年 2 月，连续 3 个月的月平均天然流量可能低于 1800 m^3/s。

（2）滚动预测。

2021 年 7—9 月，西江流域实况降雨较前期预测偏少更为明显，主要干支流来水明显偏少，西江梧州站天然来水偏少 3～6 成。珠江委水文局不断根据实况降雨和来水对后期雨水情进行跟踪研判，提高预报精度，为主要骨干水库蓄水提供技术支撑。

进入水量调度关键期（2021 年 10 月—2022 年 3 月），珠江委水文局根据实时雨水情变化情况及枯水期调水工作需要，增加了水文预报频次，并开展了逐潮周期的日过程来水滚动预报，同时密切跟踪降雨数值预报，当发生明显降水过程时，及时进行中短期来水滚动预报，为精细化水量调度提供保障。

为及时掌握西江流域来水变化和来水量，珠江委水文局分别开展长期水文预报和中短期雨水情预测预报。当预测降雨变化较小时，按照 1 个月滚动预报 1 次频率开展长期水文预报。2021 年 10—11 月期间，珠江委水文局共发布了 6 次长期预报，对主要断面后期来水进行逐月定量预测分析，西江主要控制断面来水预报相对误差基本都在±20% 以内，预报精度较高。当降雨、来水形势有转变或前期预测结果与实况存在较大偏差时，加密预报频次，及时开展中短期雨水情预测预报，且以逐潮周期作为预测频率。在 2021 年 10 月 6—11 日、10 月 12—14 日、10 月 30 日—11 月 1 日、11 月 15—17 日西江发生较强降雨过程期间，采用水文模型对天生桥一级、光照、龙滩、岩滩、大藤峡、百色、长洲等骨干水库及柳州、贵港、梧州等主要断面的中短期来水进行预报，较为准确地预报了来水过程及水库增蓄水量。2022 年 1—2 月，针对 2 次西江流域较强降雨过程期间的水文预报，珠江委水文局根据降雨数值成果，对主要降雨落区内的柳江、桂江等水文断面采用水文模型法进行实时滚动预报，对其他断面来水采用退水曲线法等多种方法进行更新预报。其中，柳江柳州站、桂江京南站 2022 年 1—2 月的日均来水预报相对误差基本控制在 5% 以内。

2. 北江

北江流域枯水期主要水文预报断面涉及坪石、犁市、南水、飞来峡水库、飞来峡、石角等断面，断面分布如图 6-3 所示。

（1）长期雨水情形势研判。根据珠江水量调度工作的需要，北江枯水期水文预报一般与西江枯水期水文预报同步进行。2021 年 6 月，充分考虑降雨及江河来水实况、降水预报，对各种预测预报方法的预测结论进行分析研判，预计北江流域后汛期降雨正常略少，天然来水偏少 2～3 成，枯水期降雨正常略少，北江天然来水为偏枯水

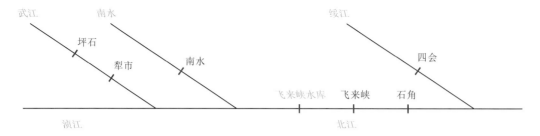

图 6-3 北江流域枯水期主要水文预报断面示意图

年（$P = 80\%$）的可能性较大。

（2）滚动预测。

2021 年 7—9 月，北江流域实况降雨较前期预测偏少更为明显，河道天然来水明显偏少，北江下游控制站石角站天然来水偏少 5～7 成。珠江委水文局不断根据实况降雨和来水对后期雨水情进行跟踪预报，提高预报精度。

进入水量调度关键期（2021 年 10 月—2022 年 3 月），珠江委水文局根据实时雨水情变化情况及枯水期调水工作需要，增加了水文预报频次，并开展了逐潮周期的日过程来水滚动预报，同时密切跟踪降雨数值预报，当发生明显降水过程时，及时进行中短期来水滚动预报，为精细化水量调度提供保障。

为及时掌握北江来水变化和来水量过程，珠江委水文局分别开展长期水文预报和中短期雨水情预测预报。当预测降雨变化较小时，按照 1 个月滚动预报 1 次频率开展长期水文预报。2021 年 10—11 月期间，共开展了 6 次长期预报，对主要断面后期来水进行逐月定量预测分析，石角站来水预报相对误差 10 月为 −14%、11 月为 2%，预报精度较高。2022 年 1—2 月，北江流域出现明显降雨过程，来水形势有所好转，采用中短期预测预报技术对各控制断面逐日来水过程进行定量滚动预测预报，北江日均来水滚动预报效果较好，石角站日均来水预报相对误差基本控制在 10% 以内。

3. 东江

东江流域枯水期主要水文预报断面涉及胜前、水背、枫树坝水库、龙川、新丰江水库、河源、白盆珠水库、博罗共 8 个断面，断面分布如图 6-4 所示。

（1）长期雨水情形势研判。鉴于东江流域来水及水库蓄水情况，立即着手开展后汛期雨水情分析预测工作，于 2021 年 7 月初完成对东江流域后汛期及枯水期雨水情的初步预判分析，预计"后汛期及枯水期东江流域来水持续偏少的可能性较大"，准确的情势预判为水库蓄水赢得了宝贵的时间。

（2）滚动预测。自 2021 年 7 月起，持续开展东江雨水情长期滚动预测。2021 年 8 月中旬，珠江委水文局在充分考虑 7 月降雨及江河来水实况的基础上，对东江后汛期及枯水期的来水情势更新预报，预判"后汛期东江流域来水持续偏少，枯水期来

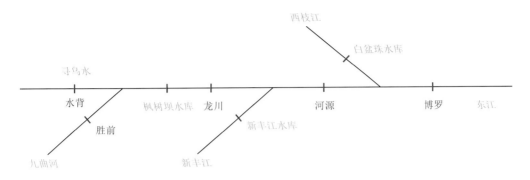

图 6-4　东江流域枯水期主要水文预报断面示意图

水可能出现特枯水年"。9月初,结合前期雨水情实况及后期降雨预测,采用多种方法,对东江流域枯水期主要断面来水进行逐月定量预测,其中预测东江下游博罗站天然来水较多年同期偏少近 6 成。10 月,东江流域发生两次较明显降雨过程,但由于前期降雨异常偏少、江河底水异常偏枯,10 月的降雨对江河来水有所补充,但未能改变来水偏少的态势,预判枯水期后期东江来水还将较长时间维持偏少态势。11月,东江流域未发生明显降雨过程,东江来水进一步偏枯,预判枯水期后期东江来水还将较长时间维持明显偏少态势。12 月,东江流域发生 1 次较明显降雨过程,根据降雨预报成果,及时更新研判来水形势,给出了"降水影响有限,后期东江来水还将较长时间维持明显偏少态势"的预测结论。2022 年 1—2 月,根据降雨预报成果及统计资料分析,预判"枯水期后期东江来水形势将有所好转"。

进入枯水期(2021 年 10 月—2022 年 3 月),每日对博罗等重要断面及枫树坝、新丰江、白盆珠等重点水库水情进行实时监测,及时对东江流域雨水情进行日均来水滚动预测预报,预报效果总体较好,其中博罗站日均来水相对误差为 −8%。

4. 韩江

韩江流域枯水期主要水文预报断面涉及益塘水库、合水水库、长潭水库、横山、棉花滩水库、溪口、青溪水库、高陂水库、潮安共 9 个断面,断面分布如图 6-5 所示。

(1)长期雨水情形势研判。鉴于韩江流域来水及水库蓄水情况,珠江委水文局立即着手开展后汛期雨水情分析预测工作,于 7 月初完成对韩江流域后汛期及枯水期雨水情的初步预判分析,预计"后汛期及枯水期韩江流域来水持续偏少的可能性较大",准确的情势预判为水库蓄水赢得了宝贵的时间。

(2)滚动预测。自 2021 年 7 月起,持续开展韩江雨水情长期滚动预测。2021 年8 月中旬,更新预报韩江后汛期及枯水期的来水情势,预判"后汛期韩江流域来水持续偏少,枯水期来水可能出现特枯水年"。8 月底,在充分考虑前期降雨及江河来水实况、后期降雨预测的基础上,采用多种方法,对韩江流域枯水期主要断面来水进行逐月定量预测,其中潮安站天然来水预测较多年同期偏少近 5 成。随着来水的进一

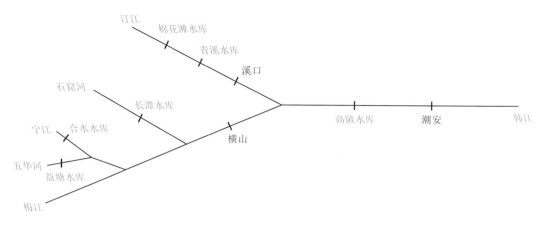

图 6-5　韩江流域枯水期主要水文预报断面示意图

步偏枯，9 月底，及时更新韩江来水定量预测成果，其中预测潮安站天然来水较多年同期偏少约 6 成。进入枯水期（2021 年 10 月—2022 年 3 月），加密月均来水滚动频率，共发布了 11 次月来水滚动预报，其中关键调度期的 2021 年 10 月—2022 年 1 月的潮安站天然月均来水预测相对误差基本控制在 ±20％ 以内。

珠江委水文局每日对横山、溪口、潮安等重要断面及棉花滩等重点水库水情进行实时监测，及时对韩江流域雨水情进行滚动分析研判，19 次日过程来水滚动预报，预报效果总体较好，其中潮安站日均来水相对误差为 -11％。

（三）及时发布枯季干旱预警

枯季水情干旱预警依据枯水程度及其发展态势，由低至高分为四个等级，依次用蓝色、黄色、橙色、红色表示，即：枯水蓝色预警（轻度枯水）、枯水黄色预警（较重枯水）、枯水橙色预警（严重枯水）、枯水红色预警（特别严重枯水）。珠江委水文局密切监视流域降雨、江河来水、水库蓄水等雨水情实况，滚动研判雨水情发展态势，及时发布枯水预警，其中发布西江枯水蓝色预警 3 次、北江枯水蓝色预警 3 次、东江枯水黄色预警 4 次、韩江枯水黄色预警 3 次、韩江枯水蓝色预警 1 次，提请流域有关地区和社会公众注意防范。

结合水情预警和旱情发展实际，2021—2022 年枯水期珠江防总启动了抗旱 IV 级应急响应，统筹流域供水、发电、航运、生态等各方用水需求进行预演，滚动优化水库调度方案，统筹流域各部门、各行业做好抗旱保供水工作。

第二节　攻坚克难　精准预报河口咸情

珠江委水文局在珠江河口主要断面布设咸情监测站点，为及时掌握河口咸潮变化情况提供了信息基础。同时，采用数值统计预测预报模型和数值仿真模型开展河口咸情预测预报分析，为科学制定水工程调度方案提供有力技术支撑。

一、河口咸情监测与信息报送

咸情监测是河口咸潮上溯规律与机理研究的基础，可为咸情预警预报、补淡压咸工作提供重要技术支撑。

（一）西北江三角洲

1. 监测当先，建立完备的咸情监测站网

为有效监控珠江河口咸潮上溯情况，保障区域供水安全，珠江委水文局与珠海市、中山市等地方水利部门不断加强咸情监测站点建设，逐渐形成以重要取水口为核心、主要控制节点为辅的咸情监测站网。目前，西北江三角洲共有 55 个咸情监测站，磨刀门水道是珠澳供水系统的重要引水通道，其咸潮上溯情况受到重点关注，沿线布设竹洲、竹银、平岗、竹排沙、联石湾、挂定角等测站；口门及沿海是咸潮来源，其氯化物含量的变化能提前反映咸潮强弱，沿口门布设大横琴、马骝洲、横门东、大虎等测站。

2. 实时传输，搭建高效的咸情信息报送网络

各咸情站利用先进的监测设备自动采集盐度、电导率等咸情信息，经 GPRS 主信道和北斗备用信道实时传输至珠江委、珠海、中山、东莞等水情分中心，各水情分中心对咸情信息初步整理、矫正后发布成数据接口，通过水利骨干网或公网将全部信息报送汇集到珠江委水文局水情中心信息化平台，最终形成自前端监测站点到终端信息化平台的全自动实时传输咸情信息报送网络。

3. 合作共赢，形成长效的咸情信息共享机制

为确保河口咸情监测与信息报送工作的顺利开展，珠江委不断拓展工作思路，积极建立信息共享机制。通过紧密联系珠海、中山、广州等地市的水利部门，加强沟通与合作，共同完善咸情与水工程调度信息报送的规范性、精准性和顺畅度，实现彼此之间信息的无缝衔接，形成长效化合力，实现咸情信息互通共享。

（二）东江三角洲

1. 构建咸情系统监测站网，为咸情预警及规律研究奠定基础

在 2021—2022 年枯水期东江三角洲发生特大旱情前，东江三角洲基本无系统的咸情监测站网。面对严峻的抗旱保供水形势，根据咸情规律研究与咸潮预报需求，应急建设东江三角洲咸情监测站，形成了东江三角洲系统的咸情监测站网，如图 6-6 所示。东江三角洲共有 35 个咸情监测站，其中东莞市 25 个、广州市 10 个，可有效支撑东江三角洲咸情预警任务，为东江三角洲咸潮规律研究、咸情预报提供了坚实基础。

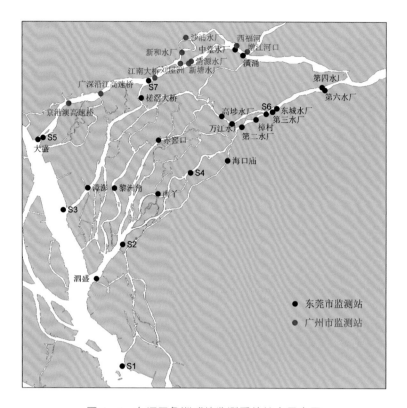

图 6-6　东江三角洲咸情监测系统站点示意图

2. 绘制氯化物含量分布图，为研判咸情发展提供基础支撑

根据东江三角洲 35 个咸情监测站数据，绘制东江三角洲氯化物含量分布图，研判东江三角洲咸情形势，为东江三角洲咸潮研究提供支撑。2022 年 1 月 22 日东江三角洲咸潮最大覆盖范围如图 6-7 所示，此日为 2021—2022 年枯水期咸情最为严重的一天，第二、第三水厂最大氯化物含量分别达到 1515mg/L、932mg/L，创历史新高。

3. 基本摸清咸潮上溯规律，为咸情预报及压咸调度提供技术支撑

在东江三角洲咸情系统监测站网的支撑下，掌握了东江三角洲咸潮上溯规律，为咸情预报及压咸调度提供技术支撑。根据图 6-8 可知，东江三角洲南支流咸潮上溯较北干流严重，一是北干流分流比较大，较大流量可抑制咸潮上溯；二是因北干流更靠近狮子洋上游，口门处大盛站氯化物含量相对较低。而东江三角洲南支流中第二水厂所在的南汊咸潮上溯强于高埗、万江水厂所在的北汊，位于南支流南、北汊上游的东莞市主力水厂第三水厂的高盐水主要来自南汊。第二水厂下游河道分为东莞水道、万江河、大汾水道及厚街水道，因厚街水道建有厚街水闸，在咸潮上溯期间会进行挡咸调度，因此对东莞市供水安全造成较大威胁的是来自东江南支流的南汊东莞水道、万江河、大汾水道的咸潮上溯，其次为东江南支流北汊的赤窖口河、中堂水道。东江三角洲咸潮上溯路径及强弱如图 6-8 所示。

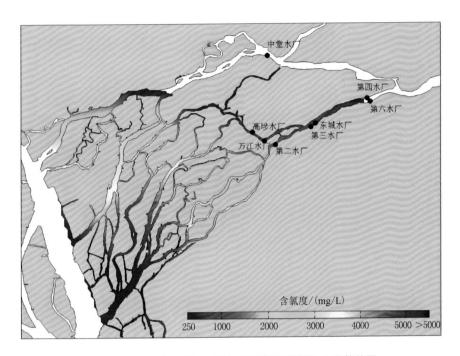

图 6 - 7　2022 年 1 月 22 日东江三角洲咸潮最大覆盖范围

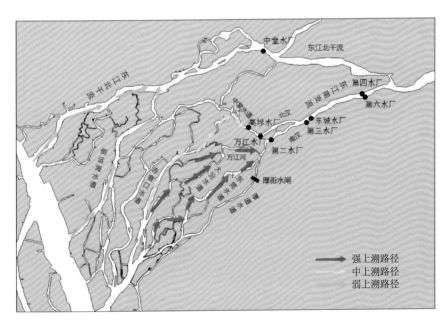

图 6 - 8　东江三角洲咸潮上溯路径及强弱示意图

二、河口咸情预测

咸潮上溯主要受径流、潮汐、风、海平面、河口形状、河道水深等因素影响，其中径流与潮汐是咸潮上溯的主要驱动因素，径流决定咸潮上溯强度，潮汐决定咸潮发生时间。较大风速与不利风向作用下会加剧咸潮上溯，同时也会影响咸潮发生时间。因此，咸潮预报中重点考虑的因子为径流、潮汐和风。通过10多年的积累、发展与更新，现已构建数值统计预测预报模型与数值仿真模拟模型交互验证的技术体系，可实现包括长期、中期、短期不同时间尺度下珠江河口咸潮预测预报。

（一）技术路线

首先，进行预报因子参数筛选，确定珠江河口咸潮预测预报的主要影响因子。采用灰色关联度分析法，通过计算各个咸潮影响因子与珠江河口咸潮的关联程度，分析咸潮上溯对径流、潮汐、风、季节性海平面变化等多影响因子的敏感程度。以多因素统计分析方法，衡量各因子与咸潮的相似或相异程度。采用主成分分析法，通过分析径流、潮汐、风等各咸潮影响变量在各主成分的贡献率，确定咸潮影响因子的重要程度，越处于前列的主成分贡献率越大，对咸潮的影响越大。最终，确定压咸流量、前期流量、最低潮位为咸潮上溯的主要影响因子。

其次，构建数值统计预测预报模型。根据珠江流域枯季径流与珠江河口潮汐的特性，考虑压咸流量、前期流量、最低潮位等咸潮主要影响因子，建立数值统计预测预报模型。采用半月潮周期线性回归模式，构建枯水期不同农历月珠江河口预测站点半月潮周期的平均取淡概率与西北江平均流量的线性相关关系，形成了多（单）因子（径流强度、潮汐强度）输入—单因子输出（取水口取淡概率）咸潮预测预报模型。逐日预报模型通过建立预测站点半月潮周期内逐日的流量—咸界位置关系曲线以及咸界位置—超标时间关系曲线，并利用以上关系曲线预测出不同流量条件下取水口的超标时间。

最后，构建数值仿真模拟模型。构建适用于低盐度区的珠江河口大范围（上游西江至梧州，北江至石角，东江至博罗，下游至珠江河口荷包岛—担杆岛一线）、高分辨率咸潮数值模型，优化平面计算网格剖分方法、盐度对流扩散项数值算法，以实现珠江河口咸潮的高效、精准模拟。珠江河口大范围模型范围如图6-9所示，珠江三角洲枯水期平面盐度分布模拟结果如图6-10所示。

河口咸情预报在应对2021—2022年枯水期珠江流域特大旱情方面发挥了重要作用，为保障供水安全提供了重要技术支撑。

（二）西北江三角洲

1. 精准预报2021—2022年枯水期咸潮

在2021—2022年珠江流域（片）枯水期咸潮滚动预测预报工作中，采用半月潮周期逐月线性回归修正模式作为主要预报手段，根据每个半月潮周期实测的来水、潮汐、咸潮、风等情况，研判西北江三角洲咸潮发展趋势是否增强，滚动更新半月潮周期逐月线性回归修正模式的流量、常数系数与潮汐、风等参数，并对西北江三角

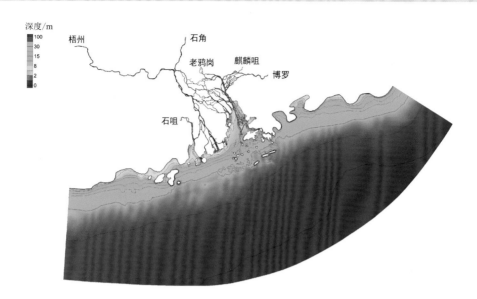

图 6-9　珠江河口大范围模型范围图

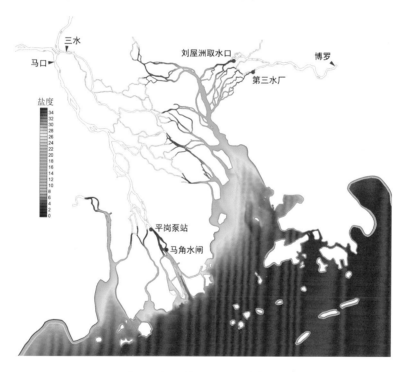

图 6-10　珠江三角洲枯水期平面盐度分布模拟结果

洲主要取水口短期（未来 15 天）及未来中长期（未来 1 个月以上）的逐日咸情进行
滚动预测预报。实践表明，2021—2022 年枯水期西北江三角洲咸潮预测预报的精度
总体在 90% 以上，精准预测压咸时机，向珠江流域（片）抗旱"四预"平台提供压
咸补淡效果动态预演的咸情数据，为精准调度提供技术支撑。

2. 精准预报关键时间节点咸潮

在深入研究西北江三角洲咸潮上溯规律的基础上，通过不断修正完善咸潮预报模型，并结合实时滚动修正技术，实现关键时间节点的精准预报，为保障元旦、春节和元宵节期间供水安全提供技术支撑。元旦期间，西北江恰逢天文大潮，平岗泵站、竹洲头泵站和马角水闸氯化物含量连续长时间超标，根据调度后的来水方案，并考虑潮汐、风等因素影响后，预测平岗泵站、竹洲头泵站平均取淡概率分别为49%、67%，马角水闸在半月潮周期内具备开闸取水条件，咸情预测预报结果与实测值误差在10%以内。春节期间，受天文大潮和来水条件影响，咸潮影响增强，磨刀门水道最远咸界将越过竹洲头泵站，根据调度后的来水方案，并考虑潮汐、风等因素影响后，预测平岗泵站、竹洲头泵站取淡概率分别为98%、100%，马角水闸具备连续多日开闸换水条件，咸情预测结果仅与实测值相差1%以内。2022年2月15日元宵节前后，正值天文大潮，预报三灶站最低潮位偏高，西北江三角洲咸潮上溯最远距离可能达到30km，珠海、中山等地部分地区正常供水可能受到影响，根据调度后的来水方案，并考虑潮汐、风等因素影响，预测平岗泵站、竹洲头泵站不受咸潮影响，马角水闸基本不受咸潮影响咸情预测结果与实测值完全一致。

3. 精准预报重要取水口取水时机

为有效应对咸潮影响，保障供水安全，珠江委水文局综合分析预测来水过程与潮位过程，精准预报马角水闸从1月19日开始有取淡机会，并向珠江委提出西北江梧州站+石角站按不低于2800m³/s下泄的调度建议。经水量调度后，马角水闸于1月19日和20日部分时段的氯化物含量分别降至250mg/L以下，相继出现抢淡补水良机并顺利开闸换水，水闸围内坦洲水厂取水口氯化物含量降至250mg/L以下，有效保障了中山市坦洲镇供水安全；1月20日珠海市平岗泵站氯化物含量日超标时数已降至5小时，竹洲头泵站全天可取淡水，为珠海市水库群库容补蓄创造了有利条件。

(三) 东江三角洲

东莞市中西部片区现有供水系统的调蓄能力弱，各主力水厂建设的清水池蓄满后仅能维持2小时左右的正常供水。在这种情况下，咸潮短期逐时预报至关重要。在应对东江60年以来最严重旱情的过程中，基于东江三角洲咸潮规律的研究，建立了咸潮快速预报模型，实现了未来3日水厂日最大氯化物含量和逐时氯化物含量过程预报。通过咸情预报，提前预判防咸级别，保障水厂避开氯化物含量超标时段错峰取水，并及时利用清水池进行调蓄，极大地提升了供水保证程度。

1. 实现2021—2022年枯水期氯化物含量逐时精准预报

历史上东江三角洲鲜有咸潮灾害发生，因此缺乏有效数据支撑咸潮快速预报模型的构建，给咸潮预报工作带来极大难度。面对无历史数据支撑建模及咸情迅速加剧的严峻局面，通过历史及 2021 年 9 月第二水厂较少的超标数据，借鉴多年磨刀门咸潮上溯的研究基础与丰富经验，勇于攻关、迎难而上，夜以继日成功建立第二、第三水厂咸潮预报模型。依据预报结果，迅速协调、多措并举，极大地降低了咸情造成的严重不利影响，取得了显著的预报成效。实践表明 2021—2022 年枯水期东江三角洲咸潮预报模型的精度总体在 80% 以上，峰值偏差在 2 小时以内，为防咸级别预判、会商和应对措施制定提供了重要的技术支撑。

2. 实现咸潮预报滚动修正

在为东江三角洲抗旱保供水工作提供技术支持过程中，东江三角洲咸情屡创历史新高，咸潮预报工作遭遇较多挑战。东江三角洲咸潮上溯规律较其他河口更为复杂，除受径流、潮汐、风等因素影响，还受伶仃洋河口湾内氯化物含量影响，通过引入实时修正技术，量化伶仃洋河口湾内氯化物含量及累积效应的影响，实现咸潮预报滚动修正，精准预报 2021—2022 年枯水期东江三角洲重要水厂逐时氯化物含量变化趋势。2021 年 12 月 8 日，第二、第三水厂氯化物含量最大值由 7 日的 891mg/L、582mg/L，陡升至 1281mg/L、812mg/L，创历史新高。通过研究分析，此次咸情创新高的原因为：一是寒潮来袭，较大偏北风导致伶仃洋湾内重力环流加强，河口湾内氯化物含量升高，从而使进入东江三角洲盐通量增大；二是外海海平面升高，导致潮位抬升，潮动力增强。根据分析结果，调整咸潮预报模型参数，并进行实时修正，精准预报后续咸情走势。2022 年 1 月 22 日，为第二水厂连续超标的第 23 天，此时博罗站流量有所增大，但第二、第三水厂氯化物含量又一次破历史纪录，分别达到 1515mg/L、932mg/L，与咸潮一般规律不符。通过深入研究咸潮上溯规律，发现东江三角洲盐度累积效应是导致此异常现象的主导因素。长期低流量、河口高盐水团造成累积效应，突出表现在 2021 年 11 月后月均流量越大，咸情越严重，见表 6-1。盐度累积效应的揭示，为后续春节、元宵节期间压咸流量的确定提供了强有力的科学依据。

表 6-1　2021—2022 年枯水期东江博罗站与第二、第三水厂氯化物含量对比表

统计项	位置	2021 年 9 月	2021 年 10 月	2021 年 11 月	2021 年 12 月	2022 年 1 月
月平均流量/（m³/s）	博罗站	127	199	172	222	230
最大氯化物含量 /（mg/L）	第二水厂	410	505	664	1281	1515
	第三水厂	358	406	385	812	932

3. 实现元旦、春节和元宵节等关键时间节点的精准预报

在深入研究东江三角洲咸潮上溯规律的基础上，通过不断修正完善咸潮预报模型，并结合实时滚动修正技术，实现关键时间节点的精准预报，为保障元旦、春节和元宵节供水安全提供技术支持。元旦期间，东江恰逢天文大潮，各水厂氯化物含量迅速飙升，其中第二水厂氯化物含量一天时间由 320mg/L 升高到 1147mg/L，通过前期不断

修正完善预报模型，最终预报结果仅与第二、第三水厂实测值相差61mg/L、59mg/L。春节期间，受流域降雨影响，咸潮有所减弱。技术团队捕捉到降雨对咸潮带来的影响，迅速改进预报公式，最终成功预测春节期间的咸情形势。元宵节期间，根据未来潮汐及较强偏北风的预测结果，科学研判元宵节压咸窗口期，并根据咸潮预报模型和预演结果，确定280m³/s的压咸流量，最终咸界未超过东莞市第三水厂，第二、第三水厂氯化物含量最大值分别为544mg/L、183mg/L，预报结果分别为587mg/L、212mg/L。2021—2022年枯水期东江三角洲各关键时间节点的咸潮预报工作总结见表6-2。

表6-2 2021—2022年枯水期东江三角洲各关键时间节点的咸潮预报总结表

单位：mg/L

水　厂	元旦期间		春节期间		元宵节期间	
	实测最大值	预报最大值	实测最大值	预报最大值	实测最大值	预报最大值
第二水厂	1237	1298	567	525	544	587
第三水厂	725	784	251	241	183	212

第三节　数字孪生　赋能抗旱"四预"平台

面对"冬春连旱、旱上加咸"的严峻抗旱保供水形势，珠江委积极全面落实"四预"措施，迅速整合委属单位技术力量和社会资源，按照数字孪生建设总体框架要求，充分利用大数据、人工智能、遥感解译分析等新技术搭建珠江流域（片）抗旱"四预"智慧化平台（以下简称"四预"平台），并于2021年10月正式上线投入运行。2021—2022年抗旱期间，珠江委运用"四预"平台汇集雨水情、咸情、水库蓄水动态、水厂运行状况等信息，集成中长期预报调度模型等多种模型，滚动预测预报旱情咸情变化态势，结合抗旱保供水"三道防线"，动态滚动调度预演，多要素智能预警，不断优化联合调度方案，精准调度补水，优化了防汛会商决策流程，确保了香港、澳门、金门供水安全，确保了珠江三角洲及粤东闽南等地城乡居民生活用水安全。

一、"四情"智能识别与快速汇集，全面支撑"三道防线"统一调度

充分利用语义自动识别技术，汇集邮件、简报、短信等多种数据来源，智能识别"四情"信息，快速准确提取信息知识，实现数据标准化存储，为全面监控流域旱情、咸情信息提供支撑。

"四预"平台汇集流域水雨情、河道来水、水库蓄水及咸情感知等各类监测信息及当地供水信息，实时更新流域旱情、咸情和供水情势变化信息，结合地图、表格、过程线等方式，时间上展示过去、现在、未来情况，空间上展示流域、区域、站点情况，结合多时空智能分析、关联分析等技术，在特大干旱期间，明晰流域旱情形势和抗旱重点。

在雨情方面，"四预"平台集成流域过去、现在和未来降雨信息；在水情方面，汇集了流域河道站、水库站等监测站点实时信息，并通过地图和列表动态展示流域水情信息；在咸情方面，以潮周期为分界线针对主要咸情监测站分析当前及上一潮周期的超标时长、取淡概率情况；在蓄水方面，按照"三道防线"分别统计分析流域内"本地、近地、远地"蓄水情况。

二、基于 GPU 并行计算技术，构建多模型耦合抗旱服务平台

"四预"平台基于 GPU 并行计算、多结构混合存储等技术，统一调配、高效利用计算资源，实现预报模型快速稳定计算，为构建多模型抗旱服务平台、进一步提升预报水平提供科技支撑。

为了进一步精准掌握流域旱情、咸情发展变化，"四预"平台运用多模型标准化管理技术构建模型管理平台，集成中短期降雨数值预报模型、数理统计模型等多种预报模型，解决业务系统烟囱式开发造成的模型重复集成、难以共享使用等问题，提高模型共享复用能力、计算效率。基于欧洲中心、中央气象台、广东气象台等多种降雨预报源，结合中短期河系水文预报方案，进行自动值守滚动预报和预报结果比较优选，进一步提高河道断面中短期来水预报精度，为精细调度上游补水和合理利用河道来水提供技术支撑。

结合未来降雨预报数据，基于中短期降雨数值预报模型，"四预"平台自动生成预报结果，根据预报结果可知，西江干流梧州站从 1 月 6 日—3 月 2 日期间预报流量低于 $1800\text{m}^3/\text{s}$，并出现最小流量 $1510\text{m}^3/\text{s}$，远远低于目标流量，无法压制咸潮上溯，难以保障下游城市生产生活用水需求，需要开展补水调度，如图 6-11 所示。

三、多手段、多要素、多通道预警发布模式，预警信息快速直达一线

基于智能识别、物联网等技术，构建不同要素的个性化预警和多手段、多通道预警发布模式，有效支撑预警信息直达用户，大大提高预警信息发布时效性和针对性。

"四预"平台根据实时水情、咸情和预报来水结果，结合取淡概率、氯化物含量、蓄水量等指标数据，对河口氯化物含量超标、取淡概率保证水平、水库蓄水、取水等情况进行判别分析，明晰流域取水缺口与取淡风险，结合地图定位闪烁与表格统计方式及时发出预警信息，采用短信、电话、简报等途径提前发布旱情、咸情预警信

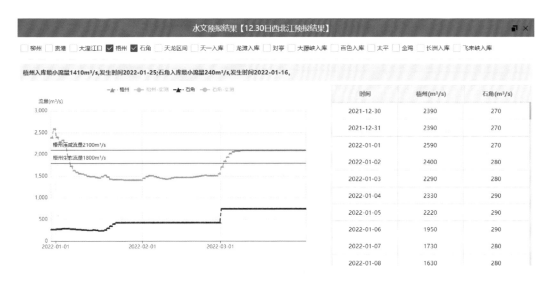

图 6-11　西江干流梧州站天然来水预报

息，提前通知水厂、航运、泵站管理站等一线部门，提早做好抗旱保供水准备。

2022 年春节前后，运用"四预"平台，结合实时雨水咸情和预报来水结果，可知平岗泵站、马角水闸等多个咸情监测站氯化物含量超标时长较长，取淡概率较低，"第一道防线"竹银水库、北部库群、南部库群等水库有效蓄水量较低；西江干流梧州站预报来水量低于 $1800\mathrm{m}^3/\mathrm{s}$，无法满足压咸目标流量。"四预"平台结合预警指标体系，提前发布咸情、来水流量、水库蓄水等预警信息直达一线，提醒水厂、航运、水利工程管理单位等部门提早做好抗旱准备。

四、流域统筹、区域协同，实现多目标供水调度方案效果动态预演

"四预"平台采用 GIS+BIM、可视化引擎等技术，将 GIS 与 UE4 等多种可视化技术高度融合，实现视频、全景图、BIM 等虚实空间数据耦合，统筹流域和区域，实现天、地、河、库、管可视化全过程精细化模拟，高效渲染预演场景，动态掌握旱情、咸情变化过程，基于多目标、多区域的调度预演场景，滚动调度预演，推荐最优调度方案。

为抑制河口咸潮上溯距离，提高广州、珠海、中山等水厂供水保障程度，提高水厂取淡概率，利用"第二、第三道防线"水库群，滚动调整出库流量，多方案预演压咸时机和补充水量，减轻咸潮对重要取水口影响，保障下游供水安全。运用"四预"平台，综合研判当前流域雨水咸情和未来预报来水情况，结合取水口取淡概率、咸界下移距离和河道流量对不同工况下的调度方案进行滚动预演。对比不同调度方案下的补水总量、河道最小流量、氯化物含量指标及咸界上溯距离等评价指标，分析调度成效，比较多种调度方案后，确定了以龙滩水库为补水骨干水库，截至 1 月底控

制出库流量保持 1000m³/s 补水流量的调度方案。

根据调度后计算结果，2月3—12日梧州流量仍然低于目标流量 1800m³/s，平岗泵站、马角水闸监测氯化物含量仍超标，大部分时间不具备取水条件。利用"四预"平台人工交互联合调度模块，全面调度运用"第三道防线"，加大天生桥一级、光照、百色、龙滩水库下泄流量，及时向"第二道防线"补蓄水量；"第二道防线"大藤峡水利枢纽按照平均出库流量不小于 1800m³/s 下泄，重新调度计算可知，目标控制站梧州流量达目标流量 1800m³/s，达到压咸流量目标要求，其中磨刀门水道上溯距离下移约 23km，横门水道减小约 12km，平岗泵站、马角水闸监测氯化物含量分别下降 1100mg/L 和 1980mg/L，取淡概率分别提高了 32% 和 41%，结合珠海、澳门供水系统供需平衡分析，本次调度可有效保证各泵站取水量、水库补水量的需求。调度对比示意如图 6-12、图 6-13 所示。

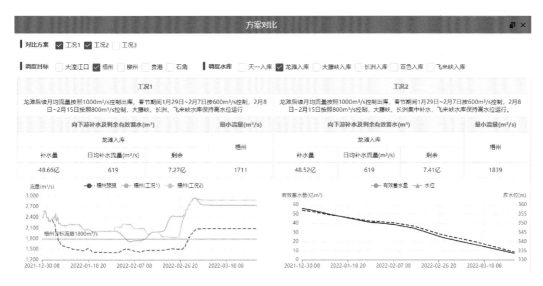

图 6-12 调度对比情况

五、构建流域抗旱供水知识库，全面支撑调度预案推荐

"四预"平台采用 D2R 技术和主谓宾三元组方法对数据分类进行知识抽取，并基于实体消歧、真值发现和知识关联深度检索及推理等技术，消除知识歧义并进行分类存储，优化推荐方案预案。

结合 2022 年春节前后调度预演环节优选的工程调度方案，"四预"平台根据各工程运用过程和关联管理单位，自动生成调令 6 份，下发至各部门及时开展补水蓄水调度工作；同时系统自动记录并保存预报调度过程及分析结果，智能推荐 3 套预案并写入方案库形成历史调度方案集。系统运用知识图谱技术，按照不同旱情、不同调度工程结构化录入调度方案，运用人工智能、大数据技术结合实况自动推荐相似历史

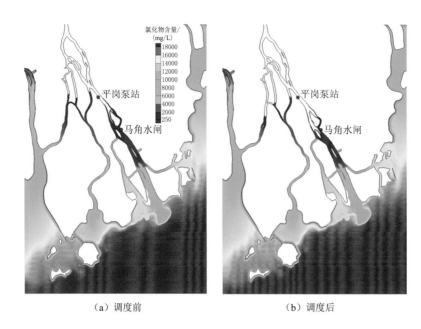

（a）调度前　　　　　　　　　　　　　（b）调度后

图 6 – 13　珠江河口咸潮调度前后预演效果

调度方案，提高决策效率；同时根据大量的调度方案信息，系统后台自动匹配相关措施，结合专家经验，不断更新完善流域抗旱方案预案，为保障流域用水安全提供坚实的技术保障。

第四节　精益求精　优化完善调度模型

水工程调度方案是流域水量调度的重要基础，珠江委通过构建流域水库群水量调度模型以及调度基本策略研究，确定水量调度的手段与运用次序，在实践中不断优化调整，为珠江流域（片）的水量调度成功实施提供重要保障。

一、水工程调度模型

流域水库群水量调度模型在满足梯级水库运行边界条件和流域重要控制断面水资源控制指标的前提下，以梧州、马角、博罗、潮安等关键断面流量为控制目标，以水文预报结果为输入边界，采用水量平衡、马斯京根演进以及动库容模型为主要技术手段，构建了以天生桥一级、光照、龙滩、百色、大藤峡、飞来峡等为骨干水库群的西北江流域水库群联合水量调度模型；以新丰江、枫树坝、白盆珠为骨干水库群的东江流域水库群联合水量调度模型；以棉花滩、高陂、合水、益塘、长潭为骨干水库群的韩江流域水库群联合水量调度模型。

（一）西北江流域水量调度模型

1. 运用场景与调度目标

针对西北江流域干旱或发生突发性水污染事件影响西北江三角洲地区供水安全，通过调度西北江水库群改善径流条件，提高西北江三角洲供水保障能力。控制断面包括梧州站、石角站、马口站和三水站。

2. 模型范围及边界

南盘江天生桥一级至龙滩，北盘江光照水电站至龙滩，西江干流龙滩以下至马口，柳江洋溪、落久水库以下，右江百色以下至郁江贵港站及以下，蒙江太平以下，北流河金鸡以下，桂江京南以下，贺江南丰以下，北江飞来峡至三水，以及西北江三角洲主要取水河道。模型主要涉及云南、贵州、广西、广东等省（自治区）。

3. 调度的水工程

西江天生桥一级、光照、龙滩、岩滩、洋溪、落久、红花、百色、老口、西津、大藤峡、长洲、龟石，北江飞来峡等水库，以及粤港澳大湾区等供水系统供水水库、取水泵站等。西北江流域水量调度模型概化如图 6-14 所示。

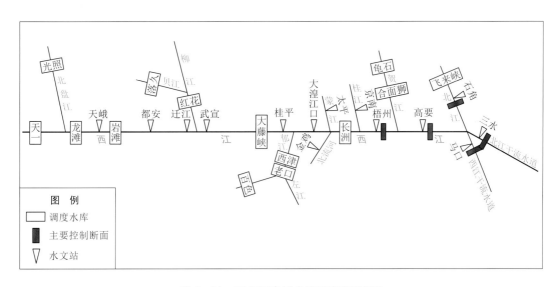

图 6-14　西北江流域水量调度模型概化

（二）东江流域水量调度模型

1. 运用场景与调度目标

针对东江流域干旱或发生突发水污染事件影响深圳、惠州、东莞和香港供水安全，通过调度新丰江、枫树坝与白盆珠等水库群改善径流条件，提高东江中下游和香港的供水保障能力。控制断面为博罗站。

2. 模型范围及边界

东江枫树坝至博罗，新丰江新丰江水库以下，西枝江白盆珠水库以下，以及东江三角洲主要取水河道。

3. 调度的水工程

东江枫树坝、新丰江、白盆珠、剑潭等水库，以及东莞、深圳和东深供水等供水系统供水水库、取水泵站等。东江流域应急水量调度模型概化如图6-15所示。

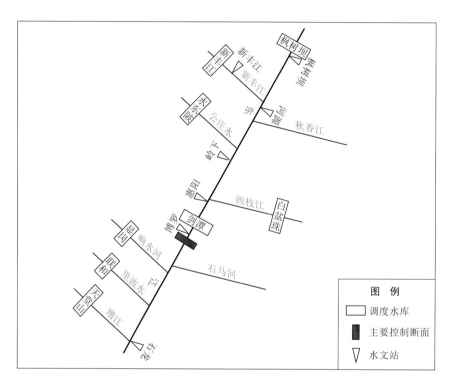

图 6-15 东江流域应急水量调度模型概化

（三）韩江流域水量调度模型

（1）运用场景与调度目标。针对韩江流域发生突发性水污染事件或特殊干旱影响梅州、潮州与汕头供水安全，通过调度棉花滩与高陂等水库群改善径流条件，提高梅州与韩江中下游供水保障能力。控制断面为溪口站、潮安站。

（2）模型范围及边界。汀江上杭至韩江棉花滩至潮安，永定河以下，梅潭河以下，五华河河子口以下（含矮车河益塘以下）、琴江尖山以下至梅江与韩江汇合口，宁江合水以下，石窟河长潭以下。

（3）调度的水工程。棉花滩、高陂、潮州、合水、益塘、长潭等水库，以及引韩济饶供水工程、韩江榕江练江供水工程、揭阳引韩供水工程、潮阳引韩供水工程、南澳引韩供水工程等引调水工程。韩江流域水量调度节点概化如图6-16所示。

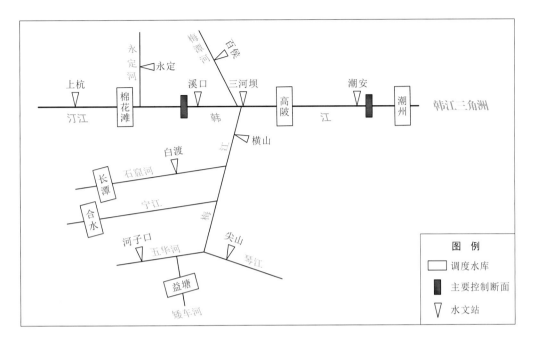

图 6-16　韩江流域水量调度节点概化

二、调度基本策略与实践优化

(一) 水量调度基本策略

在长期的水量调度实践过程中,珠江委不断总结经验,形成了珠江流域(片)水量调度基本策略。

1. 西北江水量调度策略

当西北江下游三角洲发生干旱或受咸潮影响无法正常取水时,以西江龙滩、天生桥一级、百色等骨干水库为主要补水水库向下游持续补水,使得梧州断面流量在 $2100\mathrm{m^3/s}$ 以上;北江飞来峡水库配合西江水库调度,使得石角流量达到 $250\mathrm{m^3/s}$,满足了下游澳门、珠海、中山、广州等地的取水要求。由于西江上游龙滩、天生桥一级、百色等骨干水库距离较远,水流演进至下游河口需要 $5\sim6$ 天,当下游遭遇突发情况需要紧急调水时,可临时动用大藤峡、长洲向下游应急补水,上游骨干水库同步向下游补水。

平岗泵站、联石湾水闸等是咸潮活动期澳门、珠海供水的主要原水取水口,其中平岗泵站位于联石湾水闸上游,直接在磨刀门水道取水,因此提高其取淡概率可增加淡水取水量;联石湾水闸为坦洲涌内裕洲泵站的淡水来源,主要利用大潮至中潮阶段的大潮差使坦洲涌内水体得到置换,达到蓄淡的目的,通常要求连续 3 天以上有取淡机会(即潮周期取淡概率大于 20%)为宜。

针对平岗泵站和联石湾水闸的取淡需求，经实践探索和验证，压咸调度主要采用三种方式：一是"平均流量"压咸，指整个潮周期流量保持一致，西江＋北江日均流量在潮周期中保持不变；二是"打头压尾"压咸，指选择咸潮由强转弱和由弱转强初期对流量最为敏感的时段，加大西江＋北江流量压制咸潮，其余时段减小流量，使西江＋北江流量过程形成马鞍形，从而延长平岗泵站的取淡时间；三是"避涨压落"压咸，即避开咸潮强度最强的时段，在咸潮准备消落时集中加大流量，其余时段相应减小流量，使西江＋北江潮流量过程形成阶梯形，有利于平岗泵站在咸潮强度较弱的时段形成稳定的取淡期，联石湾水闸能够有连续 3 天以上的机会洗涌蓄淡。调度中需要根据具体情况，经过对比分析，选择最佳压咸时机和最小压咸流量。

2. 东江水量调度策略

对于正常来水年份和偏枯来水年份，充分发挥已建水库及水电站的防洪、水资源配置、水生态安全等方面的综合效益，东江新丰江、枫树坝、白盆珠等骨干水库自主调度；对于枯水年及特枯水年，采用"精细调度"的调度思路，流域内加强节水，适时适度压减用水，东江新丰江、枫树坝、白盆珠等骨干水库合理安排汛期调度，优化枯水期调度，在严重干旱或咸潮影响期纳入东江干流其他梯级进行统一调度，确保流域内供水安全。

（1）压咸流量。针对 2021—2022 年东江上游三大水库面临无水可调的形势，为了保证东江三角洲长期供水安全，精打细算用好每一方水，根据旱情和咸情动态调整压咸流量。博罗断面非汛期最小下泄流量为 212m³/s。在掌握东江咸潮规律的基础上，根据潮汐、风力等因素的预测结果，科学研判元宵节压咸窗口期为 2022 年 2 月 14—19 日前后，并根据咸潮预报模型及预演结果，确定 280m³/s 的压咸流量。

（2）调度方式。东江水量调度方式为"压大补小、动态调整"。东江三角洲咸情峰值一般发生于大潮期，小潮期咸潮上溯减弱。因此，压咸调度方式遵循"压大补小"，即大潮时咸潮较强，上游调度应增加流量，抑制咸潮上溯；小潮时咸潮较弱，本地水库应进行蓄水补淡，以应对大潮时的较强咸情。此外，考虑到长期供水安全及盐度累积效应影响，根据旱情和咸情形势，采用"动态调整"的调度方式。

3. 韩江水量调度策略

按《韩江流域水量调度方案（试行）》以及《水利部关于印发第一批重点河湖生态流量保障目标的函》（水资管函〔2020〕43 号）要求，韩江流域控制断面长治（溪口）断面最小下泄流量指标为 55m³/s，生态基流为 44m³/s；潮安断面最小下泄流量指标为 128m³/s；遭遇特枯来水难以满足下泄流量指标时，允许短历时破坏，破坏深度原则上不超过 20%，相应控制指标为长治（溪口）断面为 44m³/s、潮安断面为 102m³/s。当韩江及粤东地区发生干旱无法正常取水时，以韩江棉花滩、益塘、合水、长潭、高陂等骨干水库为主要补水水库向下游持续补水，使得溪口、潮安断面流量在最小下泄流量指标以上，以满足龙岩、梅州、潮州、汕头、揭阳等地的取水要求。

（二）抗旱调度实践——以东江为例

1. 旱情背景

2020年和2021年，东江流域（石龙以上）降雨量较多年平均1749mm偏少18%、32%；受降雨偏少影响，新丰江、枫树坝、白盆珠三大水库总入库水量较多年平均108亿 m³ 偏少37%、68%，且2021年汛末三大水库总蓄水量60.3亿 m³、可调水量12.7亿 m³，分别较多年同期值偏少44%、79%。咸情方面，受来水连续偏少的影响，东江三角洲咸潮上溯逐渐加剧，广州自来水刘屋洲取水口共有49天累计157.75小时原水氯化物含量超标；东莞第三水厂取水口共有67天累计324小时原水氯化物含量超标。

2. 调度过程优化

面对2021年汛末三大水库总蓄水量严重不足的形势，珠江委会同广东省水利厅分析研判流域雨水情，在确保供水不受较大影响的前提下，按照动态管控要求，逐级降低博罗断面管控目标。通过降低管控目标，严控三大水库出库。同时，协调有关部门取消发电考核，调度三大水库停机蓄水。2021年新丰江、枫树坝、白盆珠水库分别全停了38天、67天、9天，三大水库累计减少出库水量40多亿 m³。在2021年汛期来水偏少7成的情况下，调度三大水库自汛期最低水位逆势回蓄水量近12亿 m³。

2022年元旦前夕，经会商分析，决定采取东江三大水库"日调度"和剑潭水利枢纽"时调度"措施，逐级加大下泄流量。三大水库最大下泄流量约250m³/s、剑潭水利枢纽约280m³/s，接近调度计划上限。统筹东江沿线4宗水库，加大下泄流量15m³/s，实施分区压咸调度措施。据统计，元旦期间剑潭水利枢纽出库水量1.87亿 m³，东江三大水库增加压咸水量0.36亿 m³。

随着旱情的发展，东江流域供水形势变得十分严峻。2022年1月21日，东江流域三大水库（新丰江、枫树坝、白盆珠）可调水量为2.98亿 m³，其中库容最大的新丰江水库可调水量仅0.84亿 m³。为满足东江流域供水需求，经专题会议研究、现场查勘、制定方案、专家研判，1月28日启用新丰江水库死库容。新丰江水库在死水位以下累计运行25天，动用新丰江水库死库容确保了东江流域及对香港的供水安全，尤其是春节期间的供水安全。

在掌握东江咸潮规律的基础上，根据潮汐、风力等因素的预测结果，科学研判2022年元宵节压咸窗口期为2月14—19日前后，并根据咸潮预报模型及预演结果，确定280m³/s的压咸流量。按照调度指令，东江补水流量于2月14日晚到达东莞、广州东部等主要取水口。通过连续 5 天的压制咸潮、补充淡水，东江南支流、北干流最大咸界分别下移约 8km 和 6km，确保了香港、广州、深圳、东莞、惠州等粤港澳大湾区城市群的供水安全。调度期间广州东部、东莞累计取水量约 3500 万 t，原水氯化物含量指标均低于国家标准，均未出现降压供水、间歇供水现象，有力保障了元宵节期间的供水安全。

第五节 强化保障 确保通信网络畅通

2021 年 12 月 31 日，李国英部长在抗旱专题会商上指出，要落实流域、区域抗旱责任，各地区、各部门、各单位、各措施协调联动，形成最大抗旱合力、完成最艰巨抗旱任务。珠江委提前开展通信网络调试，视频会商设备调试以及网络安全风险排查等工作，及时处置软硬件潜在隐患，为元旦、春节、元宵节期间珠江委了解一线供水需求，准确研判供水形势，全力做好各项抗旱工作提供了有力保障。

一、强化通信网络保障，护航抗旱业务畅通

珠江委政务外网按等级保护 2.0 分区分域控制原则，划分了核心交换区、业务应用区（二级区和三级区）、骨干网和流域省区网接入区、互联网接入区、DMZ 区、终端区、安全管理区等区域。经过多年建设，珠江委政务外网已形成纵向上达水利部、下至委属各单位，横向与流域各省（自治区）水行政主管部门以及相关地市之间的互联互通的纵横网络架构，为珠江委开展抗旱会商、抗旱数据共享以及水量调度指令上传下达提供了有力支撑。

其中珠江委与水利部之间通过网络专线实现互联，专线带宽为 200M，用于传输业务数据，确保珠江委第一时间传达水利部关于抗旱工作各项工作要求；通过流域省区网的建设，珠江委实现流域八省的网络互联，形成与广东省光纤直连，流域内连接云南、贵州、广西、湖南等省（自治区）（2M 专线），外连广东省水文局（20M）、广州气象中心（30M）、南部战区（50M）的水利业务网，有力保障了旱情发生后，珠江委将掌握的灾情信息及时与相关单位进行信息共享；同时与委属单位西江局、右江水利公司和大藤峡公司实现专线互联，保障各单位在抗旱工作中实现协调联动。

二、强化视频会商保障，支撑抗旱业务指挥

在 2021—2022 年流域抗大旱期间，为有效保障视频会商质量，支撑抗旱业务高效指挥，一是通过制定视频会商系统运行管理办法，规范视频会商工作流程；二是

积极利用云视频会议新技术，通过增配云视频会议平台、视频会议终端冗余备份、会议室网络优化调整和会议室会商环境应急改造等多项措施，保障珠江委抗旱视频会议系统平稳运行；三是成立值守专班，强化网络值守，及时响应珠江委的抗旱会商需求，加密会议系统设备测试频次，全力保障珠江流域抗旱专题会商会议的顺利召开，经统计，在2021—2022年抗旱期间，保障珠江委与水利部有关司局、流域重要水利工程及地方水利厅视频会商会议近129次。通过规范视频会商管理机制、引进视频会议新技术和强化应急值班值守等措施，有力保障了抗旱期间视频会议平稳运行。

三、强化网络安全保障，筑牢抗旱业务防线

珠江委依托网络安全能力提升项目，充分利用国家防汛抗旱指挥系统一期工程等已建的安全防护设施，并整合国家防汛抗旱指挥系统二期工程、国家水资源监控能力建设、珠江委重要信息系统安全等级保护等项目，在珠江委政务外网部署了边界防护、态势感知、运维安全审计等软硬件防护设施，构建满足等保2.0标准的网络安全体系，为抗旱"四预"平台的主机、应用、网络提供全天候、全方位的安全防护。

在监测预警方面，根据2019年5月出台的等保2.0技术标准，提出了"IATF＋P2DR"理论体系，构建以网络态势感知为核心的网络安全主动防御体系。珠江委通过在政务外网部署全流量采集探针、网络安全态势感知系统以及综合日志审计系统等设备，构建珠江委内外协同、上下联动的主动监测预警技术支撑体系，显著提升了珠江委网络安全风险及安全势态的检测、分析与通报能力，实现对各类网络安全攻击行为，特别是对大规模、有针对性、有组织的安全攻击行为进行事前预警；在网络安全防御体系方面，按照"一个中心、三重防护"的网络安全纵深防御体系建设思路，从物理环境防护、计算环境防护和区域边界防护等方面，构建网络安全纵深防御体系；在应急保障方面，参考《国家网络安全事件应急预案》架构体系，建立健全珠江委网络安全事件应急工作机制，提高应对网络安全事件的组织指挥和应急处置能力，2021—2022年珠江委防御旱情期间，珠江委技术中心加强值班值守，依托网络安全态势感知平台、APT攻击预警平台等安全防护设施对抗旱"四预"平台进行24小时不间断监控，通过病毒查杀、封堵IP、现场排查等手段对疑似攻击行为进行阻断，累计阻拦约70万次外部网络攻击，在抗大旱期间，没有发生网络安全事件；在日常安全运营方面，严格落实《党委（党组）网络安全工作责任制实施办法》《珠江委网络安全管理办法（试行）》，修订印发了《珠江委网络安全责任人名录》，细化落实网络安全责任制，全面强化监督检查和责任追究，有效建立和发挥委网信办调度协调机制作用，督促做好网络安全检查，做好重要时期网络安全保障，做好重点项目管理等网络安全日常管理工作。通过监测预警、网络安全防御体系、应急保障

和日常安全运营等方面的高质量支撑，有效保障了抗旱期间抗旱"四预"平台等业务系统的稳定运行。

第六节　技术引领　全力支持服务地方

2021—2022年枯水期，东江流域遭遇严重旱情，并叠加咸潮上溯，严重威胁广州市和东莞市供水安全。珠江委认真贯彻落实水利部抗旱有关要求，提前谋划、科学研判，密切监测流域旱情、咸情发展变化，分别向广州、东莞等地派出珠科院技术团队，为各地取得抗旱防咸保供水战役的全面胜利提供了强有力的技术支撑服务。

一、东莞市

2021—2022年枯水期，珠科院技术团队按照"监测到位、研判预报到位、调度到位、管控到位、应急准备到位、物资储备到位"的"六到位"工作总体思路，开展了现场水文地形监测、咸潮规律分析、咸情监测、咸情预报、供水优化调度、节水管控、应急措施等全过程、全方位技术服务工作，为保障东莞市供水安全提供了全面的技术支撑。

（一）基本摸清了东江咸潮规律，为今后东莞市抗旱防咸保供水工作奠定了基础

首次对东江三角洲咸潮活动规律、成因进行了系统分析，为今后东莞市抗旱防咸保供水工作奠定了基础。东江咸潮上溯规律主要存在三个较强的变化周期：一是0.5天和1天的周期变化，受珠江河口不规则半日潮影响，东江咸潮每天出现"两涨两落"的规律性波动，一般泗盛围高高潮后3～4小时东莞各水厂氯化物含量会出现日最大值。各水厂氯化物含量最大值一般多出现于凌晨，凌晨非用水高峰时间段，可在一定程度上减轻东莞市供水压力。二是4～8天的周期变化主要由外海海平面波动引起，外海海平面上升导致大虎氯化物含量升高及泗盛围整体潮位抬升，从而加剧东江三角洲咸潮上溯。东莞各水厂氯化物含量在大潮期间会出现不止一次的峰值，均与外海海平面上升有关。三是14.8天的周期变化，包含潮汐的大小潮周期变化及大虎氯化物含量的周期变化两种因素的影响。对于东江三角洲完全混合型河口而言，大潮时潮动力较强，咸潮上溯增强，此时大虎氯化物含量相对处于高位，进一步加剧咸潮上溯，小潮时与之相反。

（二）多措并举，有效应对此次极为严峻的不利咸情，保障了东莞市供水安全

通过咸情预报、供水优化调度等技术支撑，有效降低了出厂水氯化物含量、显著减少了咸潮相关投诉。在珠科院驻点前，2021 年 9 月 30 日第三水厂原水、出厂水氯化物最高值分别为 345mg/L、290mg/L，9 月供水投诉量累计达到 815 单；珠科院开展驻点服务后，2022 年 1 月 22 日，在第三水厂原水氯化物最高值为 932mg/L 的情况下，通过加强预报、调度、错峰取水等措施，出厂水氯化物最高值降低至 213mg/L，2021 年 11 月—2022 年 3 月，供水月投诉量分别降低至 0 单、29 单、116 单、0 单、0 单，显著减少。

（三）增强了居民节水意识，在全社会形成了节约用水、合理用水的良好风尚

珠科院研究制定了重点管控用水户名录、重点管控用水户用水计划，并分析评估实施重点用水户计划用水管控方案影响，全面推进省水利厅下达压减 10% 的取水量任务。同时，协助东莞市水务局发布《东莞市节约用水倡议书》，通过新闻、互联网、微信公众号等发布咸潮、防旱抗旱、供水节水报道、科普视频 140 余篇，利用大型灯光秀、户外广告屏、阅报栏、公交车身等 4 个渠道 34 个点位，集中进行 3 个月的线下宣传，开展进小区、进企业、进广场、进校园、进村组宣讲活动 38 次。加强了东莞市居民的节水意识，推动全市非常规水源利用，在全社会形成了节约用水、合理用水的良好风尚。

二、广州市

广州市供水呈多水源供水分布格局，即西江、北江（顺德水道与沙湾水道）、东江（东江北干流和增江）、流溪河共 4 片水源，全市日供水能力 826.67 万 m³，日供水量约 700 万 m³，其中东江水源供水约占 28.9%。东江水源主要取水口为刘屋洲取水口，主要建设有新塘、西洲、新和、清源 4 座供水水厂，合计日供水能力达 168 万 m³，供水范围为天河区部分片区、黄埔区全域、增城区南部部分区域，供水涉及人口约 395 万人。水厂减产严重影响广州市黄埔区、天河区供水安全。黄埔区（除知识城片区、永和片区以外区域）和天河区黄埔大道以北、华南快速路以东区域出现水压降低、自来水口感有点咸等情况，黄埔区科学城部分高地势区域和天河区柯木塱、悦景路、沐陂、凌塘等部分高地势区域出现停水现象。珠科院技术团队赴广州市水务局及天河区水务局协助开展抗旱防咸保供水工作，提供抗旱防咸保供水技术支撑。

（一）编制工作方案、厘清工作机制，为广州市抗旱防咸保供水工作奠定坚实基础

编制《2021—2022 年枯水期广州市抗旱保供水工作方案》和广州市水利抗旱 IV 级应急响应压减东江沿线取水口 10% 取水量的工作方案，分析研判东江旱情、咸情，明确各职能部门抗旱期间重点任务和预警响应机制；分析广州市供水水厂间互源互济能力，提出水厂间应急转供调水及抗旱防咸保供水应急工程建设意见；理清各级各部门间协作方式方法，提出建立各级各部门应急协作机制，为做好抗旱防咸保供水工作奠定基础。同时，协助指导天河区水务局编制抗旱保供水工作方案、工作手册和工作明白卡，划定天河区重点保护对象、重点保护人群，明确区级各职能部门抗旱期间的重点任务、预警响应机制和信息共享机制；收集了解天河区抗旱防咸保供水情况，并结合天河区旱情实际，提出抗旱、节水等应对建议。与市自来水公司对接，沟通了解天河区、黄埔区供水形势及存在问题，针对具体问题，提出应急转供调水、输水管互通互联、重点用水户保障等应急措施。此外，还提出了信息共享互通机制，明确各部门共享信息内容、形式、报送时间节点，优化各级各部门间信息报送协同配合机制，有效提升广州市抗旱防咸保供水的信息共享时效性和准确性。

（二）开展咸情应急监测，强化预警预报，为制定抗旱防咸保供水应对措施提供技术支撑

为提高旱情、咸情应对能力，收集整理省东江流域管理局共享的流域来水、取水供水、咸情等方面的信息；根据抗旱防咸保供水工作实际，明确新塘、西洲、新和、清源4个水厂取水和出厂水、全市水库及主要管网水质应急监测要求，主要涉及常规水质监测29项、应急水质监测8项和氯化物监测指标。常规水质监测29项按照每月一次的频次进行监测，应急水质监测8项按照一周两次的频次进行监测，氯化物指标在应急监测期间按照每小时一次或两次的频次进行监测。协助广州市建立"日监测、日会商、日报送"工作制度（即水质每小时一测，会商每日一次，简报每日一报）。提出构建"一日一报"制度建议，明确监测结果分析汇总报告形式，实现旱情、咸情信息及时汇总、上报，为分析研判广州市旱情、咸情发展形势奠定基础。此外，基于东江流域上游来水、刘屋洲取水口原水氯化物含量监测数据等资料，建立东江三角洲咸潮入侵预报模型，预测西北江特枯来水情况下博罗站不同来水条件东江三角洲咸潮入侵影响范围，划定600mg/L、400mg/L和250mg/L盐度边界线，科学预测刘屋洲取水口原水氯化物含量，精准评估广州市四大水厂取供水风险，为制定抗旱应对措施提供支撑。

（三）多措并举，加强转供能力，全面提升广州市抗旱防咸保供水应急能力

广州市自来水公司下辖水厂设计产能已接近饱和，剩余的产能基本集中在北部水厂，北部水厂及其余水厂向天河区大规模补水能力有限。据测算，周边水厂通过管网调度向天河区、黄埔区的最大补水能力每日为10万 m³。针对东江北干流沿线水厂咸潮影响期间取水风险大的问题，绘制东江流域取水口分布图，结合应急水源原水管布设现状，提出全市水厂4片饮用水源的互通互济及西水东调（石门水厂向东部供水）、北水东调（江村水厂向东部供水）、南水东调（南洲水厂向东部供水）建议，提升应急供水保障能力。同时，赴广州市自来水东区供水分公司了解广州市东区应急供水能力、清水池规模及受旱情、咸情的影响等情况。结合新塘、西洲、新和、清源 4 个水厂应急供水方案，提出各水厂优化生产调度方式，包括采取清水池调蓄、错峰取水、水厂联合调度等临时措施，最大程度维持正常供水。另外，为全面提升刘屋洲取水口应急避咸能力，优化黄埔区转供调水，强化市内水厂间互源互济，有效防范化解咸潮上溯导致的取供水问题，提出推进刘屋洲水源泵站应急避咸池、穗云水厂至黄埔区直径 1400mm 抗旱应急供水工程、柯灯山水厂二期工程、柯灯山水厂转供水加压站的相关建议，助力四大应急工程建设。此外，针对广州市取水供水薄弱环节，结合受旱情、咸情影响情况，分析计算广州市 4 片水源及本地水库应急供水能力，编制《广州市东江流域应急供水保障方案》《广州市西江流域应急供水保障方案》《广州市北江流域应急供水保障方案》《广州市流溪河流域应急供水保障方案》《广州市增江流域应急供水保障方案》，明确 4 片水源应急供水重点任务、工作流程和处置方法，强化广州市抗旱防咸保供水应急能力。

（四）提炼总结经验，动态调整应对措施，有效应对东江严重旱情

根据每旬抗旱防咸保供水工作进展，收集汇总刘屋洲取水口原水氯化物含量监测数据和广州市各区、各职能部门抗旱防咸保供水工作动态情况、节水工作落实及成效，分析每旬旱情、咸情变化趋势，以及当旬全市工作开展过程中存在的问题，并明确下一步工作。此外，还通过提炼抗旱防咸保供水期间的经验做法，总结抗旱防咸保供水工作，编制了广州市抗旱防咸保供水总结。总结包括东江流域旱情、咸情基本情况，广州市抗旱防咸保供水期间主要做法、成效及存在问题。并结合广州市供水、水资源相关规划，动态调整广州市节水、供水等应对措施，有效应对东江严重旱情。

第七章

强化正面宣传和舆论引导

抗旱保供水事关民生福祉，事关经济发展，事关社会稳定。水利部、珠江委和广东、福建、广西等省（自治区）各级党委政府及水利部门高度重视旱情及抗旱工作的正面宣传和舆论引导，及时准确向社会公众通报抗旱信息，全面动员各方力量支援抗旱工作。2022年3月旱情解除后，水利部第一时间举办珠江流域抗旱工作情况新闻发布会，制作抗旱工作专题展览，及时回应社会关切，总结抗旱经验成效。

在水利部党组的坚强领导下，在水利部办公厅、水旱灾害防御司和水利部宣传教育中心、中国水利报社的有力指导下，珠江委坚持正面宣传、积极主动发声，紧紧围绕锚定保障供水安全"四个目标"、筑牢"三道防线"、强化"四预"措施，滚动发布信息，精心组织元旦、春节、元宵节关键时期压咸补淡应急调度宣传舆论引导工作，制作抗旱工作纪实专题宣传片、展览和一张图，普及旱情、咸情防御知识，其中《揭秘大湾区"缺水"真相》科普视频在新华网客户端播放量超130万次。人民日报、新华社、中央广播电视总台等新闻媒体及时播发旱情信息和珠江流域抗旱保供水工作情况，充分发挥报纸、电视、网站、新媒体等融合宣传优势，为打赢抗旱保供水这场硬仗营造了良好的舆论氛围。

第一节　高位部署　强化宣传引导

此次旱情主要发生在广东东部、福建南部，影响到珠江三角洲、粤东、闽南等地城乡居民供水安全，珠江三角洲地区经济发达、人口稠密、用水需求大，特别是粤港澳大湾区是国家重要战略，涉及香港同胞和澳门同胞，关系到"一国两制"的成功实践。保障供水安全是一项政治任务，是一场"硬仗"，必须确保万无一失。

李国英部长多次主持珠江流域抗旱专题会商。刘伟平副部长多次安排部署具体工作，并深入广东、福建抗旱一线指导工作。珠江委坚持流域一盘棋，会同广东、福建、广西等省（自治区）落实流域、区域抗旱责任，做细做实各项工作，形成最大抗旱合力。

珠江委充分认识做好抗旱保供水新闻宣传和舆论引导的重要意义，提高政治站位，坚持把宣传工作与抗旱工作一同计划、一同部署、一同落实。王宝恩主任多次研究部署宣传工作，严格把关报道题目、内容、频次，对新闻宣传和舆论引导工作提出明确要求，要求坚持人民至上、生命至上，加大抗旱宣传工作力度，加强舆论引导和正面宣传，深入宣传党中央、国务院关于抗旱工作的决策部署；要求紧紧围绕水利部保障供水安全"四个目标"、筑牢"三道防线"、强化"四预"措施等，着力宣传珠江委强化流域统一调度，构建流域抵御水旱灾害防线的做法成效，推动流域"一盘棋"思想深入人心。

此次旱情涉及香港、澳门，为加强对港对澳供水安全保障的舆论引导，珠江委围绕珠江枯水期水量调度、东江水量调度进展成效，发布《珠江委正式启动2021—2022年珠江枯水期水量调度》《珠江委赴东江流域督导检查春节期间抗旱保供水工作》等稿件，向港澳同胞及时准确传递供水安全信息，为维护香港、澳门社会繁荣稳定做出积极贡献。

广东、福建、广西等省（自治区）水利厅和地方各级水利部门全力做好抗旱工作宣传报道，发布《广东省水利厅专题研究今冬明春水利抗旱保供水责任措施》《福建省水利厅调度推进冬季农村供水保障工作》《广西壮族自治区水利厅召开当前抗旱形势分析会商会》等一系列稿件，增强了流域广大人民群众抗旱的信心和决心。

第二节　密切跟踪　滚动发布信息

为及时发布抗旱工作开展情况信息，按照水利部部署要求，珠江委紧盯珠江枯水期水量调度、韩江枯水期水量调度关键节点，集中力量采写抗旱会商、抗旱应急响应、水量调度阶段性进展、"三道防线"等稿件，在水利部网站、水利部官方微信公众号、珠江委网站和珠江委官方微信公众号等多平台发布，深入宣传流域抗旱保供水工作。

2021年9月30日，珠江委组织召开2021—2022年珠江枯水期水量调度会商会，正式启动第18次珠江枯水期水量调度。珠江委及时通报珠江枯水期水量调度面临形势、前期准备情况和下一步工作举措（图7-1）。中新社、澳门日报、广州日报、南方日报、羊城晚报等媒体纷纷发布《珠江十八次调水稳澳供水》《珠江委正式启动2021—2022年珠江枯水期水量调度》《珠江委启动第18次珠江枯水期水量调度》等报道（图7-2）。

2021年10月16日，鉴于流域旱情发展形势，珠江防总启动抗旱Ⅳ级应急响应，发布西江、北江干旱蓝色预警和东江、韩江干旱黄色预警。珠江委始终把保障群众饮水安全放在首位，及时发布《珠江防总启动抗旱Ⅳ级应急响应　全力做好珠江流域抗旱保供水工作》《珠江委调研指导韩江流域水量调度实施情况及抗旱保供水工作》等稿件，跟进报道旱情发展变化和水利部门抗旱行动，动员民众支持参与抗旱工作。

2021年12月20日是澳门回归祖国22周年。为保障澳门供水安全，维护澳门长期繁荣稳定，在水利部的统一指挥下，珠江委自2005年以来已连续17年成功组织实施珠江枯水期水量调度。在澳门回归祖国22周年之际，中新社、中国青年报、央广网、中国财经报、澎湃新闻等多家主流媒体围绕17年水量调度成效及时播发新闻报道。中国水利报社精心策划，围绕水量调度背景、调度历程、调度效益等，发布《澳

图 7 - 1　第一时间在各大媒体平台发布最新报道

图 7 - 2　港澳媒体高度关注流域抗旱保供水工作

门回归 22 周年！今天的故事从一碗水说起……》图文信息。新闻媒体先后发布了《水利部：珠江枯水期累计向澳门珠海供水超 17 亿立方米》《珠江枯水期调水 17 年向澳门、珠海供水约 17.6 亿立方米》《水利部珠江委连续 17 年实施珠江枯水期水量调度累计向澳门、珠海供水 17.6 亿立方米》等报道，广泛宣传水利部门保障澳门同胞供水安全、贯彻落实"一国两制"的生动实践（图 7 - 3）。

首页 > 新闻频道 > 央广网独家报道

珠江枯水期调水 17年向澳门、珠海供水约17.6亿立方米

2021-12-03 11:42:49　来源：央广网　　　　　　　　　　　　　　　　　　　原创版权禁止商业转载 授权>>

央广网北京12月3日消息（记者陈锐海）记者从水利部获悉，今年以来，珠江降雨持续偏少，主要江河来水偏少3-7成。为确保澳门、珠海等城市供水安全，水利部珠江水利委员会（以下简称"珠江委"）于9月30日启动第18次珠江枯水期水量调度。截至11月30日，已累计向澳门供优质淡水1571万立方米、向珠海供水4010万立方米。当前珠海水库群蓄水情况良好，珠海南、北库群和竹银水库总有效蓄水量5781万立方米，有效蓄水率93%，澳门、珠海等地供水安全可有效保障。

2005年，珠江委首次开创了"千里调水、远水解近渴"的壮举，已连续17年成功组织实施珠江枯水期水量调度，累计向澳门、珠海供水约17.6亿立方米。

澳门回归22周年！今天的故事从一碗水说起……

中国水事　◎ 49.9万

12月20日
澳门迎来回归祖国22周年
如今的澳门
经济社会发生了翻天覆地的变化
呈现出一派欣欣向荣的新气象

图 7 - 3　大力宣传 17 年来保障澳门同胞供水安全成效

2021 年入冬后，珠江流域片来水偏少、部分地区旱情持续。12 月 31 日，李国英部长主持抗旱专题会商，视频连线广东、福建省政府和珠江委等单位，分析研判旱情形势，安排部署 2022 年元旦、春节期间抗旱保供水工作。珠江委迅速贯彻落实会议精神，紧扣"三道防线"，发布《"四预"支撑　精细调度——珠江委全力保障澳门珠海等地供水安全》深度报道，从"科学研判　提前部署""精细调度　构筑防线""众志成城　强化保障"3 个方面展示珠江委筑牢守稳"三道防线"，发挥珠江流域（片）抗旱"四预"平台作用，精细调度流域水工程，保障澳门、珠海等粤港澳大湾区城市供水安全取得的阶段性成效，生动形象展现了"三道防线"梯次供水、三重坚守的重要作用。

为确保春节前后城乡供水安全，水利部多次组织召开抗旱专题会商，农历大年初一，李国英部长视频连线珠江委、大藤峡公司等，详细了解抗旱保供水情况。珠江委深入贯彻落实水利部工作部署，王宝恩主任多次主持抗旱会商会，春节前夕率队

赴东江流域，督导检查东深供水工程抗旱保供水工作；春节期间放弃休假，会商部署西北江水库群应急调度、东江水库群应急调度和韩江水量调度等工作。珠江委紧盯抗旱会商情况及工作进展，及时宣传水利部和珠江委滚动会商研判、优化水量调度、督导检查等工作动态和调度成效，密集发布《珠江委认真贯彻落实水利部抗旱专题会商会精神　全力确保流域供水安全》《珠江委研究部署流域抗旱保供水工作》《珠江委滚动会商　部署流域供水安全保障工作》《珠江委赴东江流域督导检查春节期间抗旱保供水工作》《珠江委强化韩江流域水量统一调度全力保障春节期间供水安全》《强化"四预"措施　筑牢"三道防线"　珠江委全力做好抗旱保供水工作》等稿件，展现元旦、春节期间珠江水利人奋战一线、为保障流域供水安全做出的不懈努力。

第三节　凝聚合力　奏响"战咸"强音

2022年元宵节期间正值天文大潮，咸潮上溯强劲，且节后供水需求增多，珠江三角洲供水形势严峻，保障元宵节天文大潮期间珠江三角洲地区供水安全意义重大。为全力压制珠江口咸潮，保障供水安全，2月13日，水利部启动珠江流域西江、东江压咸补淡应急补水调度，引起了社会高度关注。在水利部办公厅的指导下，珠江委与水利部宣传教育中心、中国水利报社密切配合，加强舆论引导，全力做好关键节点专题宣传。

在压咸补淡应急补水启动、圆满完成的重要节点，水利部、珠江委及时发布《水利部会商部署元宵节天文大潮期间珠江三角洲保供水工作》《决胜千里战咸潮——珠江压咸补淡保供水专题会商侧记》《珠江流域压咸补淡应急补水圆满完成　粤港澳大湾区供水量足质优》等稿件，向中央和地方主流媒体报送。多家媒体紧盯珠江流域严峻旱情叠加咸情的发展形势，在重要时段、重要版面集中报道水利部门抗旱保供水、压咸补淡工作部署及落实情况。

为加大新媒体宣传力度，水利部组织水利部宣教中心在中国水利官微策划推出"战咸潮"专栏，每日实时播报压咸潮保供水进展，珠江委全力配合提供图文报道素材。2月14—19日每日发布一期，一段段精彩的描述、一组组翔实的数据、一张张标注咸界下移的图片，以图片、文字、视频"组合拳"，生动展现了水利部、珠江委"千里调兵"以排山倒海之势压制咸潮的进展成效。中国水利报社在中国水事官微策划推出《压咸补淡调度令，怎么来？》《坚决打赢珠江流域压咸补淡保供水硬仗》等一系列稿件及新媒体产品，以通俗易懂的语言，向社会公众解释压咸补淡应急调度工作（图7-4）。

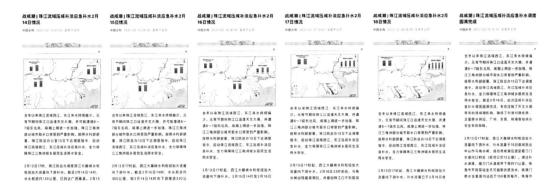

图 7-4　中国水利官微开设"战咸潮"专栏

与此同时，中国水利报社聚焦此次压咸补淡过程，加强宣传报道。2月15日、17日是东江、西江咸潮上溯节点，第一时间跟进压咸进展成效。16日、18日在中国水利报头版头条和1版位置分别发布《东江抗旱：有备淡水压咸潮　无虞百姓享良宵》《排兵布阵战咸潮　湾区用水保无忧》，全景式展现水利部、珠江委和各级水利部门上下联动，精准调度，精细操作，接力推进，汇聚起压退咸潮的强大力量（图 7-5）。

图 7-5　中国水利报积极宣传珠江流域抗旱保供水成效

按照水利部部署要求，大藤峡水利枢纽作为保障珠海、澳门供水安全的"第二道防线"，是此次应急调度的"王牌"工程。央视新闻联播聚焦大藤峡工程压咸补淡的重要作用，播出《广西大藤峡开闸放水　保障粤港澳大湾区用水》，引发社会广泛关注，向社会公众有力展示了流域控制性工程保障大湾区供水安全的关键作用。

新闻媒体、社会公众纷纷点赞珠江流域圆满完成"压咸补淡"应急补水调度。人民网、央广网等多家媒体报道，截至 2 月 19 日，珠江流域"压咸补淡"应急补水圆满完成，有效压制了天文大潮带来的强咸潮影响，确保了对港对澳优质、足量原水供应，有效保障广州、东莞、珠海等地的供水安全。

第四节　内外联动　加强协作配合

为凝聚全社会抗旱合力，水利部、珠江委和广东、福建、广西等省（自治区）水利厅畅通媒体采访渠道，人民日报、新华社、中央广播电视总台、中新社等多家中央主流媒体和地方媒体对抗旱保供水工作重要决策部署和工作进展进行宣传报道（图 7-6）。

人民日报、新华社、中国政府网、南方日报、广州日报、广东广播电视台、羊城晚报等超百家中央和地方主流媒体紧盯珠江流域（片）抗旱形势发展及抗旱工作部署，发布《抗旱保供水！珠江委启动韩江流域枯水期水量统一调度》《南方旱情持续，看水利部门如何精准施策保供水》《应对 60 年来严重干旱　珠江委圆满完成韩江水量调度》《珠江流域今冬明春来水或偏少　抗旱保供水形势严峻》《龙舟水迟来，粤东抗旱仍在路上》《抗旱防咸保供水，东莞"解渴"有方》《"压咸补淡"保珠三角供水安全　珠江流域旱情叠加咸情》《珠江流域西江压退咸潮　保障粤澳供水》《珠江流域完成"压咸补淡"　珠三角供水安全有保障》《千里调水对抗咸潮　西江水驰援珠三角成功化解供水风险》等多篇报道，展示了抗旱保供水的各项举措及其发挥的重要作用，凝聚起民众对供水安全的坚定信心。

中央广播电视总台高度重视珠江流域（片）旱情，及时采访了解抗旱保供水工作进展。央视记者积极沟通珠江委，协调统筹优势力量，细化报道选题，完善报道方案，系统总结流域旱情咸情特点、会商情况以及抗旱工作成效，及时报道工作组一线检查、会商研讨、"四预"平台等抗旱工作情况，准确客观反映流域抗旱保供水工作进展成效。央视新闻联播、新闻频道、中央广播电视总台经济之声、大湾区之声等先后播出《广西大藤峡开闸放水　保障粤港澳大湾区用水》《珠江流域可能出现旱涝并存　旱涝急转现象》《旱情叠加强劲咸潮　压咸补淡保供水》《千里调水对抗咸

图 7-6　多家主流媒体报道流域抗旱形势及抗旱工作

潮　西江水驰援珠三角成功化解供水风险》《旱情叠加咸潮影响　水利部门运筹帷幄确保大湾区供水安全》等新闻播报。旱情接近尾声之际，央视第一时间播出《水利部：珠江流域 60 年来最严重旱情基本解除》，在朝闻天下、新闻直播间、第一时间等栏目滚动播出（图 7-8）。

　　同时，珠江委积极利用报纸杂志约稿、年度回眸等契机，强化抗旱保供水工作正面发声。与《中国水利》杂志策划组稿抗旱保供水"特别关注"，组织珠江委专家学者发表《2021 年珠江流域抗旱保供水工作实践与启示》《珠江流域抗旱抑咸四预系统研发与应用》论文，总结珠江流域（片）抗旱保供水工作经验成效。在中国水利发展报告"流域管理篇"年度亮点专栏，推出《"预"字当先　"实"字托底　珠江委全力做好流域抗旱保供水工作》文章，多角度反映流域抗旱保供水工作举措成效，为抗旱保供水工作营造良好的舆论氛围。

图 7-7　中央广播电视总台高度关注珠江流域旱情发展及抗旱工作进展

第五节　科普助力　全民同频抗旱

　　为进一步引导社会公众正确认识和支持珠江流域（片）抗旱保供水工作，珠江委加强与有关宣传机构的协作配合，中国水利报及地方媒体结合流域旱情特点、咸潮成因以及抗旱知识等，以图文、视频等形式，策划推出一批通俗易懂的抗旱科普作品，提升公众防灾减灾能力。

　　围绕"三道防线"，与中国水利报合作推出《保障大湾区供水安全，看西江"第二道防线"如何显担当！》《珠江三角洲抗旱保供水，"三道防线"来支援！》《看"三道防线"如何守护珠三角供水安全》等科普图文，反映当地、近地、远地梯次供水保障"三道防线"，在强化流域统一调度，打赢抗旱保供水硬仗中发挥的强有力作用（图7-8）。

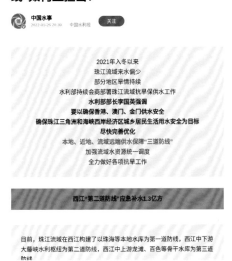

图 7-8　中国水利报推出多篇科普图文

　　围绕"压咸补淡"，与中国水利报策划推出科普专版，阐释"压咸补淡"的科学内涵，介绍珠江流域（片）抗旱"四预"平台，同时以图说形式展现西江、韩江、东江流域"三道防线"防御现状。专家访谈《珠三角的"咸淡对决"》、科普文章《"四预"模拟分析　高效精准调度》，系统展示珠江委以流域为单元利用"四预"平台动态预演、算清水账，构筑供水保障"三道防线"，科学精准调度，有效保障流域城乡居民用水安全的经验成效。"中国水事"微信公众号还推出《咸潮是什么？与我们有关吗？》《今天是"咸"与"淡"的较量　并不是说元宵》等科普图文，从元宵节天文大潮切入，全面讲解咸潮的形成与危害，描述水利部和珠江委未雨绸缪、步步为营，构建"三道防线"带来多重保障，落实"四预"措施的具体实践（图7-9）。

　　围绕珠江流域（片）抗旱"四预"平台，广州日报社开展深度报道，派出记者采访珠江委防御处、水文局、珠科院、珠江设计公司技术人员，推出《珠江"三道防线"压咸潮》深度解读，用既科学严谨又简洁有趣的方式介绍珠江流域"三道防线"、数字孪生流域，展现从"小米加步枪"到"实时呈现""四预"平台支撑实时调度决

图7-9 中国水利报策划推出珠江流域抗旱压咸科普专版

策发挥的强大作用（图7-10）。

图7-10 广州日报推出《珠江"三道防线"压咸潮》深度解读

　　珠科院紧贴社会热点，策划推出科普原创视频《揭秘大湾区"缺水"真相》，从什么是咸潮、咸潮有何危害、面对咸潮应如何应对等方面，以简单明了的语言和生动活泼的画面传播水利科学知识，传播人水和谐理念，引导社会公众节水爱水护水（图 7-11）。人民网、中新网等多个主流媒体转载该视频，其中中国水事新华网客户端观看量高达 130 万，获得社会公众高度评价，取得了良好的传播效果。

图 7-11　珠科院科普原创视频《揭秘大湾区"缺水"真相》

第六节　复盘总结　展现使命担当

　　2022 年 3 月，珠江流域旱区多次出现降雨过程，骨干水库蓄水形势向好，旱情基本解除，抗旱保供水工作取得全面胜利。

　　为积极回应社会关切，做好正面舆论引导，3 月 28 日，水利部及时召开珠江流域抗旱工作情况新闻发布会，刘伟平副部长介绍有关情况，并与水利部水旱灾害防御司司长姚文广、水利部信息中心副主任刘志雨、水利部珠江水利委员会主任王宝恩（视频参加）、广东省水利厅厅长王立新（视频参加）共同答记者问，水利部办公厅副主任、新闻发言人李晓琳主持会议。人民日报、中央广播电视总台、光明日报、经济日报、中国水利报等 16 家媒体记者参加了发布会（图 7-12）。

　　为开好此次新闻发布会，刘伟平副部长专题部署，严格审核把关相关宣传材料。珠江委集中精干力量，挑灯夜战，在 3 天内高质量制作完成《抗旱压咸保供水——珠江流域抗旱工作纪实》8 分钟专题宣传片及《抗旱压咸保供水——珠江流域抗旱工作纪实》专题展览、宣传折页等，全面展现水利人众志成城的使命担当。

　　《抗旱压咸保供水——珠江流域抗旱工作纪实》专题宣传片，通过与 1959 年、1963 年广东大旱，澳门淡水奇缺、香港水荒严重相对比，反映水利部、珠江委面对此次珠江流域（片）特大干旱，坚定不移锚定确保香港、澳门、金门供水安全，确保

图 7 - 12 珠江流域抗旱工作情况新闻发布会现场

珠江三角洲及粤东、闽南等地城乡居民用水安全目标，坚决打赢抗旱保供水硬仗的巨大成效。宣传片通过选取典型镜头画面，生动展现了水利部、珠江委强化"四预"措施、筑牢"三道防线"、统一调度联合作战等工作举措和成效，不仅在新闻发布会上滚动播放，还在水利部官方微信公众号、中国水利、新华网客户端等多个平台播放，传播效果显著（图 7 - 13）。

图 7 - 13 《抗旱压咸保供水——珠江流域抗旱工作纪实》专题宣传片

《抗旱压咸保供水——珠江流域抗旱工作纪实》专题展览，分为"旱情罕见 形势严峻""咸淡对决 迫在眉睫""锚定目标 高位推动""强化四预 把握主动""三道防线 排兵布阵""统一调度 周密部署""联合作战 形成合力""制胜旱情 用水无忧"八个部分，图文并茂地解读了珠江流域旱情形势、科普咸潮成因和危害，反映珠江流域千里调水抗咸潮、粤港澳大湾区供水无虞的显著成效（图 7 - 14）。专题展览除了在新闻发布会上展出外，还同期制作成宣传折页在新闻发布会现场发放，参会媒体纷纷点赞、反响热烈。

为全面展现珠江委坚持"预"字当先、"实"字托底，以扎实的工作成效全力以赴保障流域人民群众用水安全的显著成效，王宝恩主任先后在中国水利报、中国水利杂志发表《筑牢供水保障"三道防线"　全力打好珠江流域抗旱硬仗》《加快构建抵御水旱灾害防线　提升珠江流域水安全保障能力》等访谈和署名文章，详细阐述旱情特点、珠江流域抗旱保供水主要举措及有关经验启示，提出提升珠江流域水安全保障能力的对策措施，在行业内外引发热议（图7-15）。

图7-14　《抗旱压咸保供水——珠江流域抗旱工作纪实》专题展览

2022年4月，在李国英部长亲自部署、亲自审定下，水利部水旱灾害防御司会同黄委、珠江委、中国水利报社精心策划，推出了《黄河防凌　珠江抗旱　科学防御　打赢硬仗》主题展览（图7-16）。展览分为"科学决策　精心组织""生命至上　合力防凌""运筹千里　联动抗旱"三个部分，通过文字、图片、数据、图表等多种形式，图文并茂复盘珠江抗旱等工作，全面展现在党中央、国务院的坚强领导下，水利部门坚持"人民至上、生命至上"理

图7-15　在中国水利报、中国水利杂志发表高端访谈和署名文章

念，全力保障人民群众生命财产安全和城乡供水安全的有力举措和巨大成效，为珠江流域（片）抗旱工作全面胜利画下了圆满的句号。

图 7-16　水利部《黄河防凌　珠江抗旱　科学防御　打赢硬仗》主题展览

此次珠江流域（片）抗旱保供水工作引起社会各界广泛关注，通过内宣外宣深度融合，全方位、多角度宣传，凝聚了全社会抗旱保供水的最大共识，形成了流域抗旱的最大合力，也让香港、澳门居民感受到了"一国两制"的优越性，维护了粤港澳大湾区的社会安定团结和经济繁荣稳定，增进了"两岸一家亲，共饮一江水"的深情厚谊。

第八章

抗干旱保供水取得全面胜利

　　在水利部的领导下，珠江委及有关省（自治区）认真贯彻落实习近平总书记关于防灾减灾救灾的重要指示精神，落实李克强总理的批示要求，坚持人民至上、生命至上，坚决维护"一国两制"，提前谋划部署，科学组织应对，扎实做好抗旱保供水各项工作，确保了粤港澳大湾区及粤东、闽南地区城乡居民用水安全，引起社会各界的广泛关注和强烈反响。

第一节　供水无虞　人民无感

　　面对罕见旱情，珠江防总、珠江委及流域有关省（自治区）采取了一系列积极措施进行应对，有效保障了粤港澳大湾区和粤东、闽南地区城乡居民用水安全。2021年后汛期，珠江防总、珠江委提早组织实施西江上游骨干水库群蓄水调度，为后续抗旱保供水储备了120多亿 m³ 水资源。枯水期统筹协调各方用水需求，科学精准调度西江、东江、韩江供水保障"三道防线"，累计向西北江三角洲澳门和珠海主城区等地供水 1.4 亿 m³，其中向澳门供水 3891 万 m³；累计向东江三角洲东莞市、广州东部等地供水 9.2 亿 m³，通过东深供水工程累计向香港供水 10.0 亿 m³；累计向韩江三角洲汕头、潮州、揭阳等地供水 5.8 亿 m³，实现了水利部提出的"四个目标"，确保了粤港澳大湾区及粤东、闽南地区 5000 万城乡居民的用水安全。

一、西江流域供水成效

　　2021年汛末在西江流域骨干水库前期蓄水量偏少的情况下，珠江委实施骨干水库汛末蓄水调度，蓄水效果显著，12月3日，天生桥一级、光照、龙滩、百色4座骨干水库总有效蓄水量达到最高 146.55 亿 m³。据统计，2021年12月—2022年2月抗旱保供水关键时期，通过天生桥一级、光照、龙滩、百色4座骨干水库向下游补水 25.23 亿 m³，西江干流控制站梧州站实际月均流量较调度前分别提高了 460m³/s、310m³/s、120m³/s，提高比例分别为 25%、13%、2%。补水调度后，下游取水口水质得到了显著改善，2021年12月、2022年1月平岗泵站、竹洲头泵站取淡概率明显提高。通过调度，2021—2022年枯水期累计向西北江三角洲澳门和珠海主城区等地供水 1.4 亿 m³，其中向澳门供水 3891 万 m³。2022年春节期间，调度西江、北江骨干水库累计向下游补水 13 亿 m³，有效缓解了珠江河口咸潮的影响，有力保障了主要江河沿线各地市取水供水需求。珠澳供水系统平岗泵站取淡概率由 58% 提高至 97%，中山主要取水口取淡概率提高至 100%，马角水闸取淡概率由 33% 提高至 58%，咸界压制到珠海广昌泵站以下，有效保障了春节前后澳门、广州、珠海、中山等粤港澳大湾区城市的供水需求。2022年元宵节期间，西江上游骨干水库加大流量向下游补水，累计动用大藤峡水利枢纽约 2 亿 m³ 库容，大幅提高西江主要控制断面梧州站流量，磨刀门水道咸界下移约 11km，珠海市平岗泵站全天可抽取优质淡水，供澳门原水氯化物含量均低于 100mg/L，珠海市当地水库群持续抢抽淡水、回蓄补库，各水库均维持高水位运行；中山市马角水闸可全天置换优质淡水，围内西灌渠持续存蓄 150 万 m³ 氯化物含量在 50mg/L 以下的淡水，有效保障了中山市坦洲镇的供水安全。

二、东江流域供水成效

2021—2022 年枯水期，在东江流域水库蓄水量严重偏低且上游来水严重偏少的情况下，新丰江累计出库水量达 13.80 亿 m³。据统计，2021 年 11 月—2022 年 1 月，东江干流控制站博罗站实际月均流量较调度前分别提高了 166m³/s、109m³/s、169m³/s，提高比例分别为 294％、95％、225％，满足了月均下泄流量大于博罗断面日均最小下泄流量 212m³/s 的要求，实现了特枯水年东江下游及三角洲地区供水可持续、咸潮可控制的目标。通过调度，累计向东江三角洲东莞市、广州东部等地供水 9.2 亿 m³，通过东深供水工程累计向香港供水 10.0 亿 m³。2022 年春节期间，调度东江骨干水库累计向下游补水 5.3 亿 m³。东江博罗断面日均流量均大于 212m³/s，有效缓解了东江三角洲咸潮影响，有力保障了东江沿线各地市取水供水需求。东莞主力水厂第三水厂最大连续超标时长控制在 2 小时以内，广州东部取水口、东莞 5 个取水口氯化物含量累计超标时长较元旦期间减少 90％、88％，有效保障了春节前后广州、东莞等粤港澳大湾区城市供水需求。2022 年元宵节期间，东江通过连续 5 天的压制咸潮、补充淡水，东江南支流、北干流最大咸界分别下移约 8km 和 6km，确保了香港、广州、深圳、东莞、惠州等粤港澳大湾区城市群的供水安全；调度期间广州东部、东莞累计取水量约 3500 万 m³，原水氯化物含量指标均低于国家标准，均未出现降压供水、间歇供水现象。

三、韩江流域供水成效

2021 年 12 月、2022 年 1 月抗旱保供水关键时期，韩江干流控制站潮安站月均实际流量较天然流量分别提高了 6.8m³/s、12.8m³/s，提高比例分别为 5％和 12％。经过上游骨干水库调度后，潮安站实测流量均在 102m³/s 以上，月均流量除 2022 年 1 月略低于最小下泄流量 128m³/s 的要求以外，其他月份均在 128m³/s 以上，保障了韩江流域中下游地区的取用水需求。通过调度，累计向韩江三角洲汕头、潮州、揭阳等地供水 5.8 亿 m³，确保了韩江三角洲和粤东等地城乡居民的供水安全。2022 年春节期间，调度韩江骨干水库累计向下游补水 0.4 亿 m³。韩江潮安断面日均流量均大于 128m³/s，有力保障了下游汕头、揭阳、潮州等地市的取水供水需求。

第二节　**统筹兼顾　多方共赢**

　　科学调度"三道防线"增大了河道枯水期流量，使得受咸潮影响区域内的供水水质和供水条件得到改善的同时，保障了春耕灌溉用水，为粮食安全提供助力；改善了珠江航运条件，长洲、大藤峡等水利枢纽过闸货运量再创新高；保障了流域各地用电安全，实现了供水、生态、灌溉、航运、发电多方共赢的局面，为保持平稳健康的经济环境和国泰民安的社会环境做出了水利贡献。

一、生态效益

　　抗旱保供水调度增加了下游及三角洲枯水期径流量，一方面压制了咸潮、降低了取水口的氯化物含量，提高了供水保证率；另一方面提高了纳污能力，明显改善了河道水环境、水生态情况。

（一）珠江河口纳污能力提升

　　通过抗旱保供水调度工作，珠江河口纳污能力有所提升。2021年12月—2022年2月梧州＋石角的流量从天然的3980m^3/s提高到4280m^3/s，流量增加为300m^3/s，通过稀释作用，使得珠江三角洲化学需氧量纳污能力每日增加129t，氨氮纳污能力每日增加12.9t，较天然情况增加12%。

（二）珠江河口水质改善

　　通过抗旱保供水调度工作，珠江下游及三角洲水质得到相应改善。2021年10月—2022年2月珠江八大口门的水质监测指标显示，各月综合水质类别均在Ⅲ类标准以内，其中珠江压咸补淡调度期间（2021年12月—2022年2月），珠江八大口门的综合水质类别均达到Ⅰ类或Ⅱ类。

　　根据实测资料分析，2021年10—2022年2月珠江八大口门Ⅰ类、Ⅱ类、Ⅲ类水分别占比5%、80%、15%，水质达标率为100%，较调度前水质明显提升，水质达标率提高6%。调度前后八大口门各类水占比及达标率变化见表8-1。

表8-1　　　　　　调度前后八大口门各类水占比及达标率变化　　　　　　　　%

时　段	Ⅰ类	Ⅱ类	Ⅲ类	Ⅳ类	Ⅴ类	达标率
调度前	—	47	47	3	3	94
调度后	5	80	15	—	—	100
变化	+5	+33	-32	-3	-3	+6

（三）珠江干流水质保持优质

　　根据生态环境部发布的地表水水质月报，2021年10月—2022年3月珠江干流

62 个监测断面水质总体为优，Ⅰ～Ⅲ类水占比保持在 90% 以上。其中，2021 年 12 月和 2022 年 1 月西江上游骨干水库加大补水调度期间，珠江干流水质改善明显，Ⅰ类水占比分别提升至 25.8% 和 29.0%。珠江干流 62 个监测断面水质指标占比见表 8-2。

表 8-2　　　　　　　　珠江干流 62 个监测断面水质指标占比　　　　　　　　%

时　间	Ⅰ类水	Ⅱ类水	Ⅲ类水	Ⅳ类水	Ⅴ类水	劣Ⅴ类水
2021 年 10 月	4.8	61.3	25.8	8.1	—	—
2021 年 11 月	9.7	72.6	11.3	4.8	—	1.6
2021 年 12 月	25.8	62.9	6.5	4.8	—	—
2022 年 1 月	29.0	59.7	4.8	4.8	—	1.6
2022 年 2 月	9.8	80.3	3.3	4.9	—	1.6
2022 年 3 月	12.9	75.8	8.1	3.2	—	—

二、灌溉效益

面对严重旱情，各地水利部门将抓好春灌供水作为保障国家粮食安全、促进水资源集约节约利用的重要抓手，统筹抓好疫情防控和春灌供水，支撑农业生产、全力保障粮食安全，为乡村振兴做出贡献。

（一）广西

广西水利厅高度重视春灌工作，专门印发《广西壮族自治区水利厅办公室关于做好 2022 年春灌保春耕生产工作的通知》（办农水〔2022〕1 号），要求全区各级水利部门、大中型灌区管理单位切实做好大中型灌区安全运行和旱季农业生产用水需求。春耕期间，结合水量调度采取多项抗旱措施，广西 11 个大型灌区累计供水量 4.44 亿 m³，累计灌溉面积 130.86 万亩；282 个中型灌区累计供水量 2.58 亿 m³，累计灌溉面积 151.56 万亩。

（二）广东

2022 年春季，广东省各地在春耕前，结合水量调度采取多项抗旱措施，制定了春耕用水调度计划；根据天气情况，加强水库蓄水，统一调度生产、生活用水，确保春耕灌溉水源有保障。在灌水期间，灌区管理单位及沿线各供水管理所人员坚守岗位，组织好各灌区轮灌，指导用水，遏制大水漫灌现象，确保不浪费水资源。各灌区根据水源蓄水情况及灌溉需求情况提前预判，动态调整供水计划，组织轮灌。在连年干旱的情况下，基本保障了春灌供水需求。据统计，2022 年春耕期间，广东省累计供水量 16.79 亿 m³，累计灌溉面积 770 万亩。其中，大型灌区累计灌溉面积 100 万亩，中型灌区累计灌溉面积 670 万亩。在春耕灌溉用水保障下，广东省 2022 年第一季度农业产值达 689.83 亿元，同比增长 6%。

三、航运效益

位于西江干流浔江下游河段的长洲水利枢纽和位于西江干流黔江河段的大藤峡水利枢纽是西江航道重要航运枢纽。抗旱保供水调度的实施增大了西江干流枯水期流量，保证了基本通航水深，提高了西江航道的通航效益。据统计，2021年，长洲水利枢纽船闸实现过闸船舶数14.32万艘、过闸船舶核载量3.33亿t、过闸船舶实载货运量1.52亿t，分别同比增长0.97%、14.71%、0.78%，船闸货物通过量再创历史新高，且连续两年超过1.5亿t大关（2020年为1.51亿t），均高于长江三峡船闸同期过货量。抗旱保供水期间，通过加大出库流量显著改善下游多个浅滩险滩航道的航运条件；大藤峡水利枢纽的船舶平均过闸用时仅78分钟，达到广西壮族自治区内同级别船闸的先进水平，有效缓解了上下游待闸船舶积压的局面，带动流域沿岸超50亿元产业经济发展，并确保了元旦春节假期高峰期返乡船舶顺利通航。

四、发电效益

抗旱保供水调度水源涉及多个水库（水电站），分别属于南方电网及其贵州电网、广西电网、广东电网分公司，其中天生桥一级、龙滩、岩滩、百色等骨干水源水库也是南方电网、广西电网调频调峰的主力电源点。2021—2022年根据来水、咸情和供水等形势分析判断，珠江防总、珠江委提前准备，编制当年度枯水期调度方案，并在汛末就枯水期珠江水量调度方案积极与有关省（自治区）相关部门协调，特别是加强与电网、电站的沟通与协作，通报调度方案编制与批复情况，近期调度情况及调度实施初步安排，提出存在的问题和有关要求。调度期间充分征求广东、广西水利厅和南方电网公司、广西电网公司等有关单位的意见，调度过程中尽量减少对水电站的运行影响。

抗旱保供水调度期间，上游天生桥一级、龙滩、岩滩、百色、长洲等骨干水库按"前蓄后补"的水量调度思路进行调节，出库流量均经过水轮机发电，整个调度期没有出现弃水的情况。汛末蓄水调度期，上游骨干水库通过抬高水位、增蓄水量，合计增加发电量3.24亿kW·h。龙滩水电站从汛末开始蓄水，水位稳步抬升，11月下旬达到最高水位360.41m。至调度期结束，龙滩水库水位356.43m，高于下调度线349.49m，为3月以后的电力调度打下了良好的基础，特别是为电网迎峰度夏提供了有力支持，保障了电网安全；百色水库8月汛末蓄水期间水位逐步提高，11月底蓄至最高225.00m，较8月初增蓄水量21亿m^3，水头抬高20m，为后续的发电提供了有利条件；大藤峡水利枢纽枯水期调度期间，充分利用较高水位，力争多发、满发，2022年1—2月实施了3次集中补水调度，累计发电量2.01亿kW·h，为广西地方经济社会高质量发展提供了源源不断的清洁能源。

五、社会效益

面对 2021—2022 年"秋冬春连旱、旱上加咸"的重大风险挑战，水利部党组高度重视，明确将确保香港、澳门、金门供水安全作为抗旱保供水工作的主要目标之一，珠江防总、珠江委以流域为单元科学开展水量统一调度，关键期有效组织"千里调水压咸潮"特别行动，保障供水安全，实现流域涉水效益"帕累托最优"，对流域经济发展、社会稳定、供水和粮食安全以及人民生活水平和生态环境的提升等方面起到了巨大作用。

（1）为区域经济发展提供支撑。在罕见旱情的背景下，广东省 2022 年第一季度实现地区生产总值 2.85 万亿元，同比增长 3.3%，抗旱保供水工作为经济稳定增长提供了有力的支撑。

（2）保障社会活动的正常运转。各级水利部门坚持以人民为中心的思想，通过抗旱保供水调度等一系列行动，满足了城镇居民日常生活用水的要求，避免了因供水不足、间歇供水、减压供水乃至停水对居民生活带来的影响，有效保障了社会活动的正常运转，特别是疫情期间重点区域供水安全得到有效保障。

（3）营造了安乐祥和的节日氛围。2022 年元旦、春节、元宵等重要节假日期间，珠江委通过优化流域水库群调度，各地水利部门加强供水保障能力，为营造祥和的节日氛围提供了水安全保障。

回顾 2021—2022 年珠江特大干旱应对过程，水利部、珠江防总、珠江委以及流域各级水利部门切实维护"一国两制"方针政策，将"人民至上、生命至上"的崇高理念落到了实处，为保障两岸三地的繁荣与发展提供了有力的水安全支撑，取得了重大的社会效益。

第三节 社会关注 反响强烈

此次珠江流域（片）旱情恰逢元旦、春节、北京冬奥会、全国"两会"等重要时间节点，各方高度重视，社会关注度高。珠江流域（片）抗旱保供水工作取得全面胜利，为保持平稳健康的经济环境、国泰民安的社会环境贡献了水利力量，得到了地方党委政府、社会公众的高度肯定，引发了强烈反响。

一、科学调度，各方点赞

水利部高度评价珠江委和流域相关省（自治区）科学精准调度水工程、扎实构建"三道防线"保障供水安全取得的显著成效。国家防总副总指挥、水利部部长李国英在元宵节期间珠江流域压咸补淡保供水调度的专题报告上批示道："这项工作，珠江委做得好。"

澳门特别行政区政府、东莞市人民政府、中山市人民政府，以及广州市水务局、珠海市水务局等，纷纷对珠江委致以感谢。澳门特别行政区政府行政长官贺一诚在给水利部的感谢信中指出，2021—2022 年枯水期，珠江流域再度遭遇严重旱情，在水利部的领导下，珠江水利委员会克服重重困难，多方协调，精心编制流域调度方案，科学实施压咸补淡，令澳门在咸潮期间仍能获得质优量足的淡水。他表示，澳门将坚持贯彻落实国家"节水优先"的政策，积极配合国家实施《粤港澳大湾区水安全保障规划》，继续在澳门社会深入开展"千里送清泉，思源怀祖国"的爱国主义教育。

东莞市人民政府在感谢信中写道："在贵委的大力支持和细心指导下，我市成功抵御旱情咸潮，取得抗旱防咸保供水战役的全面胜利。旱情发生期间，贵委高度重视东莞抗旱防咸保供水工作，王宝恩主任亲自带队到我市调研，悉心指导我们构建供水保障'三道防线'，贵委各级领导和处室大力支持我市采取水源储备、工程调度、风险管控等综合措施，保障我市全域供水安全，有力支撑我市实现'十四五'良好开局，历史性地迈上万亿 GDP、千万人口的'双万'新起点。"

中山市人民政府在感谢信中感叹："受全流域旱情影响，我市近年来咸潮形势日趋严峻且呈现不规律态势……其中新涌口水厂取水口继 2014 年以来首次测出氯化物超标，马角水闸最长持续 24 天不能开闸向西灌渠补水，全市供水安全遭受严重威胁。对此，贵委高度重视并多次组织现场调研，同时针对咸潮动态精准研判，高水平科学调度，成功适时压咸，大幅提高我市主力水厂取淡概率，有效缓解我市近期受咸潮影响程度，为我市抗咸保供水打下坚实的基础。"

2022 年 3 月 28 日，水利部召开珠江流域抗旱工作情况新闻发布会。水利部网站、官微第一时间转载新闻发布会实况，多家媒体发布新闻报道，引发社会公众的热烈讨论。公众表示，珠江流域完成"压咸补淡"应急补水调度，保障沿线城乡居民供水安全；网友留言，应对 60 年来最重旱情，珠江流域连续组织实施"压咸补淡"保障居民用水安全，太厉害了；水利职工看了新闻发布会后，感到十分自豪，表示抗旱的胜利，得益于国家的强大、流域人民的支持以及先进的"四预"技术和设备的支撑，也得益于每一个水利人的努力，得益于水利人不怕苦、不怕累、勇往直前的荣誉感和责任感，面对旱情经受住了考验，坚守住了水安全底线。

二、供水保障，民众满意

直到眼前所见——河床龟裂、水库变草原、抽水泵奋力运转，人们对潮州干旱的严重程度才有了比较直观的理解。"能喝上水就已经不错了，没法去管其他的了。"

走进饶平县汤溪镇，沿途过来，这是听到的最多的一句话。在饶平北部山区、汤溪、樟溪等地方，深水井随处可见。看到从水龙头里哗啦啦流出来清澈的水，当地村民脸上禁不住泛起笑意，在没打深水井之前，他们要到一公里外的地方打水，而打的只是喝的水。但是有了这些应急抗旱工程，给人们带来了"希望之水"。

家在惠东巽寮的村民反映，2021年特别旱，4—5月正值巽寮度假区旅游旺季，游客激增的同时带来了更为紧张的用水困难。为了解决村民们的吃水问题，当地政府采取了消防车送水等应急措施供水，由管委会牵头，在各村、社区共设置了超十个取水点。"好在政府派消防车给我们供水，就放在这里供我们吃、用。如果没有政府，我们就没水喝了。"旺楼村村民感叹道。

为了保障城乡居民基本生活用水，2021年5月，经深圳市三防指挥部大力协调，一支由深圳市水务局、市应急管理局、市消防救援大队、市水务集团，以及盐田区、光明区、大鹏新区应急管理局等单位19台消防车组成的应急送水支援队伍开始送水入村，当消防水车到达各村取水点时，村民们纷纷"点赞"，鲘门镇民安村还向送水队赠送了"抗旱送净水，为民真英雄"的锦旗。

值得关注的是，梅州曾于1961年、1991年和2002年发生过3次较大规模的旱灾，其中1991年受旱灾影响人数达144万人。"2021年的干旱形势虽然比以往严峻，但造成的损失却比以往小得多。其中饮水受影响人数比1991年少了9成，农田受旱面积则少了8成。"梅州市水务局相关负责人杨海涛介绍道。

"旱吗？没感觉到啊。""年前11月好像有几天自来水有点咸……"谈及珠江流域遭遇严重干旱带来的影响时，广州、深圳、东莞三地居民大多称"无感"，而岁月静好的背后，是水利人咬紧牙关、负重前行打赢的一场惊心"硬仗"。这一仗，"阅卷人"脸上洋溢的笑容莫过于对"答卷人"的最大肯定，流域百姓的"无感"正是水利人无愧于人民的时代答卷。

三、通力协作，互利共赢

珠江抗旱保供水调度的实施增大了西江干流枯季流量，同时也保障了珠江航运、发电等综合效益。

2021年，西江航运干线长洲枢纽年货物通量超过1.52亿t，同比增长0.8%，再创历史新高。交通运输部珠江航务管理局在感谢信中写道："在你委的鼎力支持下，我们圆满完成了重大活动期间西江航运干线保通保畅任务，并克服了极端严峻旱情带来的不利影响，保障了全年水路货物运输的持续增长……这些成绩的取得离不开你委对珠江航运事业发展的高度关心和鼎力支持。"

电力供应方面，2022年1—3月广西壮族自治区水电累计发电量144.59亿kW·h，同比增长36%，这其中离不开珠江压咸补淡实施带来的效益。广西桂冠电力股份有限公司在感谢信中写道："贵委在流域综合调度中科学决策、精准调控，精准实施枯水水量调度优化措施，有力保障了流域两岸人民群众生命财产和粤港澳大湾区供水安全。我公司严格执行贵委枯水水量调度命令，积极开展水库联合调度，较好地完成了防洪、发电和供水任务，同时也为我公司实现红水河流域水电零弃水和优化发电调度给予了巨大支持和帮助。"

四、媒体关注，传播广泛

多家主流媒体紧盯流域旱情咸情发展，第一时间向社会大众传递抗旱工作一手"情报"。香港商报、澳门日报等港澳媒体发布《新春鹹潮加劇珠調度保水安》《大藤峽新年首應急調度保澳供水》《鹹潮結束澳供水安全穩定》《珠江枯水期水量調度工作圓滿結束》《中國珠江流域持續乾旱 大灣區春節供水有保障》等稿件，持续跟进珠江委压咸补淡应急调水成效。中国水利报等行业媒体从东莞水厂化验人员叶国毅一句"今天是元宵佳节，群众吃上清甜东江水煮的汤圆，心里甜啰"，以小见大地刻画了水利人始终把人民群众放在心中最高的位置；从"锱铢必较"的压咸补淡应急补水生动描绘了水利人始终为人民利益和幸福而努力工作；从握指成拳的流域抗旱合力有力展现了水利人与人民群众之间深厚的血肉联系。新华社、人民网、中新网、中国日报等媒体刊发了《珠江流域完成"压咸补淡"应急补水调度保障沿线城乡居民供水安全》等一系列报道，生动展现了水利部门锚定供水安全保障"四个目标"，保障流域供水安全无虞，唱响了众志成城勇夺抗旱胜利果实的凯歌，为这场硬仗画下了圆满的句号。

第九章

启 示 与 思 考

回顾 1963 年珠江流域发生的历史罕见大旱，人民群众曾付出了巨大的代价，有十万顷良田曾颗粒无收，广东约有 100 万人发生饮水困难，香港 350 万市民生活陷入困境。60 年后的今天，珠江流域再次遭受了前后长达 3 年的持续干旱，部分地区降雨和江河来水较 1963 年同期更为偏少，到 2022 年春节前后，发展成"秋冬春连旱、旱上加咸"的极端不利形势，发生了 1961 年以来最为严重（超过 50 年一遇）的特大干旱。但这一次，珠江流域各行各业和广大百姓对旱情和咸情的发生表示"无感"，人民群众安居乐业，经济社会平稳发展。"阅卷人"脸上洋溢的笑容背后，是"集中力量办大事"制度优势的集中体现，是对"人民至上"精神血脉的伟力感悟。复盘总结2021—2022 年珠江流域（片）抗旱保供水工作，总有一种力量催人奋进、砥砺前行。

第一节 经验启示

面对特大干旱，在党中央、国务院坚持"人民至上"的坚强领导下，在水利部党组牢记"国之大者"的决策部署下，流域各方齐心协力、攻坚克难，基层工作者心系群众、日夜守护，取得了抗旱保供水的全面胜利。

一、党中央、国务院的坚强领导是夺取全面胜利的根本保证

中国共产党的领导，是中国特色社会主义最本质的特征和制度的最大优势，是战胜一切困难和风险的定海神针。党的十八大以来，以习近平同志为核心的党中央紧紧依靠人民，不断造福人民，牢牢植根人民，坚持"人民至上"是一切工作的出发点和落脚点。防灾减灾救灾事关人民生命财产安全，事关社会和谐稳定，习近平总书记多次强调，要把确保人民群众生命安全放在第一位，要"坚持以防为主、防抗救相结合，坚持常态减灾和非常态救灾相统一，努力实现从注重灾后救助向注重灾前预防转变，从应对单一灾种向综合减灾转变，从减少灾害损失向减轻灾害风险转变，全面提高全社会抵御自然灾害的综合防范能力"。抗旱保供水关键时期，李克强总理要求科学调度水资源，充分发挥水利工程作用多措并举增加抗旱水源，优先保障群众饮用水。党中央、国务院对防灾减灾救灾及抗旱保供水工作的一系列决策部署，是水利部指挥珠江流域各级各部门打赢这场关系人民群众供水安全"硬仗"的政治保障、工作遵循和行动指南。

二、两岸三地供水无忧彰显"一国两制"制度优势

香港、澳门以及两岸地区的供水安全，深深牵动着党中央、国务院的心，在周恩来总理关心下，港澳地区供水体系逐步完善。1959 年，保障澳门供水安全的竹仙洞水

库开工建设；1963 年年底，中央财政大力支持建设东江—深圳供水工程，1965 年对港供水的东深供水工程正式投入使用，引东江之水缓解香港用水困难，并在 2000 年开展了工程改造，解决影响东深供水水质的问题，进一步增加了供水量；2018 年金门供水工程正式通水，"两岸一家亲，共饮一江水"愿景成为现实。面对"秋冬春连旱、旱上加咸"的重大风险挑战，水利部党组明确将确保香港、澳门、金门供水安全作为抗旱保供水工作的主要目标之一。珠江防总、珠江委及流域各省（自治区），加强与香港、澳门、金门有关部门沟通协调，集中全流域力量开展抗旱保供水调度，关键供水期在水利部指挥下成功实施"千里调水压咸潮"特别行动，为保障两岸三地的繁荣与发展提供了有力的水安全支撑。抗旱保供水的全面胜利，充分体现了党中央对两岸三地同胞根本福祉的坚决维护和最大关切，加深了两岸三地血脉相连的同胞情谊，充分彰显了"一国两制"的优越性。

三、坚持人民至上凝聚坚不可摧的强大力量

历史告诉我们，干旱造成的灾害同样不容小觑。1943 年广东发生的大旱，导致广东省死亡几十万人，其中台山死亡 15 万人，被称为 20 世纪世界十大灾害之一[1]。水利部党组和流域各省（自治区）党委、政府，坚决贯彻落实党中央、国务院决策部署，牢牢站稳人民立场，越是形势复杂、任务繁重，越要增强"时时放心不下"的责任感，始终保持对各类风险隐患的高度警惕，不负重托、不辱使命。面对 2021—2022 年珠江"秋冬春连旱、旱上加咸"的极端不利形势，水利部党组胸怀"两个大局"，心系"国之大者"，系统部署、靠前指挥，国家防总副总指挥、水利部部长李国英明确提出"两个确保"的供水目标，统筹流域水资源，提出部署抗旱保供水"三道防线"的战略举措，亲自指挥部署"千里调水压咸潮"特别行动。广东及福建、广西等省（自治区）党委、政府领导，亲自决策部署、压实各地主体责任，确保了各级各部门思想到位、组织到位、责任到位、措施到位。按照水利部统一部署，珠江防总、珠江委会同流域各省（自治区），果断确立了形势最为严峻时要优先保障城乡居民供水安全的目标，有效推动了两岸三地各方进一步细化实化抗旱保供水具体措施，成功克服汛末电力供应紧张、航运保障压力大等各行业用水矛盾，确保了抗旱保供水的全面胜利。

四、水利基础设施建设夯实应对水旱灾害基石

"蠲赈仅惠于一时，而水利之泽可及于万世。"我国历来重视水利工程建设工作，中华人民共和国成立之初就将兴修水利、防洪抗旱写入《中国人民政治协商会议共同纲领》，不断加强水利工程建设，一大批重点水利工程、重大骨干水源工程、重大

---

[1]　资料来源于《20 世纪中国水旱灾害警示录》。

引调水工程逐步开工建设，农村饮水安全工程、灌区工程、小型农田水利建设等不断推进，逐步形成大、中、小、微结合的水利工程体系，防御手段日益完善。特别是党的十八大以来，先后实施了 172 项、150 项重大水利工程，全国完成水利建设投资达到 6.66 万亿元，水资源配置格局实现全局性优化。党的十九大报告把水利摆在九大基础设施网络建设之首。经过历代水利人的不懈努力，珠江流域（片）已建成数百座大中型水库、数千处小型蓄水工程以及一大批灌溉引水工程和电动排灌站，这些水工程在本次抗旱减灾中发挥了重要作用，有力保障了城乡供水、粮食生产和生态安全，更难能可贵的是通过科学、联合、精准调度水利工程，做到了让两岸三地城乡居民对特大干旱、咸潮上溯"无感"，这与 1943 年广东大旱成灾、饿死、病死、逃荒落泊者达 300 万人的惨景形成了强烈的对比。在本次抗旱保供水攻坚战中，西江龙滩、大藤峡，东江新丰江，韩江棉花滩等核心水库群发挥的"王牌"作用，更加凸显了党中央、国务院高度重视水利工程基础建设决策的高瞻远瞩，凸显了"建重于防""水利之泽可及于万世"的实践正确性。

五、强化流域统一调度破解区域供水保障难题

流域性是江河湖泊最根本、最鲜明的特性。这种特性决定了治水管水的思维和行为必须以流域为基础单元，坚持流域系统观念，坚持全流域"一盘棋"。2021 年，水利部全面部署强化流域治理管理工作，提出强化"四个统一"（统一规划、统一治理、统一调度、统一管理）重点任务。应对此次特大干旱灾害，水利部指挥珠江防总、珠江委深入分析灾害的自然和社会特性，明确提出了必须以流域为单元，通过联合调度上游云南、贵州、广西、福建等省（自治区）水库群，确保下游两岸三地城乡供水安全的策略。珠江防总、珠江委充分发挥流域防汛抗旱总指挥部办公室的平台作用，完善各方利益协调统一的调度体制机制，强化流域多目标统筹协调调度，实现流域涉水效益"帕累托最优"。珠江委主任王宝恩率领技术团队，逐流域、逐区域地开展供需平衡分析，按需求水量、可供给水量两个方面算清水账，统筹上下游、左右岸、干支流一切可调度水源，科学构建调度当地、近地、远地"三道防线"，果断协调采取动用新丰江死库容等非常措施，精打细算用好每一方水，实现了精准调度全流域水库、精准压制三角洲咸潮、精准掌握取水时机的水资源利用最优化。总结 18 次珠江流域枯水期水量调度和此次应对珠江流域特大干旱的宝贵经验，实践证明坚持以流域为单元，统筹实施水工程统一调度，是流域应对供水安全的关键所在。

六、筑牢"三道防线"开启流域统一调度新篇章

"不谋全局者，不足以谋一域。"构筑抗旱保供水"三道防线"的战略部署，是根据战略目标、战略任务、战略方向及流域蓄水、供水、旱情、咸情实际条件确定的，

彰显了水利部党组坚持人民至上，对人民高度负责的责任感和使命感，彰显了为保障群众供水安全必须取得"决战"胜利的坚定信念，是积极主动"迎战"历史罕见旱情、防控化解自然灾害风险的生动实践。上游远地的"第三道防线"水库群，作为全流域的水源储备龙头，持续向"第二道防线"补充淡水，维持整个供水系统正常运行；中游近地的"第二道防线"水库群，在下游出现咸潮或者无法正常抽取淡水时，提前实施应急补水调度，确保淡水按时、保质、保量到达下游取水口；当地的"第一道防线"供水水库，通过"灌满门前水缸"，提升供水保障能力。抗旱保供水"三道防线"科学整合了全流域水资源配置工程体系，充分发挥了水工程体系强大的径流调节能力，有效形成了全流域、大空间、长尺度、多层次的供水保障格局，确保了"千里调水压咸潮"特别行动的成功实践。珠江防总、珠江委将水利部的决策部署，内化于心、外化于行，先行于"预"、立足于"防"、关口前移，集中优势技术力量构建全流程、可视化、数字化的抗旱保供水"四预"平台，强化预报、预警、预演、预案措施，精准演算咸潮上溯影响范围、时间和补水压咸最佳"窗口期"，滚动优化"最不利情况下坚守底线"的调度方案，确保"三道防线"调度成效。

七、团结治水为流域高质量发展提供水安全保障

此次遭遇 60 年来最严重旱情，属于"黑天鹅"事件。南方丰水地区，自 2019 年起连续 3 年的汛期降雨偏少，主要江河来水偏枯，骨干水库蓄水持续消耗。旱情影响时间之长、程度之深、行业之多历史罕见。同时，全球经济下行导致供水、保电、通航等用水矛盾突出。按照水利部和各省（自治区）省委、省政府部署，流域各地、各部门，树牢底线思维、增强忧患意识，坚决履职担当，直面"最后一公里"关键环节，加强干旱监测和预报预警，及时开展中小水库蓄水保水，加快抗旱应急水源工程建设，落实打井挖井、引水、送水措施，确保基层群众饮用水；按照优先保障城乡居民生活用水，合理安排工业、农业生产和生态用水次序，因地制宜地调整农业种植结构，开展供水压减、限制措施；全力做好蓄水、节水和供水调度工作。珠江防总、珠江委坚持流域管理与行政区域管理相结合，会同水利、电力、航运等行业部门，讲政治、保安全，实施长达 6 个月的全流域统一调度，将"汩汩清泉"送到旱区城乡取水口。危难之际，旱灾面前，全流域党群同心、全力以赴，携手相助、攻克难关，取得了迎战 60 年以来最严重旱情的全面胜利。

第二节 思考与展望

近年来全球气候变化影响加剧，极端天气事件不断增多，干旱灾害多发、频发、

重发，干旱引发的水安全、能源安全、粮食安全、生态安全等风险凸显。随着粤港澳大湾区、珠江—西江经济带、北部湾经济区、海南自由贸易港等一系列重大国家战略在珠江流域（片）落地实施和"一国两制"基本国策的深入实践，都对流域供水安全保障提出了更高要求。迎战 2021 年珠江特大干旱后，对标对表党中央决策部署和总书记重要讲话指示批示要求，按照水利部党组工作部署逐条对照梳理，珠江委深入查找了抗旱保供水工作存在的薄弱环节和关键短板，研究制定了解决措施。展望未来，确保珠江供水安全任重道远，需要重点做好以下一些工作。

一、全面提升流域水安全保障能力

习近平总书记指出："在我们五千多年中华文明史中，一些地方几度繁华、几度衰落。历史上很多兴和衰都是连着发生的。要想国泰民安、岁稔年丰，必须善于治水。"党的十八大以来，习近平总书记的治水思路，赋予了新时期流域治水的新内涵、新要求、新任务，明确了全面提升水安全保障能力的重大原则和方法，为强化流域水治理、保障流域水安全指明了方向。

珠江流域（片）水资源时空分布极不均衡，区域水资源短缺严重制约经济社会高质量发展。从珠江社会发展历史看，人们逐水而居，城市依水而立，随着工业化、城镇化发展，产业集聚，大量人口居住在城市，与之相匹配的城市群供水保障率要求更高；从自然规律看，珠江流域降雨时空分布不均，如遇异常气候，导致长时间降雨偏少、江河来水偏枯、水库蓄水不足，加之枯水期咸潮影响，就会造成城乡供水保障率低于设计标准，严重威胁城乡居民生活、生产和社会经济发展用水安全。我们必须心怀"国之大者"，站在全局和战略的高度，统筹发展与安全两件大事，以加快构建国家水网、强化流域统一调度、加快数字孪生流域、完善体制机制法治建设为着力点，从流域层面科学谋划水资源优化配置格局，加强抗旱"四预"能力建设，补好灾害预警监测和防灾基础设施短板，全面提升流域水安全保障能力，支撑流域经济社会高质量发展。

二、优化完善流域抗旱保供水工程体系

习近平总书记指出："水网建设起来，会是中华民族在治水历程中又一个世纪画卷，会载入千秋史册。"实施国家水网工程，是"十四五"规划明确的重大任务。水利部全面部署国家水网重大工程建设，明确提出通过重大引调水和重点水源工程建设，水资源承载能力与经济社会发展适应性明显增强，城乡供水保障水平进一步提高，地级及以上城市应急备用水源基本建立。

目前粤港澳大湾区城市群供水水源以河道取水为主，粤东、闽西南等地建设的水库规模有限，大部分水库调蓄能力不足，部分地区无应急水源和备用水源，单一

水源城市在供水水源安全保障上存在较大风险。要以实施国家水网工程为契机，推进以龙滩（二期）为重点的西江水资源提升工程、东江和北江水安全保障能力提升工程建设，推进澳门珠海水资源保障、粤东水资源优化配置、环北部湾水资源配置、闽西南水资源配置、南盘江—郁江水系连通等重大工程建设，加强流域传统旱区大中型水库备用水源工程建设，完善抗旱应急备用水源工程体系，优化完善流域水网布局，从根本上解决流域水资源配置能力不足的问题。同时，加快推进"五小水利"工程建设，统筹协调大中型灌区续建配套与节水改造、农村饮水安全、小型农田水利建设等工程，形成合力，有效保障供水安全。

三、持续强化流域统一调度

党的十九届五中全会把"坚持系统观念"列为"十四五"时期经济社会发展必须遵循的重要原则。2014年3月14日，习近平总书记在中央财经领导小组第五次会议上强调，要统筹上下游、左右岸、地上地下、城市乡村，建立完善适应新的治水形势的水治理体制。李国英部长指出，流域性是江河湖泊最根本、最鲜明的特性，治水必须遵循流域自然规律，必须从流域整体出发、跳出区域单元划分，促进上下游统筹、左右岸协同、干支流联动，实现流域持续、协调、健康发展。

珠江流域中上游各类水库电站分属不同地区和行业管理，调度规则仅考虑单一水库，不能实现水资源综合效益最大化。在实施调度过程中，水量调度与电力、航运等行业的用水需求矛盾突出，区域间、行业间协调难度大。要实现流域统一调度，必须要充分发挥流域防汛抗旱总指挥部的平台作用，建立健全流域统筹、分级负责、协调各方的调度体制机制，强化流域多目标统筹协调调度。要通盘考虑上下游、左右岸、干支流，充分协调各方需求和利益，深入整合覆盖全流域大型水库工程和重大水网工程（珠三角、闽西南、环北部湾等水资源配置工程）的水工程联合调度体系，强化流域防洪、水资源、水生态统一调度，实现综合效益最大化。

四、不断提高科技赋能的"四预"水平

习近平总书记强调，越是前景光明，越是要增强忧患意识，做到居安思危，全面认识和有力应对一些重大风险挑战。习近平总书记提出的"两个坚持、三个转变"防灾减灾救灾理念强调以防为主、从减少灾害损失向减轻灾害风险转变。水利部明确水旱灾害防御工作要坚持"预"字当先、"实"字托底，锚定防洪"四不"目标和确保城乡供水安全的目标，强化预报、预警、预演、预案"四预"措施，贯通雨情、水情、险情、灾情"四情"防御，增强底线意识、忧患意识、责任意识、担当意识，从最坏处着想，向最好处努力，全力做好迎战更严重水旱灾害的各项准备。

21世纪以来，在全球气候变暖的背景下，我国南方丰水地区发生干旱的风险持

续增加、旱灾可能更加严重、影响范围更广。防范干旱灾害风险，需要坚持以防为主，实现关口前移。但气象水文中长期预测是世界性难题，河口咸潮受地形、气候等诸多因素影响，还需要考虑干支流众多水库的调度运行，预测预报的精度、预见期和信息化水平均不能满足提高管理效率和社会服务水平的要求。要坚持底线思维和极限思维，加强基础研究，主动把握全球气候变化下流域干旱灾害的新特点新规律，加强预报、预警、预演、预案能力建设，提升流域数字化、智能化水平，为流域统一调度决策提供支撑。

五、全面构建节水型社会建设新格局

党的十八大以来，习近平总书记高度重视国家水安全问题，提出"节水优先、空间均衡、系统治理、两手发力"的治水思路，并多次强调要坚持和落实节水优先方针，要求把节水作为受水区的根本出路，明确要求要以水定城、以水定地、以水定人、以水定产，把水资源作为最大的刚性约束。水利部将"建立健全节水制度政策"作为推动新阶段水利高质量发展的一项重要路径，强调要坚持量水而行、节水为重，从观念、意识、措施等各方面把节水摆在优先位置。

我国南方地区水资源相对丰富，但缺水状况依然不同程度存在，按人均水资源量低于 $600m^3$ 为缺水型城市的标准，流域内昆明、广州、深圳、佛山、东莞等重要城市均属于缺水型城市，其中深圳、东莞等已达严重缺水程度。水资源利用方式相对粗放，部分城市对非常规水资源（特别是再生水）的开发利用程度不足，用水效率不高，公众节水意识还不够强，缺乏强烈的水危机感和节水紧迫感，浪费水资源的现象普遍存在。确保珠江水安全，必须要深入实施节水行动，强化水资源刚性约束，提高水资源利用效率，加快形成节水型生产生活方式。农业方面，优化作物种植结构，因地制宜发展高效节水农业、旱作农业和生态农业；工业方面，通过激励与约束政策，引导和促进工业节水，改进生产工艺，严格控制入河湖排污总量；城市生活方面，加强城市用水管理，提高居民节水意识，加大生活节水器具的推广使用，提高再生水利用率。

六、健全完善可持续发展的法治体系和体制机制

党的十八大以来，党中央多次对全面推进依法治国、推进国家治理体系和治理能力现代化、坚持和完善中国特色社会主义法治体系作出全面部署。习近平总书记多次强调要推进全面依法治国，完善法治建设规划，提高立法质量和效率。水利部党组提出，要深入推进水利重点领域和关键环节改革，加快破解制约水利发展的体制机制障碍，进一步完善水法规体系，不断提升水利治理能力和水平。

多年来，珠江委积极推动"讲政治、保安全、求共赢"的水库群联合调度沟通协

调机制，在流域电网、航运、电力等部门、企业的通力合作下，确保了防洪减灾、抗旱保供水等工作的有序、有效、有力实施，确保了人民群众生命财产安全。但保障抗旱保供水调度、汛末蓄水调度实施及明晰调度权限的法律法规体系尚未建立，只能采用临时性应急调度行政措施，不利于形成长效机制。推进法治体系和体制机制建设，强化流域治理管理，一方面要推动工作规范化和制度化建设，通过制定《珠江水量调度条例》《韩江流域保护管理办法》，从法律层面协调有关利益主体的关系，明确各方职责权限，实现流域水量统一调度和分级实施相结合，统筹用水需求和生态保护，保障珠江水量调度和韩江生态保护工作高效、有序开展；另一方面要加强珠江流域生态环境保护和修复，促进资源合理高效利用，加快研究制定并出台《珠江保护法》，进一步明确国家相关部门、流域管理机构、地方人民政府的保护责任，对流域内自然生物资源应保尽保，对流域涉水行为作出明确的法律规定。